Sexo, evolución y conducta humana

¡Pero qué animales somos!

Diego López Alonso
Catedrático de Genética
Universidad de Almería

I0482185

Dedicatoria:

A mis primos "catalanes" (Victor, Mª Rosa, Conchi e Isabel) que siempre me han colmado de cariño y que reciben con sincera alegría mis escritos publicados. A sus consortes (Luisa, Manuel, Enric y José Luis) que me tratan de igual forma. Espero que saquen algo provechoso a este libro.

A mi mujer "de toda la vida" (treinta y cinco años de vida en pareja) que nunca tuvo que "bañarse en agua bendita". Juntos somos, como tantas otras parejas humanas, la demostración viva de lo fundamental de este libro: que la pareja humana es nuestra forma fundamental de relacionarnos, y que el amor hace mejor al sexo y el sexo hace mejor al amor. Love forever (John Lennon).

Diego López Alonso
Venta Quemada, junio de 2016

Tabla de contenido

Prefacio

"False facts are highly injurious to the progress of science, for they often endure long; but false views, if supported by some evidence, do little harm, for every one takes a salutary pleasure in proving their falseness: and when this is done, one path towards error is closed and the road to truth is often at the same time opened." (Darwin, 1871:162)

[Los hechos falsos son extraordinariamente dañinos para el progreso de la ciencia, porque a menudo son duraderos; pero los puntos de vista falsos, si están sostenidos por alguna evidencia, hacen poco daño, puesto que cada uno se toma el saludable placer de probar su falsedad: y cuando se hace esto, un camino hacia el error se cierra y la ruta hacia la verdad a menudo se abre al mismo tiempo.]

Prólogo

Este no es un libro convencional. No es un manual o un libro de texto para una asignatura, aunque contiene mucha información que podría ser empleada en diferentes materias. Es el libro que deseaba escribir desde hace más de 20 años, desde que en 1994, durante una estancia en la University of Hull compré y leí *The Red Queen* de Matt Ridley. Este libro que tienes entre manos es uno de tantos libros necesarios en lengua castellana, si queremos mantenernos los castellano-parlantes al cabo de los debates científicos que se "cuecen" en el mundo y que se publican —en lengua inglesa—. Un libro libre, polémico, irónico, que no rehúye la confrontación científica sino que la busca, la promueve, la incita. Un libro —me gustaría— de espíritu renacentista, en el que no se admite más juez supremo que la razón.

He entrado de lleno, sin contemplaciones, en la conducta sexual humana contemplándola desde el prisma de la Evolución. No he pedido discretamente permiso. No he disculpado mi atrevimiento con una justificación del papel de la biología en la conducta sexual humana. Ya lo han hecho otros con más capacidad intelectual y de convencimiento. No he perdido el tiempo en explicar lo que me parece obvio: la conducta sexual humana tiene raíces biológicas. He hecho uso de las acertadas palabras de Darwin citadas al principio: si estoy errado en algunas de mis opiniones ya habrá quien me corrija. Los hechos que cito son, en todo caso, verdaderos.

Escribir nunca es un proceso fácil. Este libro, especialmente, ha puesto a prueba mi capacidad para ordenar con claridad las ideas. Mi desacuerdo radical con muchas de las teorías de los psicólogos evolucionistas amenazaba con convertir el contenido en una diatriba contra ellos, mientras que mi pretensión era dar una visión rigurosa, sostenida en los hechos, formulada positivamente (no contra nadie). Por otro lado, no podía y no quería dejar pasar sin discutir algunas teorías de los psicólogos evolucionistas que me parecen excesos propios del neoconverso, sin extenderme excesivamente. Pretendía un tratamiento equilibrado. Creo haberlo conseguido.

Al mismo tiempo —como se notará— he disfrutado con la polémica. La competición espermática y "órganos anejos" creo que harán sonreír a más de uno. La descripción de las tribulaciones del orgasmo succión femenino reclama un tratamiento irónico. Y los cambios cíclicos de las preferencias sexuales de la mujer incitan a la broma, si no fuera porque están enunciados y defendidos con toda seriedad por datos presuntamente sólidos.

Tomadas en su conjunto, las aportaciones de los psicólogos evolucionistas son extraordinarias. Han abierto, por fin, una rama ausente pero imprescindible en cualquier tratamiento científico de la conducta humana: la Psicología Evolucionista. Una rama completamente nueva, carente de tradición metodológica, de un corpus doctrinal básico, etc. Todo ha sido edificado en poco más de 30 años de esfuerzos investigadores en muchos casos titánicos. Antes de proceder a discrepar abiertamente con muchos de ellos, debo manifestar mi admiración por el trabajo de personas como David Buss, Randy Thornhill, Steve Gangestad, Margo Wilson y Martin Daly. Remando inicialmente contracorriente, han creado la Psicología Evolucionista de la nada. Probablemente, con el curso de los años se irán depurando los aspectos no sostenidos rigurosamente por los datos de la realidad y la Psicología Evolucionista se convertirá en una ciencia madura. No obstante, incluso este libro hubiese sido imposible o habría tenido muchas limitaciones sin la aportación llevada a cabo por los psicólogos evolucionistas.

Habrá quien considere, con justicia, que otros muchos científicos han hecho aportaciones de similar alcance desde otros campos del conocimiento científico (sociobiólogos, ecólogos de la conducta, sociólogos, etc.). La diferencia está no en la calidad de las aportaciones sino en el impacto popular y científico que han tenido. Mientras muchos biólogos evolutivos centraban sus estudios en insectos u otros animales, y se auto-censuraban cuidadosamente sus opiniones relativas al alcance de sus hallazgos en la evolución del ser humano, los psicólogos evolucionistas dirigieron descaradamente su atención al "rey de la evolución". El objeto de estudio directo era el ser humano, la conducta de un animal especial. Eso concitó desde el principio una extraordinaria difusión de los hallazgos o las teorías nuevas, al mismo tiempo que atizaba una considerable polémica.

Este libro pretende recoger fielmente todas las aportaciones de los diferentes campos del conocimiento científico que tratan de la sexualidad humana considerada ésta desde el punto de vista evolutivo. Espero que lo disfruten.

Agradecimientos

El único responsable de lo bueno o malo de este libro soy yo, su autor. No me dejo influenciar fácilmente ni por las "autoridades", ni por la moda, ni por lo políticamente correcto, sino que me conduzco por mis propios juicios racionales.

Pero, dejando aclarado esto, este libro debe algo a mis amigos que lo leyeron en fase de borrador —y no me dijeron nada—. He seguido el adagio de "quien calla, otorga", interpretando silencio por aquiescencia con el contenido, si no ilusión incontenible. (Se nota que soy un optimista recalcitrante.)

Sin ironía. Estoy profundamente agradecido a mi amigo Juan Pedro Martínez Camacho, catedrático de Genética de la Universidad de Granada, por su minuciosa crítica constructiva del texto en sus aspectos literarios y científicos. En cualquier caso, si hay fallos, vuelvo a insistir, son solo míos.

Finalmente, quiero agradecer a mi empresa (la Universidad de Almería) su negativa a publicar este libro —de no mediar el pago de una considerable cantidad para co-financiar la edición—. Como empleado de la UAL, cobrando mi nómina mensual, y disponiendo de toda la infraestructura necesaria para escribir (bases de datos y revistas; gestor de referencias; despacho con aire acondicionado y ordenador) sentía que le debía la lealtad de ofrecerle la publicación de este libro. Ese rechazo me ha dado la libertad para hacerlo por mi cuenta y riesgo, como ya hice con mi *Biología de la homosexualidad*, sin contraer obligaciones de reciprocidad equívocas. Quedan estas líneas como reconocimiento de la nítida apuesta de la Universidad de Almería por la publicación de libros de calidad científica, académica y literaria. *In lumine sapientia.*

Diego López Alonso

Venta Quemada, junio de 2016

Capítulo 1. A modo de introducción: una fábula y varias historias

"Man still bears in his bodily frame the indelible stamp of its lowly origin." (Darwin 1871:624)

[El hombre aún lleva en su estructura corporal la marca indeleble de su humilde origen.]

La rana y el escorpión

Érase una vez un escorpión que llegó a la orilla de un arroyo con intención de cruzarlo. Como quiera que el arroyo iba algo crecido, era absolutamente imposible que el escorpión pudiera vadearlo. En viendo a una rana cerca, se dirige a ella rogándole que lo ayude a cruzar el río. La rana se niega en principio, alegando que él es un escorpión y le picará a ella matándola. El escorpión le implora con su mejor retórica, asegurándole que en ningún momento la atacará ya que le estará haciendo un inmenso favor. Agregando, triunfalmente, el irrefutable argumento racional de que *"Sería un comportamiento estúpido y suicida, ya que me ahogaría en el arroyo"*. Convencida la rana por la racionalidad absoluta del argumento, accedió finalmente a llevarlo a su espalda. El escorpión subió encima de la rana y ésta comenzó a nadar cruzando el arroyo. Hacia la mitad del recorrido, el escorpión clavó su aguijón en la cabeza de la rana hiriéndola de muerte. La rana le increpó: *"¿Pero qué has hecho, estúpido? ahora morirás tú también."* *"Lo sé"* —le respondió el escorpión— *"pero, no he podido evitarlo. Es mi naturaleza."*

Somos diferentes, somos parecidos

Durante una serie de años he impartido un curso en la Universidad de Mayores en el que desarrollaba durante dos o tres horas la *Unidad y Diversidad de la Especie Humana desde una Perspectiva Biológica*.

15

De algún modo la tesis expresada en ese curso está en el origen de este libro.

Recuerdo la placidez con que discurría el curso mientras desarrollaba la idea de la diversidad de los seres humanos, el hecho trivial de las diferencias individuales de todo tipo (en rasgos morfológicos y conductuales). Todos los estudiantes aceptaban como un hecho bien probado que todos los seres humanos somos diferentes en todos los aspectos, tanto en nuestros rasgos faciales, como en nuestros rasgos conductuales. Todo ello producto de la acción conjunta de nuestros genes (recibidos de nuestros ancestros) y "nuestro" ambiente.

No había tampoco dificultad alguna en persuadir a todos ellos de la identidad básica que todos los humanos tenemos en común respecto de nuestro cuerpo en general. Ningún lector en sus cabales discutirá que existe una anatomía y una fisiología humanas, esto es, que tenemos una serie de órganos dispuestos organizadamente y que funcionan de forma similar en todos los seres humanos. Mis estudiantes estaban también de acuerdo.

Cosa bien diferente resultaba cuando, a renglón seguido, afirmaba que también *compartimos un cerebro común y por tanto, una conducta básica común a la especie*. Aquí comenzaban mis estudiantes a removerse en los asientos con evidentes signos de incomodidad y, muchos, manifestaban su disconformidad o incredulidad respecto de esta última afirmación.

Este es el estado de opinión generalizado en nuestra sociedad. Estamos convencidos plenamente de nuestra individualidad, pero somos incapaces en muchos casos de percibir, por debajo de todas esas diferencias, el sustrato conductual evolutivo que tenemos en común. Se ha convertido en una verdad de Perogrullo que la conducta es individualmente variable y no se considera relevante la existencia de una conducta ancestral, fruto de nuestro pasado evolutivo. Hemos extremado el énfasis sobre las diferencias individuales con lo que implícitamente hemos degradado las similitudes.

El impulso, el motivo, la tesis de este libro es que existe una Naturaleza Humana Conductual (o Mental, o Psicológica) de origen evolutivo. Admitiendo desde un principio la infinita flexibilidad de la conducta humana, que viene determinada por un cerebro extraordinariamente desarrollado, que permite ajustar las respuestas al contexto concreto en el que tienen lugar, y al bagaje cultural acumulado; dicho de otro modo, que todos los seres humanos somos diferentes en nuestro comportamiento. Pese a ello, o mejor dicho, por debajo de ello, existe un núcleo conductual de origen evolutivo, común a la especie humana, que se manifiesta en una serie de rasgos similares en todos los seres humanos. Es parte de nuestra herencia evolutiva recibida de nuestros ancestros animales (vertebrados, mamíferos, primates y homínidos). La sexualidad humana, como parte fundamental de la conducta humana, está asimismo impregnada de esta impronta evolutiva.

La perfecta educación sueca

En la civilizada Suecia de los años 70, la Suecia de Enrico Altavilla (*Suecia: infierno y paraíso*), orgullo de todos los "progres" de entonces, donde la socialdemocracia produjo sus mejores frutos, un hombre de mediana edad, degolló a su pareja minuciosamente, según se contaba en la prensa, tras un ataque de celos.

Personalmente, en aquel momento, me chocó bastante la noticia: me parecía una incongruencia. No encajaba en mis presupuestos ideológicos de entonces que, el país que usábamos como ejemplo de liberación sexual, que producía unos bodrios de películas que soportábamos estoicamente en las salas de Arte y Ensayo, que era el faro y guía de la revolución socialista por vía democrática, que tenía un sistema sanitario modélico y una educación sexual, igualitaria y liberada de las gazmoñerías, pudiese producir un individuo equiparable a los semovientes de dos patas de tantas partes de España. Me parecía una anomalía grave de un sistema "perfecto", imposible de explicar a partir de la esmerada educación sexual que impartía a sus ciudadanos. Aparentemente, algunos suecos eran recalcitrantes a la civilización superior.

Siempre he sido terreno fértil para todo tipo de utopías —y miopías— dando pábulo a cualquier "idea avanzada". Los años me han traído, junto con un rosario de desperfectos biológicos inevitables, una cierta madurez mental que me aporta una generosa dosis de incredulidad y retranca con los vendedores de Jaujas, bálsamos de Fierabrás y otras especies de recursos milagrosos. Fruto tardío, por tanto, ha sido el percatarme de que, en las sociedades más avanzadas, por debajo de una fachada civilizatoria impecable, corre turbulenta la fuente de nuestra animalidad, a la que se refiere de soslayo el venerable Darwin en la frase que está en el frontispicio de este libro y que motiva el subtítulo de este libro.

Unos años después, un asesino infame, mató al primer ministro sueco, Olof Palme, adalid de la socialdemocracia sueca.

Saco todo esto a colación para poner de manifiesto que la civilización, la cultura, no son más que una fina capa cosmética sobre la fiera que está debajo. El gentil, cortés, y educado ciudadano del occidente desarrollado, es un bruto ilustrado. La cultura exhibida no transmite una imagen más sincera que los afeites con que se decora una prostituta. Puro embeleco y farsa. A poco que nos hurguen estalla la fiera que somos y el traje impostado, hecho a medida, cruje por todas las costuras dejando asomar nuestros demonios interiores.

Los pasados siglos, especialmente el siglo XX, nos han proporcionado sobradas pruebas de lo que acabo de afirmar. Inauguramos el siglo con la Primera Gran Guerra y lo vinimos casi a clausurar con la guerra fratricida de la antigua Yugoslavia. El resto del tiempo no anduvimos huérfanos de "entretenimiento": la II Guerra Mundial, Corea, Vietnam, Ruanda, Camboya, Afganistán, etc. En todas esas ocasiones, el ser humano rayó a inconmensurable altura —en la escala de la ignominia—. Todas las acciones más execrables, todas, fueron cometidas por personas como nosotros, de nuestra misma especie. Asesinatos, violaciones, torturas, etc. Todo masivamente. No un caso aislado, no. Un gesto colectivo que nos define como especie: somos unos animales —peligrosos— .

A lo largo de la historia, las mentes culturalmente más excelsas, arrastradas por actitudes "atávicas" —pero siempre plenamente conscientes y responsables de sus actos— han incurrido en las conductas más primarias. Dentro de nuestro ámbito cultural, que ha asumido como axioma, que somos seres racionales que nos comportamos guiados por los mejores principios morales y de urbanidad, en los que hemos sido educados, ese tipo de conductas no encuentra explicación.

Como parece que la racionalidad se toma vacaciones, se habla de *locura mental transitoria*. Pero es nuestra pereza mental la que habla. Porque Otelo no está loco. Piensa y discurre con su cerebro racional, calcula posibilidades, interpreta detalles, (en medio de una tormenta de celos). Lo que deshace, a veces en un instante, nuestra estrategia racional es nuestra emoción, irracional, incondicional, difícilmente domeñable, que responde a un venero oculto, antiguo, seleccionado en el transcurso de millones de años de evolución. Esa pulsión oculta explica —pero no justifica— la estúpida conducta del escorpión de la fábula y la del salvaje celoso sueco. Si no la tenemos en cuenta, ambos comportamientos nos parecen inexplicables.

Un botón de muestra. Un "profundo pensador" llamado Oscar Guasch, Profesor de Antropología de una universidad catalana, entrevistado como experto en un documental de TV, emite la siguiente opinión: *la monogamia, el matrimonio propio de los países occidentales, es una institución creada culturalmente, artificial, que responde a los intereses de la religión.* Esta forma de pensar, tan corriente durante tantos años, nos remite a la pura tontería: nada tiene sentido en este modo de pensar. Una institución como la del matrimonio monógamo parece ser una cuestión puramente del capricho de los ideólogos sociales (sacerdotes, legisladores, etc.). La pregunta que inmediatamente surge es, ¿por qué a esos ideólogos y a tantos otros, de otras culturas, en otras sociedades, de otra tradición cultural, en otros países o continentes, les ha dado por establecer normativas similares generando el matrimonio humano tal y como lo conocemos? Aparentemente no hay ninguna razón subyacente, sino que es una pura creación fruto de la imaginación de tales ideólogos. No hay ninguna explicación, ninguna causa que explique tan improbable convergencia de ideas. Todo es puramente fortuito, casual, aleatorio... En esta forma de pensar nada tiene sentido. Sin embargo, si lo enfocamos desde el punto de vista evolutivo adquiere un significado nuevo y alcanza una explicación racional, como veremos en su momento.

El "flower power" y el "buen salvaje"

Sin embargo, las concepciones dominantes sobre la naturaleza humana en el siglo XX en la psicología americana a menudo han asumido, a veces implícitamente, que la naturaleza de los seres humanos era, que no tenían ninguna naturaleza esencial aparte de una capacidad general para la bondad, si se la dejaba libre de las influencias corruptoras externas (Buss 2001).

La psicología americana y, por consiguiente, la de los países desarrollados de cultura occidental, ha pivotado entre la *tabla rasa* y el *buen salvaje*. Y con ella, toda la creencia popular. Todos convencidos de que podía cambiarse el mundo, cambiar al ser humano, simplemente escribiendo un *nuevo guion cultural* para reeducarnos a todos.

Durante los años sesentas y setentas, no solo en los Estados Unidos de América, sino en todos los países occidentales (incluidos aquellos bajo una dictadura, como el caso de España y Portugal) hizo eclosión todo un proyecto de revolución cultural transmitido por todos los medios, pero especialmente por su música, la música de esa revolución: el "rock and roll". Mucho se ha hablado del Mayo del 68 francés, pero esa revolución efímera tuvo un impacto sociocultural menor, a mi juicio, que el "flower power" iniciado en una fecha inconcreta y finalizado de la misma manera.

El "flower power", la revolución de las flores, el movimiento "hippie", como un maremoto, silencioso pero imparable, dinamitó la validez de todos los valores establecidos, sometiéndolos a una revisión crítica. Abrió el cuerpo a todo tipo de experiencias místicas, estupefacientes, políticas, sexuales, sociales… Todo podía y debía ser probado (en los dos sentidos de la palabra). Al carecer de ideología política que vertebrara el movimiento, el "flower power" fue una genuina reacción juvenil contra toda la sociedad heredada, no para destruirla, sino para hacerla más sincera, auténtica, natural. No sólo planteaba objetivos políticos, sino que cuestionaba el orden planetario en su totalidad.

Los tiempos estaban cambiando (Bob Dylan). Se predicaba hacer el amor y no la guerra. Se abominaba del materialismo, la posesión, los celos, la competitividad, etc. Frank Zappa cantaba que solamente los gilipollas iban a trabajar. Se rechazaba el matrimonio y se alababa el amor libre y la comuna. Una canción absolutamente maravillosa escrita por John Lennon invitaba a imaginar un mundo así. Todo era heterodoxia y contradicción. A Dios gracias, no había ninguna ideología "superior" que liderara el movimiento, luego, todo cabía: bastaba que fuese auténtico, genuino, sincero, natural, espontáneo…

Pasaron los años sobre todos nosotros y llegaron los ochentas y los noventas. Aquellas generaciones que, con menos de 20 años, nos impregnamos de aquellas ideas, nos hemos convertido en personas vestidas con ropa de moda, conduciendo coches de alta gama, comiendo en restaurantes de la guía Michelin, y bebiendo vinos caros. Nos íbamos a comer el mundo, y el mundo nos merendó.

En el camino, fueron quedando los mojones que marcaban los fracasos de la revolución cultural propuesta. Aquellos matrimonios abiertos, caracterizados por personas no posesivas, presumiblemente liberadas y no celosas, alrededor de un 90% terminaron en divorcio. A menudo la causa fue un intenso e insoportable ataque de celos sexuales. *"Hombres y mujeres tienen problemas para no sentirse heridos cuando sus parejas tienen sexo con otros."* Las comunas de amor libre fueron cayendo a medida que crecía el resentimiento hacia sus líderes masculinos, quienes, muy en contra de sus principios, establecían claramente su jerarquía y hacían uso de ella para obtener acceso preferencial a beneficios materiales y acceso sexual a las mujeres jóvenes más atractivas de las comunas (Buss 2001).

El concepto de la mente humana como *tabla rasa*, vacía de contenido, lista para ser moldeada como se nos antojase, libre para que en ella se grabasen las instrucciones culturales, para *"hacer de un niño un hombre de bien o un criminal"*, se había demostrado falso. Todos nacemos con algunos mecanismos psicológicos preparados por siglos de evolución biológica.

Por otra parte, la doctrina del buen salvaje se vio enfrentada a formidables problemas empíricos.

Aquí y allí, andaban los antropólogos buscando encontrar sociedades modélicas contrapuestas a nuestra "detestable" sociedad. La plasmación concreta del sueño de Jean Jacques Rousseau del buen salvaje. Sociedades ejemplares que mostrasen al mundo que el ser humano es intrínsecamente bueno y moral, y que en condiciones ambientales adecuadas desplegaría todas las virtudes que atesoraba en su interior. Algunos antropólogos creyeron descubrir culturas que vivían en paz y armonía, en los Mares del Sur, en paraísos tropicales, carentes de deseo de posesión, de violencia, y de guerra. Estas culturas no conocían la emoción de los celos, esa emoción tan indeseable, tan irracional y tan negativa… Sorprendentemente, casi simultáneamente —sospechosamente— se descubrieron varias de estas sociedades "libres de pecado". Por encima del rigor descriptivo estaba la lírica de lo que se quería encontrar. Basta un ejemplo.

La descripción de la vida apacible, ausente de violencia y de celos, de los habitantes de Samoa hecha por la antropóloga Margaret Mead (*Sexo y cultura en Samoa*) resultó ser un completo fiasco. Se descubrió que Mead no había convivido con los samoanos, sino que estuvo muellemente alojada en un buen hotel en la isla. Sus fuentes de información eran los cotilleos que le transmitían dos samoanas quienes posteriormente confesaron a otros que le habían contado "cuentos" que eran realmente falsos.

Reconsiderado el tema, resultó, que los celos eran rampantes en Samoa, y la primera causa de violencia contra los rivales y las propias parejas. Montajes ideológicos similares se pusieron de manifiesto en las descripciones de otras culturas. Por ejemplo, los "amables" Arapesh resultaron ser cazadores de cabezas que tenían como un gran honor exhibir como trofeos a sus víctimas. Los Chambri, puestos como ejemplo de inversión en los papeles de ambos sexos, compraban a sus esposas como si fueran mercadería y menudeaban en maltratarlas físicamente (Brown 1991, citado en Buss 2001). Los paraísos de los Mares del Sur eran un fraude. Aquellas sociedades adolecían de los mismos defectos que sobradamente conocíamos. Parafraseando a Nietzsche: eran humanas, demasiado humanas.

Un fracaso histórico: la represión sexual

Uno de los experimentos históricos más gigantescos por su duración temporal (20 siglos) y por su extensión geográfica (Europa, América, y países de cultura cristiana, en general) ha sido el intento de sojuzgar la sexualidad humana por el cristianismo. Todas las sectas cristianas han mostrado una etapa, al menos, de especial ferocidad contra el sexo y, por extensión, contra todo aquello que supusiera placer. El placer era pecado, el dolor era bueno. El placer, por el hecho mismo de ser disfrutado, de suponer alegría para el cuerpo, de no suponer un sacrificio ni una penalidad, era intrínsecamente malo. La forma sibilina mediante la cual el Diablo se hacía con nuestra voluntad. El camino hacia la perdición del alma. La vía segura para el Infierno.

El cristianismo supuso en su momento una enmienda a la totalidad de la Vida, un ataque al fundamento mismo de la Vida, una guerra total contra la Vida. Toda alegría, todo placer, toda actividad que produjera una de estas dos cosas era, o bien pecado, o bien sospechoso de serlo. El sexo, por supuesto, era el primero en la lista de los proscritos. Pero bailar, leer, oír música… Todo lo que provocase alegría, todo lo dulce, hermoso, sensual, todo lo más grato de la vida, era observado con mirada torva por los guardianes de la moralidad. Y a fe que no se contentaron solo con observar.

Mientras duró la confusión entre la Religión y el Estado, aplicaron toda la violencia posible para imponer sus ideas. El sexo, incluso dentro del "santo matrimonio" se admitía a regañadientes (porque no quedaba otro remedio, ante la segura desaparición de los imbéciles que siguiesen hasta sus últimas consecuencias las enseñanzas recibidas), y solo con propósito de procrear. ¡Pero nada más! Nada de regodearse los esposos en la concupiscencia de los juegos sexuales. Fecundación y punto…

> *"el placer buscado por sí mismo, incluso dentro de los lazos del matrimonio, es un pecado y contrario a la ley y a la razón." San Clemente de Alejandría.*

Los ideólogos de este dislate secular estaban convencidos de que el ser humano podía ser reconducido aplicando la teoría del garrote y la zanahoria, de la represión y de la persuasión. El ser humano podía ser "curado" de su afición por el sexo y otras cosas placenteras. Los cristianos fueron los primeros de una inacabable saga de borricos empeñados en que se pueden modificar los fundamentos biológicos de la persona.

Todos sabemos en qué ha terminado esta pesadilla: haciendo aguas el sistema por todas las costuras. Aparte de la infelicidad, del sufrimiento causado, de las secuelas psíquicas de tanta represión —especialmente sexual—, de las vidas y de las muertes que ha costado, todo este intento ha quedado en nada.

En todos los países de cultura cristiana la religión ha sido redirigida al ámbito que le es propio y respetable: la creencia íntima de cada persona. Se acabó la religión como fuente del pensamiento legal aplicable a todos los ciudadanos.

Con todos los errores que cometemos, en los países de cultura occidental, vivimos tiempos dorados para la libertad de pensamiento y de conducta. Nadie tiene derecho a olfatearnos inquisitivamente la entrepierna. Vivimos nuestra sexualidad según nos place a cada cual —garantizando que no se violenta la libertad de ningún otro—. Veinte siglos de opresión religiosa contra el sexo han acabado en la victoria absoluta de éste.

La Vida puede ser exterminada pero no puede ser derrotada.

El bajo vientre

Tras la publicación de *On the origin of the species by means of natural selection, or the preservation of the favoured races in the struggle for life* (Darwin 1859; Sobre el origen de las especies por medio de la selección natural, o la preservación de las razas favorecidas en la lucha por la vida), a nadie se le escapó la implicación sobre el origen del ser humano que tenía la teoría de la evolución formulada por Darwin. Proliferaron las puyas sobre la procedencia evolutiva del hombre. Recuerdo haber leído una en especial que venía a decir que el hombre no procedía del mono, "si acaso procedería el Sr. Darwin", ilustrando la ironía con una caricatura simiesca de Darwin.

El rechazo de muchos (una gran mayoría) a reconocer que compartimos con nuestros primates más cercanos buena parte de nuestra más preciada posesión (nuestro carácter, nuestro temperamento), probablemente viene de nuestra extraordinaria tendencia a la soberbia, agudamente retratada por Nietzsche cuando dijo que, **al ser humano, para creerse Dios, le había fallado la existencia del bajo vientre**. Esa región de nuestra anatomía delata nuestro humilde origen. Nada más demoledor de nuestro orgullo que la fisiología relacionada con nuestro vientre. Sin él, fácilmente florecerían Narcisos, embriagados de su ego incontenible, pregonando que eran dioses...

Lógica vs. emociones

From this point of view emotions and intellect are not opposites: emotions by definition are nonrational, but they are not irrational. In psychic life the intellect is how, the emotions why. (Symons 1979:50)

[Desde este punto de vista las emociones y el intelecto no están opuestos: las emociones por definición son no-racionales, pero no son irracionales. En la vida psíquica el intelecto es el cómo, las emociones el porqué.]

Un experimento simple, solo con la imaginación, al alcance de todos, es el siguiente.

Asuma la superior sabiduría del budismo y practique el desapego. Deshágase de toda tendencia a la posesión. Comience, por ejemplo, por dejar de considerar a su mujer como su mujer. No es su mujer, es una compañera con la que comparte la vida. Pero no es suya. Comparten el pago de la hipoteca, los recibos del hogar, el cuidado de los hijos y, con menos frecuencia de la que usted quisiera, comparten su vida sexual. Retenga todos los demás compromisos y libere a su mujer. En aras a la sabiduría del budismo y siguiendo pautas de comportamiento generosas, contemple como algo deseable que su mujer mantenga relaciones sexuales con quien le apetezca. Puesto que la quiere con toda su alma y solo le desea lo mejor, déjela que disfrute todo cuanto pueda. Más aún, anímela a tomar la iniciativa. Que goce liberalmente de las oportunidades que ofrece la vida. Y, en todo momento, usted detrás, apoyando, facilitando su felicidad, demostrándole su inmenso amor. De cornudo dichoso…

(Este es un ejercicio imaginativo no sexista, basta intercambiar el sexo —o no, si mi querido lector o lectora es homosexual— de los actores para aplicarlo a su caso.)

No dudo que debe haber personas capaces de seguir el anterior dictado. Un dictado sabio y racional. Pero absolutamente insoportable para la inmensa mayoría de las personas. Sencillamente porque en nuestra naturaleza está impreso el sentimiento de posesión sexual de nuestra pareja, del que es tributaria la emoción de los celos. De modo que, enfrentados a la infidelidad de nuestra pareja, los hombres reaccionamos agresivamente hasta tal punto de que es la causa de la mayoría de los actos violentos y homicidios en las sociedades preliterarias y explica una gran parte de ellos en nuestras "civilizadas" sociedades. Las mujeres no compiten en brutalidad física; optan por soluciones más acordes con sus capacidades.

Capítulo 2. Selección natural y selección sexual

Es muy posible que las siguientes páginas sean dispensables para un buen número de los posibles lectores que pudiera tener este libro. En ellas se presenta, en apretada síntesis, lo que me ha parecido más imprescindible para una correcta comprensión del resto del libro. Mi vena docente termina saliendo por algún lado, y a ella corresponde el considerar pertinente esta incursión breve, en los conceptos más relevantes de la teoría evolutiva, vinculados con el argumento de este libro sobre la evolución de la sexualidad humana. Queda a la discreción del lector saltarse este capítulo si lo cree conveniente. En mi opinión, no está de sobra y, como mínimo, en el caso de un lector avezado en el asunto, le servirá de refresco de algunas ideas.

La evolución biológica

La evolución es el proceso de cambio que, dirigido por la selección natural, conduce a las especies a estar adaptadas a su ambiente (**adaptación**). A veces, cuando las poblaciones son de pequeño tamaño, el proceso es conducido en dirección errática por una fuerza diferente conocida como deriva genética, deriva aleatoria o, simplemente, deriva. La deriva no conduce a más adaptación, sino que provoca cambios aleatorios sin dirección previsible de una a otra generación.   El proceso evolutivo conducido por la selección actuando en diferentes poblaciones de una especie sometidas a presiones ambientales divergentes da lugar en este caso a una diferenciación progresiva entre las diferentes poblaciones de una misma especie y, eventualmente, conduce a la aparición de nuevas especies a partir de las existentes (**especiación**). La deriva sola o en conjunción con la selección puede dar lugar también a nuevas especies. La evolución por tanto comprende dos series de fenómenos: una es la adaptación, que da cuenta de la capacidad de los individuos de cada especie viva para gestionar los retos de la vida; y otra es la especiación, que explica la aparición de las variadas formas vivas que existen o han existido.

El proceso evolutivo, decimos, está dirigido por la selección natural que es simplemente el efecto combinado de las fuerzas de la naturaleza sobre el éxito reproductivo de los individuos. Las características de un individuo que hacen que contribuya con más descendientes a la siguiente generación, si son **heredables**, pasan a través de sus hijos a la siguiente generación. De este modo, con el paso de las generaciones las características ventajosas van aumentando su frecuencia en las poblaciones, mientras que las desventajosas van disminuyendo. Las características que confieren ventaja selectiva a un individuo se dice que son adaptativas, y al individuo portador de tales rasgos se dice que está adaptado.

El concepto de adaptación es un concepto relativo pues depende completamente del ambiente en que se desenvuelve. Un carácter puede ser adaptativo en un ambiente (por ejemplo, tener una piel gruesa y peluda, como la que poseen muchos animales en el polo norte) y ser completamente inadaptativa en otro ambiente (por ejemplo, tener una piel gruesa y peluda en el ecuador). Si cambia el ambiente, cambia la presión de selección, en intensidad y en dirección.

Formas que adopta la selección

Todo ser humano procede de dos padres (cuatro abuelos, ocho bisabuelos, etc.) a través del proceso de la reproducción sexual. Entre una generación (la progenitora, los padres) y la siguiente (la progenie, los hijos) hay una serie de etapas encadenadas que se deben recorrer y que están todas sujetas a la acción de la selección natural.

Los **progenitores** son el punto de partida. Para originar la siguiente generación tienen que reproducirse y para ello, en primer lugar, producen **gametos**, células reproductoras, óvulos la mujer, espermatozoides el hombre. La selección actúa ya en esta etapa: hay gametos que sobreviven y otros que mueren antes de tener la oportunidad de fecundar o ser fecundados (selección gamética).

La reproducción sexual es cosa de dos, por tanto, la mujer necesita un hombre y éste una mujer: ambos tienen que conseguir una **pareja sexual** con la que copular. Una parte de la tarea reproductiva es por tanto la búsqueda y obtención de una pareja (esfuerzo por aparearse). Hay que elegir una pareja, cortejarla, seducirla y copular. No todos los hombres, ni todas las mujeres, consiguen una pareja. Los que no la consigan, las personas que fracasen en la obtención de una pareja sexual, no se reproducirán. Esos individuos no transmitirán sus genes a la siguiente generación. Esta es la selección de los individuos por su capacidad para aparearse, para encontrar pareja sexual y copular.

La pareja debe copular para reproducirse. La copulación, desde el punto de vista estrictamente reproductivo, consiste en el proceso de introducir los espermatozoides en el tracto reproductor femenino. Los gametos masculinos tienen que desplazarse activamente por el interior del aparato reproductivo femenino para encontrar el óvulo y fusionarse, uno de ellos, con él. Aquí se deben superar nuevos retos: no ser impotente el hombre, ser capaces los espermatozoides de moverse hasta localizar el óvulo, tener un ambiente intrauterino compatible con la vida y motilidad de los espermatozoides, etc. (selección gamética y selección por fertilidad de la pareja).

Una vez producida la fecundación, el **zigoto** comienza su andadura en el útero materno que, mediante el proceso del desarrollo embrionario, le conducirá a formar un **nuevo individuo** de la especie. Muchos zigotos no llegan a término (abortos espontáneos), otros puede que se desarrollen con anomalías, etc. (selección zigótica). Asimismo, las mujeres difieren en su capacidad de gestación. Algunas frecuentemente abortan. Otras dependen del estado nutricional y ambiental en general para llevar a feliz término el embarazo (selección de las mujeres por capacidad para llevar adelante el embarazo y selección de los hombres por su capacidad para sostener en condiciones óptimas a su mujer).

Tras el nacimiento, todavía queda un amplio periodo de tiempo hasta llegar a la edad reproductiva y realizar la función de procrear ejerciendo de ese modo como un elemento efectivo de la siguiente generación humana. El niño debe sobrevivir (no todos lo hacen), y crecer hasta reproducirse a su vez para dar lugar a la siguiente generación (selección zigótica, y selección de los padres por su capacidad de cuidar y criar a la prole).

Como se ve, todo este proceso está plagado de retos que deben superarse para pasar de una etapa otra. Cada una de las etapas que hemos mencionado es susceptible de ser objeto de la selección. Por ejemplo, los gametos tienen diferente capacidad de supervivencia, de fertilidad, etc. Encontrar una pareja es normalmente sencillo, persuadirla para copular es un proceso complicado que requiere atracción y cortejo y, no todas las personas son igualmente atractivas y persuasivas, etc. Por tanto, esto puede dar lugar a presiones selectivas diferentes en las diferentes etapas, incluso con efectos contrapuestos. A efectos del proceso evolutivo lo que importa es el resultado global, la eficacia reproductiva de un determinado individuo, el éxito reproductivo: el número de hijos con los que contribuye a la siguiente generación. En eso se cifra todo.

Selección natural

Darwin distinguía la selección natural como la que resultaba de las diferentes capacidades adaptativas de los individuos para lidiar con los retos de su medio. La selección natural la ejerce el ambiente que rodea a un individuo. Todos los factores del entorno, ya sean físicos o biológicos, que modifican o afectan el número de descendientes dejados por un individuo como contribución a la siguiente generación, son agentes de la selección natural. El clima, por ejemplo, puede favorecer la supervivencia de unos individuos frente a otros. O la acción de un depredador que elimina de la población todos los individuos con defectos físicos que les impiden huir adecuadamente del depredador. Clima y depredador serían ambos agentes de la selección natural en la que estarían integrados muchísimos factores más. La selección natural ocurre por la reproducción diferencial de los individuos. Aquellos individuos con mejores capacidades para vivir y reproducirse en un ambiente dado, dejarán más descendientes en la siguiente generación, y con ellos, sus genes, los máximos responsables de esas capacidades ventajosas. Los individuos con buenos genes (más adaptados) irán paulatinamente aumentando en la población. **La selección natural conduce a más adaptación** (Symons 1979).

Todos los seres vivos luchan por sobrevivir y dejar hijos. Pero, en última instancia, la medida del éxito evolutivo no es vivir mucho, sino dejar muchos hijos en la siguiente generación. La forma de conseguirlo, la estrategia seguida, es irrelevante, lo que importa es el resultado: muchos hijos en la siguiente generación. Un individuo que viva 100 años y tenga 1 hijo, frente a otro que viva 30 años y tenga 3 hijos, es tres veces menos adaptado, tiene tres veces menos éxito reproductivo, contribuye con 1/4 de genes respecto del otro.

"Natural selection is thus for organisms that maximize the representation of their own genes in the next generation. But an individual's genes are carried by members of the population in addition to the individual's direct descendants, hence selection can favor organisms who promote not only their own individual fitness but also the fitnesses of individuals with whom they share genes by common descent. That is, selection is for the maximization of "inclusive fitness" (Hamilton 1964), which is the sum of an individual's own fitness plus its influence on the fitnesses of organisms, other than its direct descendants, with whom it shares genes by common descent." (Symons 1979:6-7)

[La selección natural favorece organismos que maximizan la representación de sus propios genes en la siguiente generación. Pero los genes de un individuo son transportados por miembros de la población además de por los descendientes directos de ese individuo, por tanto, la selección puede favorecer organismos que promuevan no solo su propia adaptación sino también las adaptaciones de los individuos con quienes ellos comparten genes por origen común. O sea, la selección maximiza la "adaptación inclusiva" (Hamilton 1964), que es la suma de la adaptación del propio individuo más su influencia en las adaptaciones de otros organismos, diferentes de sus descendientes directos, con quienes comparte genes por un origen común.]

La selección natural es un proceso ciego, que no prevé el futuro, simplemente actúa sobre la realidad disponible, conduciendo a un mayor nivel de adaptación. La selección natural suele estar asociada con un aumento de la supervivencia, en la medida en que ésta influye sobre la eficacia reproductiva. Los rasgos o caracteres favorecidos por la selección natural suelen contribuir favorablemente a la supervivencia de los portadores.

Selección sexual

La selección sexual se debe a la diferente capacidad de los individuos para encontrar pareja y copular. La selección sexual la ejercen, fundamentalmente, los individuos de la propia especie porque se produce por la competencia entre ellos por reproducirse más y mejor. También se expresa en éxito reproductivo, como la selección natural, pero produce el desarrollo evolutivo de rasgos que contribuyan al éxito sexual, independientemente de si esos mismos rasgos contribuyen o no a mejorar la adaptación del individuo al entorno. Como veremos, en muchos casos, los caracteres desarrollados por la selección sexual, otorgan mayor éxito sexual (apareamiento) pero son negativos para su supervivencia. En definitiva, la selección sexual no conduce a mayor adaptación sino únicamente a mayor éxito como pareja sexual.

> *"[...] sexual selection. This depends on the advantage which certain individuals have over others of the same sex and species solely in respect of reproduction." (Darwin 1871: 229-230)*

> *[...] selección sexual. Esta depende de la ventaja de ciertos individuos sobre otros de su mismo sexo y especie respecto a la reproducción.]*

La idea de la selección sexual surgió en Darwin como una necesidad para explicar ciertos caracteres sexuales secundarios que, aparentemente, suponían un reto a la teoría de la selección natural. Caracteres tales como la cola del pavo real o la cornamenta de algunos ciervos, parecen un lastre para su supervivencia frente a los depredadores, cuya aparición y desarrollo evolutivo no tendría explicación por selección natural. Es por ello que, ya desde el *Origen de las especies* (Darwin 1859) recurre al concepto de selección sexual para explicar la evolución de este tipo de caracteres, desarrollando mucho más la idea y proporcionando una gran cantidad de ejemplos en su libro *The Descent of Man and Selection in Relation to Sex*

(Darwin 1871); El origen del hombre y la selección con relación al sexo).

Darwin hacía de ese modo una distinción entre caracteres útiles para la supervivencia y caracteres utilizados para adquirir parejas sexuales. La selección sexual surge de la competición por reproducirse. Se compite por tener acceso sexual y copular con una pareja del otro sexo. En la selección sexual, el recurso disputado son las parejas sexuales, de modo que la competencia por dichas parejas es el aspecto que unifica todas las formas de selección sexual. El concepto de Darwin era que la selección sexual dependía de las diferentes habilidades de los individuos para conseguir parejas para copular. **La selección sexual conduce a individuos más capaces de encontrar parejas y copular.**

Mecanismos de la selección sexual

Desde el principio, Darwin reconoció dos mecanismos de selección sexual que han atraído la mayor parte del interés: la **elección femenina** del macho con quien copular ("female choice") y la **competición masculina** ("male competition") por conseguir el acceso a las hembras. La investigación posterior abarcando a un gran número de especies animales, especialmente insectos, ha puesto de manifiesto una gran variedad de mecanismos, además de estos dos.

Competición entre machos (y entre hembras)

La competencia entre los machos por aparearse con las hembras puede tomar muchas formas, siendo la más llamativa y conocida el combate entre los machos dominantes y los aspirantes a serlo, como, por ejemplo, los enfrentamientos entre los grandes elefantes marinos, o los machos de ciervos, etc. El combate entre los machos da lugar a que se desarrollen evolutivamente adaptaciones al servicio de la lucha. Así, los machos suelen tener un cuerpo mucho más grande y fuerte, suelen desarrollar armas para la lucha (garras, colmillos, cuernos, etc.). En muchos casos, se han desarrollado en cambio formas ritualizadas de enfrentamiento, toda una puesta en escena de amenazas de agresión sin que se llegue a producir ésta. Pero la competición entre machos no toma siempre la forma de un enfrentamiento físico. A veces puede ser una competición vocal o canora (los cantos de los pájaros). Otra puede ser la exhibición de una extraordinaria capacidad (construyendo nidos, por ejemplo) o la posesión de un territorio de cría, etc.

En la especie humana hay un dimorfismo sexual claro para el tamaño corporal y el desarrollo muscular: el hombre suele ser más grande y más fuerte. También muestra más agresividad en general y una mayor disposición al enfrentamiento físico. Pero estos rasgos no están tan desarrollados como por ejemplo en el gorila. Ni tan siquiera como en el chimpancé. Más aún, a diferencia de nuestros parientes más cercanos, no hemos desarrollado los caninos como armas al servicio del enfrentamiento físico. Todo lo cual sugiere que éste no ha sido la forma habitual de solventar estos litigios en la especie humana. Nuestra competición generalmente ha sido indirecta, más sutil, basada en signos de calidad como pareja, en publicitar nuestra valía personal y desacreditar al rival...

Por otra parte, también hay que decir que ha habido también una competición entre mujeres por encontrar pareja: un buen padre/pareja para criar la prole no ha sido nunca un asunto fácil. Aunque la competición femenina no se ha basado en el enfrentamiento físico, sino que ha adoptado formas basadas en la inteligencia: la sagacidad para distinguir el buen padre auténtico del farsante, la insidia para desacreditar a las rivales al tiempo que gana crédito para sí, etc.

Elección femenina (y masculina)

La **elección femenina** consiste en la decisión de la hembra para elegir un macho entre un grupo de pretendientes. En muchos casos (incluida la especie humana), la hembra no se limita a aceptar el primer candidato que se le presenta, sino que procede a evaluar a una serie de aspirantes antes de tomar su decisión. Se trata pues de una selección inter-sexual puesto que hay una interacción entre los dos sexos. No obstante, hay que dejar constancia de que hay quien considera que toda la selección es intrasexual, porque la elección femenina equivale a que los machos compiten entre sí, aunque en este caso por ser los más atractivos para las hembras (Anderson 2006). O las hembras para ser más atractivas para los machos.

La elección femenina determina cambios evolutivos en los machos para ser "atractivos" para las hembras. Se desarrollan "ornamentos" destinados únicamente a captar parejas, que en muchos casos no tienen valor adaptativo desde el punto de vista de la supervivencia, o que incluso son un claro "hándicap" para los machos. Así, en muchas especies de aves, los machos desarrollan llamativos plumajes que exhiben como atractivo ante las hembras (por ejemplo, el plumaje de la cola del pavo real). En otros casos, se exhiben signos de riqueza y buena posición social, conductas agresivas que indican una capacidad para defender a la familia, etc. Los machos desarrollan y exhiben los caracteres que las hembras valoran, prefieren y gozan de su interés con el fin de conseguir aparearse. Como consecuencia, los caracteres de los machos pueden llegar a ser exagerados a pesar del coste de la viabilidad reducida del poseedor, si los machos con llamativos caracteres disfrutan de un éxito reproductivo superior a través de la atracción de las hembras. No entramos en este momento en la cuestión principal ¿por qué las hembras escogen machos con tales caracteres costosos en todos los sentidos?

El fenómeno se produce también en el otro sentido cuando el macho es también selectivo en su elección de pareja. En el caso humano también hay una elección de la pareja por parte del hombre.

Competición espermática

La competición entre machos a veces toma una forma especial conocida como competición espermática. Quienes compiten son los eyaculados de los diferentes machos que están simultáneamente en el tracto reproductivo interno de la hembra y tratan de ser los que fecunden a la hembra. La competición espermática ocurre siempre que coincidan en el tracto reproductivo femenino el semen de diferentes machos. Los espermas de diferentes individuos compiten entre sí por fecundar al óvulo en el interior de la hembra. La batalla entre los diferentes eyaculados ha originado el desarrollo evolutivo de procedimientos de competición espermática específicos, propio de cada especie, que alcanzan en algunos casos una gran sofisticación.

Por ejemplo, en el caso de muchas especies de mosca de la fruta (*Drosophila*), la evolución ha desarrollado dos tipos de estrategias no excluyentes, bien favoreciendo el esperma de uno de los machos en perjuicio de los demás o bien previniendo que la hembra pueda ser inseminada por otros machos. El semen de los machos de la mosca de la fruta es un cóctel de sustancias diversas que provoca la desactivación del esperma previamente presente y almacenado en el tracto reproductivo de la hembra. Al mismo tiempo el cóctel es un anti-afrodisíaco que disminuye el apetito sexual de la hembra haciendo que esté menos dispuesta a copular con otros machos. También en *Drosophila* se sabe que los machos incorporan en la eyaculación una sustancia que estimula la ovulación de la hembra con lo cual favorece la probabilidad de fecundación del macho. Sin embargo, incrementar la producción de óvulos por encima del nivel óptimo puede reducir la longevidad de la hembra y, en última instancia disminuir su vida reproductiva. Este es un caso claro de conflicto sexual evolutivo.

La competición espermática tiene una de sus formas de expresión más obvias en la producción de más esperma que los machos rivales, tanto en volumen como en número de espermatozoides. Dentro de esa lógica se ha descubierto en un amplio número de especies incluyendo mamíferos, aves, mariposas y peces, que los machos de las especies que experimentan más competición espermática tienen testículos relativamente más grandes. En este sentido, la medida indirecta más común de la inversión en producción de esperma es el tamaño de los testículos corregido por el tamaño del cuerpo (el índice gonado-somático). Los estudios comparativos llevados a cabo durante un cuarto de siglo han demostrado, en un amplio rango de especies, que las que tienen alto riesgo o intensidad de competición espermática tienen un índice gonado-somático superior (Snook y Pizzari 2012).

También cambia la calidad del esperma, tal como se ha descrito en algunos insectos poliándricos (la poliandria es el sistema de apareamiento en que varios machos copulan con una misma hembra) producen una proporción superior de espermatozoides vivos que las especies monógamas. Otros mecanismos desarrollados en respuesta a la competencia espermática son, la vigilancia y el "secuestro" de la pareja, la copulación frecuente, y la producción de tapones reproductivos (una especie de semen compacto que tapona el acceso al tracto superior reproductivo de la hembra).

Muchos investigadores, principalmente procedentes de la psicología evolucionista, son fervientes defensores de que la mujer busca activamente (aunque inconscientemente) cópulas fuera de la pareja en busca de presuntos beneficios evolutivos. Por consiguiente, también sostienen que este mecanismo de la competición espermática ha actuado en la evolución de la especie humana. Discutiremos este asunto específicamente en humanos más adelante.

Elección femenina críptica

Este fenómeno consiste en la capacidad de una hembra para sesgar la fecundación a despecho de los machos que copulan con ella. Se dice que es críptica porque tiene lugar de modo oculto en el interior del tracto reproductivo femenino. La investigación de este fenómeno presenta más dificultades ya que a menudo está enmascarado por los procesos dirigidos por el macho y es difícil descomponer el efecto de cada una de las causas.

Un ejemplo. En el gallo doméstico, las hembras prefieren copular con machos dominantes, pero no pueden evitar algunas inseminaciones por parte de machos subdominantes. Sin embargo, las hembras han desarrollado evolutivamente un mecanismo mediante el cual proceden a expulsar el semen de estos machos inmediatamente después de la eyaculación, haciendo poco probable la fecundación por los espermatozoides de estos machos.

Sexo y éxito reproductivo

En un trabajo que se ha convertido en un clásico (Bateman 1948), se demostró en *Drosophila*, que los individuos de diferente sexo tenían ostensibles diferencias en el éxito reproductivo. Los machos variaban extraordinariamente en fecundidad desde 0 a varias decenas de hijos. El 21% de los machos no conseguían aparearse mientras que otros acumulaban las cópulas. Es decir, había unas diferencias enormes en éxito reproductivo entre los machos. Los machos diferían ostensiblemente tanto en fertilidad (número de hijos) como en éxito de apareamiento (número de parejas con las que habían copulado y número de cópulas). Las hembras, en cambio, mostraban diferencias mucho menores en el número de hijos y solo el 4% fracasaron en el apareamiento pese a ser intensamente cortejadas. Es decir, las hembras mostraban mucha menor variación entre ellas tanto en fertilidad como en la capacidad de aparearse. Al mismo tiempo, se determinó la existencia de una relación directa entre el número de apareamientos de un macho y su éxito reproductivo medido en número de hijos (más hijos cuantas más cópulas). Por el contrario, las hembras no mostraban una ganancia en éxito reproductivo después de copular con una pareja, por más machos con los que copulase. Esto conducía a la conclusión de que, en los machos, la estrategia reproductiva más ventajosa era copular con cuantas más hembras mejor, en tanto que las hembras ganaban poco o nada después de la primera o segunda cópula.

Aunque, posteriormente, se ha demostrado claramente que algunos de los experimentos de Bateman eran incorrectos metodológicamente y no permitían extraer las conclusiones que se extrajeron (Gowaty et al. 2013), lo cierto es que un sinfín de experimentos posteriores han confirmado lo esencial de las conclusiones de Bateman.

La inversión parental

Más de 20 años después (Trivers 1972), en otro artículo clásico, Robert Trivers desarrollaba su hipótesis de la diferencia entre los dos progenitores en la inversión en la progenie. La pretensión de Trivers era enunciar el argumento de Bateman de una forma más precisa y general, de forma que el sistema reproductivo, y la proporción entre sexos, se pudieran expresar como funciones de una sola variable (la inversión parental) que controlara la selección sexual. La inversión parental la definía del modo siguiente (Trivers 1972):

> *"I first define parental investment as* any investment by the parent in an individual offspring that increases the offspring's chance of surviving (and hence reproductive success) at the cost of the parent's ability to invest in other offspring." [Enfasis añadido por el propio autor.]

> *[Defino la inversión parental como* cualquier inversión del progenitor en una progenie individual que incremente la probabilidad de sobrevivir de la progenie (y por tanto el éxito reproductivo) a costa de la capacidad del progenitor para invertir en otra progenie.]

De acuerdo con esta teoría, la inversión parental de los sexos en su progenie es lo que gobierna el funcionamiento de la selección sexual. De este modo, el sexo que invierte más en la progenie (habitualmente el sexo femenino), se convierte en un recurso limitado para el otro sexo. En consecuencia, los individuos del sexo que menos invierte (habitualmente el sexo masculino) competirán entre sí para aparearse con miembros del otro sexo. Queda claro que un individuo puede incrementar su éxito reproductivo invirtiendo sucesivamente en la progenie de varios miembros del sexo limitante.

También podemos expresarlo de otro modo más intuitivo. Las hembras están limitadas por el número de hijos que pueden producir y criar con éxito. De modo que la forma de dejar más genes en la siguiente generación es produciendo hijos de óptima calidad. Eso convierte la elección del padre en un asunto clave desde el punto de vista evolutivo.

Por otra parte, los machos pueden dejar más genes en la siguiente generación fecundando tantas hembras como sean capaces. Dado que cada apareamiento requiere poca inversión de su parte, un macho que copule con muchas hembras produce muchos más hijos que otro que se aparee solo con una hembra. Por consiguiente, se espera que los machos compitan entre sí por el acceso a las hembras, y que las hembras sean muy selectivas para copular con el mejor macho posible que puedan.

Especial cuidado hay que tener en otorgar a las tendencias conductuales evolutivas naturaleza consciente. La elección femenina de pareja, por ejemplo, en la inmensa mayoría de los casos, se producirá de modo absolutamente inconsciente, incluso en el ser humano. La conducta de los animales no humanos y del animal humano está, en la gran mayoría de las ocasiones, motivada por señales captadas y procesadas de modo absolutamente inconsciente.

Como corolario, el sexo que invierte poco (el masculino, frecuentemente) mostrará también, mayor apetencia sexual, gusto por la variedad, poca exigencia en la calidad de la pareja, nula disposición a involucrarse en una relación larga, etc. Por su parte, el sexo que más invierte (el femenino, habitualmente), evolucionará una conducta fuertemente selectiva hacia la pareja, poniendo condiciones muy estrictas para implicarse en una relación sexual con el otro sexo, exigiendo una pareja de calidad, etc.

La teoría de la inversión parental ha sido corroborada en numerosos animales. Uno de sus puntos fuertes es que predice intercambio de papeles entre los sexos, en los casos en que se haya invertido la inversión parental. La teoría hacía una predicción clara: si la inversión del macho superaba a la de la hembra, se esperaría que en este caso fuesen las hembras las que compitiesen entre sí por copular con los machos. Efectivamente, se ha podido demostrar en un buen número de especies que se invierten los papeles de machos y hembras: el macho cuida la prole hasta sacarla adelante, y la hembra copula y tiene hijos con diferentes machos (poliandria) sin prestar atención a las crías. En un buen número de especies que muestran una inversión de dichos papeles (jacarandá, caballitos de mar, etc.) en las que son los machos los que construyen el nido, empollan los huevos y cuidan de la prole, las hembras compiten activamente por los machos y procuran aparearse con tantos machos como sea posible. También se observa una conducta reversa en los machos y las hembras de algunas especies de primates.

Punto de partida

Todo lo anterior me lleva al punto de partida de este libro: el sexo (la sexualidad humana) es un producto evolutivo. Como consecuencia, una gran mayoría de sus manifestaciones responde a conductas moldeadas por la selección natural durante millones de años de evolución, especialmente a los últimos 200.000 años de evolución específicamente humana. Como vamos a tener ocasión de ver, numerosos aspectos de nuestra conducta sexual son patrones determinados genéticamente que resultan ser más o menos modificados por la información ("cultura") recibida del entorno social a lo largo de la vida. Nuestra sexualidad (nuestra conducta sexual) es sensible a la información que recibe y responde de manera individualizada. El principal órgano del sexo es nuestro cerebro. Y nuestro cerebro responde individualmente a la información sexual recibida del entorno con una conducta sexual flexible.

Pero no con *cualquier* conducta. No todo lo teóricamente posible es realmente posible. Quiero decir que, como en el caso imaginario anterior, podemos tratar de no sentir celos viendo a nuestra pareja "tonteando" con otra… Pero es imposible. En la parte más primitiva de nuestro cerebro se activa una conducta de alarma que nos conduce a la trifulca y puede que a la reyerta violenta.

Los capítulos restantes van dedicados a revisar la impronta evolutiva en la sexualidad humana. Los aspectos fundamentales de la sexualidad humana son enfocados desde su origen evolutivo lo que nos permite verlos de una manera completamente diferente a la común. Veremos que, mucho de lo que puede parecer arbitrario o convencional en nuestra conducta sexual, tiene sentido evolutivo. Se entiende desde el punto de vista de la selección natural. Entenderemos biológicamente por qué nos enamoramos, extirpamos el clítoris a las niñas, vivimos en pareja, etc. Nuestra conducta sexual será en bastantes ocasiones deleznable, sin justificación ni escusa, también esos aspectos serán puestos de manifiesto, sin utilizar la Biología como burladero para evitar las responsabilidades éticas de nuestra conducta sexual, sino manteniendo en todo momento que somos responsables plenos de nuestra conducta sexual.

El entorno evolutivo remoto

Puesto que el eje del discurso de este libro es la evolución de la sexualidad humana, debemos fijar claramente el marco temporal en que ésta se produce, dónde se produce, cuál era el ambiente, cómo vivían, etc. Tenemos que hacernos una idea de los retos a los que estaban sometidos esos primeros humanos, qué presiones selectivas soportaron durante miles de años, porque es durante ese largo periodo cuando se fraguaron las adaptaciones evolutivas específicas del ser humano. El hombre no evolucionó biológicamente para adaptarse a vivir en ciudades con rascacielos, tráfico intenso, gregarismo extraordinario y jornada laboral; en un ambiente completamente modificado por la propia especie humana. Nuestras adaptaciones evolutivas están diseñadas para un entorno completamente natural.

La historia evolutiva como especie humana (*Homo sapiens*) comenzó hace aproximadamente unos 200.000 años (la Edad de Piedra) y se desarrolló, a grandes rasgos, bajo las mismas condiciones hasta hace 8.000-10.000 años (o 20.000 según algunas estimaciones), cuando el ser humano desarrolló la agricultura y la ganadería. Hasta entonces, permaneció básicamente a merced del ambiente, modificándolo de forma insignificante, dependiendo de los magros recursos que se podía agenciar mediante la caza, la pesca, y la recolección de frutos y plantas comestibles. Eran sociedades basadas en una actividad humana como cazador-recolector. Aunque, evidentemente, la especie humana es tributaria de sus más remotos antecesores, los prehomínidos y los homínidos, sus adaptaciones propias de la especie responden a ese largo periodo de 190.000 años, suficientemente amplio como para poder dar lugar a adaptaciones evolutivas significativas.

A partir del invento de la agricultura y la ganadería, el hombre comienza a dominar progresivamente el entorno natural, modificándolo y tratando de ponerlo a su servicio. El desarrollo de la cultura tecnológica y de la cultura en general propició nuevas posibilidades de "adaptación" mucho más rápidas (adaptación cultural). Las adaptaciones de las que nos vamos a ocupar aquí son las adaptaciones evolutivas de la sexualidad humana a las condiciones vividas durante 190.000 años como cazadores-recolectores.

Además de la fuente de alimentos, sabemos que los seres humanos vivían en pequeños grupos, probablemente de unos 30 individuos, pudiendo llegar en casos excepcionales a grupos "muy numerosos" de unos 200 individuos. Inicialmente cavernarios, aprenderían rápidamente a construir hogares más o menos rudimentarios, para acomodo temporal, ya que vivirían de manera trashumante trasladándose periódicamente de sitio en sitio según fuesen agotándose los recursos, siempre limitados, y muchas veces escasos.

Básicamente en estas condiciones evolucionó nuestra sexualidad.

Capítulo 3. La pareja humana

Los seres humanos mantenemos relaciones sexuales organizadas de muy diferentes maneras: varias mujeres para un solo hombre (poliginia), varios hombres para una sola mujer (poliandria), cambio de pareja permanente (promiscuidad de ambos sexos) o una pareja estable (monogamia). En diferentes culturas, y a lo largo del tiempo, las sociedades humanas han institucionalizado determinadas formas de relaciones sexuales y han practicado libremente muchas más. Las circunstancias ecológicas en las que nos hemos desenvuelto junto con nuestra portentosa capacidad creativa y nuestra búsqueda constante de nuevas sensaciones, nos ha llevado a practicar muy diferentes formas de relacionarnos sexualmente. Buena parte de todo eso es "ruido" cultural: la manifestación de nuestra ilimitada creatividad y curiosidad expresada en este caso en materia sexual. Por debajo de esa infinita variación, soterradamente, existe un núcleo esencial, evolutivamente originado, que establece nuestro patrón básico para relacionarnos sexualmente. La reproducción sexual es el pivote sobre el que se mueve la evolución, está en la raíz misma del proceso evolutivo que, como hemos visto, consiste en el aumento progresivo de los genes procedentes de los individuos que dejan más descendencia, tienen mayor éxito reproductivo. En este sentido, nada hay más estrechamente relacionado con la evolución que el proceso de emparejamiento sexual que conduce a la reproducción. Por lo tanto, el apareamiento, la forma que éste adopta es indudable que está fuertemente modelada por la evolución. ¿Cuál es esa forma? ¿Somos esencialmente monógamos? ¿Tenemos tendencia los hombres a tener varias mujeres? ¿Las mujeres a tener varios hombres? ¿Somos promiscuos todos los seres humanos?… A la discusión de este asunto va dedicado este capítulo.

Opciones de apareamiento del hombre

Enfocado el apareamiento desde el interés evolutivo del hombre, la mejor opción sería la poliginia (varias mujeres para un solo hombre), porque le asegura la procreación de un gran número de hijos, tantos más cuantas más parejas femeninas consiga, prestándoles una atención proporcionalmente reducida por el número de parejas que posea. Desde el interés del hombre, como segunda opción quedaría la monogamia, cuyo óptimo funcionamiento se conseguiría mediante la elección de una pareja fértil, capaz de producir muchos hijos, y sujeta a derechos sexuales exclusivos, con el fin de asegurarse de que su inversión exclusiva, se aplica a *sus* hijos, y no a los hijos de otro, habidos de la infidelidad sexual de la mujer. La poliandria (una mujer compartida por varios hombres) no es un sistema favorable a los intereses evolutivos del hombre porque no garantiza la paternidad de los hijos que tenga la mujer mientras que supone un coste en inversión reproductiva y parental. La promiscuidad, por último, podría parecer el paraíso de los machos: copular con cualquiera en cualquier momento y sin ningún compromiso de futuro. Las relaciones promiscuas reducen a la nada la contribución parental —lo que podría interesarle al hombre— pero sucede lo mismo con la garantía de paternidad —lo que no le interesa en absoluto—.

Opciones de apareamiento de la mujer

El sistema de apareamiento evolutivamente más favorable para la mujer (el que presuntamente le otorgaría mayor éxito reproductivo), parece claro que sería la poliandria (varios hombres para una sola mujer), puesto que le aportaría la contribución económica, alimenticia, de posición social, etc., de dos (o más) hombres lo que supondría una gran ventaja para ella y su prole. Como segunda opción quedaría la monogamia en la que contaría con la aportación exclusiva de su pareja. La poliginia sería un mal sistema de apareamiento para la mujer puesto que le obligaría a compartir los recursos del único marido con las restantes esposas, lo que iría en detrimento suyo y de su progenie. Finalmente, la promiscuidad absoluta (relaciones sexuales indiscriminadas) sería la peor de las posibilidades porque la mujer no obtendría ningún tipo de apoyo de sus parejas efímeras. (No obstante, podría conseguir otros beneficios genéticos y no genéticos que no estamos tomando en cuenta en este momento pero que serán tratados posteriormente.)

La poliginia implica un coste para la mujer

El hombre se ve claramente beneficiado en éxito reproductivo por la poliginia, pero a la mujer le supone un coste que puede experimentar, bien a través de una reducción en fertilidad, o por un incremento en mortalidad infantil. Curiosamente la hipótesis de un incremento en **mortalidad infantil** provocado por la poliginia ha suscitado poco interés en los investigadores (quizá dando por seguro que no lo había porque *no debía* haberlo). La realidad contradice completamente esta suposición. Hoy sabemos que la poliginia impone un coste a la mujer en términos de mortalidad de la prole.

Como demuestra el estudio del asunto en los Dogón de Mali, una sociedad poligínica que vive en condiciones más naturales, el mayor lastre que soportan las mujeres Dogón es la mortalidad infantil. El número medio de nacimientos vivos es 8,6 por mujer, pero el 20% de los niños mueren en el primer año de vida y el 46% antes de cumplir los cinco años. Se demostró que la poliginia era el predictor simple más potente de la mortalidad infantil (Strassmann 1997). También se da esta situación en los hijos de matrimonios poligínicos entre los Mende de Sierra Leona (Marlowe 2000).

Además, entre los Mende, se producía también una **reducción de la fertilidad** de las mujeres casadas poligínicamente. La fertilidad media de una mujer casada monógama era 4,3 hijos, comparados con los 3,7 de una mujer casada poligínicamente (Hrdy 1999). Al parecer la observación es relativamente antigua pues son numerosos los investigadores que han documentado una fertilidad inferior en las mujeres casadas poligínicamente en diferentes sociedades: los Temne, los Lufa de Nueva Guinea, los nigerianos rurales, y los zaireños (citados en Werner 1983). Todos los datos apuntan en el sentido de que, aparentemente, en la especie humana, los *hijos criados solo por la madre tienen menos probabilidades de sobrevivir*. (Discutiremos más adelante este asunto concreto, la supervivencia de los hijos criados solo por la madre, por su crítica importancia evolutiva.)

Aparentemente, la situación real va en contra de la predicción evolutiva pues, como veremos, la gran mayoría de las sociedades humanas son *nominalmente* poligínicas a despecho del menor éxito reproductivo de las mujeres emparejadas poligínicamente. ¿Cómo es posible que las mujeres estén satisfechas con ese sistema? ¿Están de acuerdo con la poliginia pese a ser un sistema negativo para sus intereses? Para considerar equilibradamente este asunto, en primer lugar, no debemos perder de vista que, como veremos, la poliginia es más *nominal* que *real* pues la inmensa mayoría de las parejas son monógamas en las sociedades *nominadas* como poligínicas. Y, en segundo lugar, tengamos en cuenta que, plegarse a una situación y aceptarla, no significa que sea la más deseable para la persona que la soporta. La flexibilidad conductual de la especie humana le conduce a soportar condiciones indeseables, forzada por las circunstancias. Este resulta ser el caso, en concreto, de la poliginia soportada por las mujeres. De hecho, *las mujeres rechazan la poliginia cuando tienen posibilidad de expresarse libremente*, como se pone de manifiesto en los contados casos en que se ha escrutado este asunto concreto. Frecuentemente, en las sociedades poligínicas los hombres tienden a dulcificar la situación diciendo que sus esposas están felices con el estado de cosas (¡Cómo no! ¡Y los presos están contentos de tener comida y cama gratis en la cárcel!). La realidad está en las Antípodas. Por ejemplo, aunque la poliginia es usual y está normativamente establecida entre los Hadza de Tanzania, cuando se les pedía su opinión, significativamente los hombres (65%) más que las mujeres (38%) decían que era correcto para un hombre tener dos mujeres (Marlowe 2000). Más dramático es el caso de los Dogón de Mali. Los propios indígenas Dogón explican la baja supervivencia bajo la poliginia como un reflejo de la competición entre las co-esposas. Las diferentes esposas no están emparentadas (no comparten genes por parentesco) y su rivalidad se manifiesta y extiende a sus respectivos hijos. Hasta tal punto está asumida la profundidad del problema, que se admite que las co-esposas frecuentemente ¡¡¡envenenan a los hijos de otras esposas!!! La virulenta realidad del problema se expresa en que los tribunales de justicia de Mali tratan frecuentemente casos de agresión entre co-esposas (Strassmann 1997). La tenebrosa situación tiene consecuencias funestas:

> *"Incluso si las mujeres no envenenan a los hijos de otras, la amplia creencia en la hostilidad entre las madres co-esposas puede ser una fuente de estrés."*
> *(Strassmann 1997)*

Los entornos familiares cargados de estrés, a través de una elevación de los niveles de cortisol, provocan un efecto inmunosupresor, que se sabe que conducen a un incremento de la incidencia de enfermedades y a un mayor nivel de mortalidad.

Siendo esto así, ¿por qué se casan poligínicamente las mujeres? Habitualmente, porque el mercado de esposos está escaso de solteros: el número de mujeres excede al de hombres. En cualquier caso, para que el marido poligínico sea aceptable tiene que aparentar disponer de una situación económica boyante (Strassmann 1997).

Cada oveja con su pareja

Para completar el panorama hay que tener en cuenta los intereses de los *otros* hombres, los que no encuentran pareja porque no hay suficientes mujeres, en algunas situaciones. Los que son forzados al "celibato". En este sentido, está claro que la poliginia "secuestra" un buen número de mujeres del "mercado" de esposas potenciales, dejando a un número indeterminado de hombres sin pareja sexual. En el pasado remoto, cuando evolucionó nuestra especie, los grupos humanos eran poco numerosos (30-200 individuos) (Marlowe 2005; Symons 1979). Si excluimos las niñas, las mujeres mayores menopáusicas, y las casadas, se pone de manifiesto que el número de mujeres casaderas, desposables, en edad fértil, sería siempre muy limitado. En esas condiciones, la poliginia, con su resultado de acaparamiento de mujeres, provocaría fuertes tensiones en el grupo humano por aparearse.

El interés del hombre dominante sería el harén, sería la poliginia. Lo que perjudicaría claramente a la mayoría de los hombres que se quedarían sin pareja. La frustración de las expectativas de emparejamiento de muchos hombres, debida al acaparamiento de las mujeres por parte de uno o unos pocos hombres dominantes poligínicos, sin duda, habría dado lugar en el pasado remoto a tensiones sociales de imprevisibles consecuencias a lo largo de la historia evolutiva humana. En el entorno evolutivo remoto, en los clanes cavernarios, la tensión por la distribución desigual de las mujeres, generaría un descontento creciente —y peligroso—. El hombre primitivo, con su poderosa inteligencia, había desarrollado armas mortíferas, era conocedor de potentes venenos naturales, tenía una gran capacidad para conspirar contra la "injusticia", para organizar coaliciones contra el acaparador de mujeres, etc. Las deposiciones violentas, las muertes súbitas por "causas desconocidas", y "otros procedimientos" debieron contribuir a "democratizar" mucho las relaciones sociales dentro de las bandas tribales de humanos, incluyendo la distribución equitativa de las mujeres. En muchos casos, seguramente, la simple percepción del "mar de fondo" llevaría a concesiones mutuas entre los machos en evitación de males mayores. Uno de los elementos clave, en disputa siempre, sin duda, fueron las mujeres. Es evidente que el sistema de apareamiento que menos tensiones genera en este sentido, porque distribuye equitativamente a las mujeres, es la monogamia.

El coste de reproducirse: guerra de sexos

Para nuestro buen entendimiento de los términos del problema debemos considerar el *coste que supone para cualquier animal la reproducción*. Se puede entender mejor considerando que el **esfuerzo reproductivo** total, el gasto total que un ser humano hace para reproducirse, es la suma del **esfuerzo por aparearse** y del **esfuerzo parental**.

El esfuerzo por aparearse comprende, la búsqueda de pareja, el cortejo, la competición con otros individuos por la pareja, etc., en suma, todos los gastos realizados en el esfuerzo por encontrar una pareja con la que copular y hacerlo de modo efectivo.

El otro componente (el esfuerzo parental) en el hombre comprende actividades tales como, proporcionar alimentos y cuidados a la prole y a la madre, defenderlos frente a cualquier peligro, contribuir al desarrollo e integración social de los hijos, apoyarlos y favorecer su escalada de posición en el grupo, etc. Es decir, todo gasto realizado en este sentido hasta el momento en que los hijos alcanzan la edad reproductora. En la mujer, el esfuerzo parental comprende actividades similares y algunas absolutamente específicas tales como, la gestación y la lactancia.

Cada especie, y cada individuo de cada especie, ajusta la energía que va a gastar en cada componente del esfuerzo reproductivo (Geary 2000). El sexo con el mayor potencial reproductivo, típicamente, invierte más en esfuerzo en encontrar pareja, en copular, en aparearse, mientras que el sexo con menor capacidad reproductiva, invierte más en esfuerzo parental. En la mayoría de las especies, especialmente en los mamíferos, los machos tienen un potencial reproductivo superior al de las hembras por lo que la tendencia general es que los machos se vuelquen sobretodo en el apareamiento mientras que las hembras dedican sus energías fundamentalmente a sacar adelante a la prole. Nosotros, los humanos, como mamíferos, estaríamos encuadrados en este marco conductual.

En este terreno existe de partida unas diferencias sustanciales en la biología reproductiva de hombres y mujeres. **La mujer soporta el peso fundamental reproductivo**: la gestación, la lactancia, y la posterior crianza. El hombre *puede* contribuir —y de hecho lo hace— al cuidado de la prole. Pero es una contribución facultativa: *puede* asumirla o no. Al mismo tiempo, existe una **diferencia singular en la capacidad reproductiva entre mujeres y hombres**; mientras que la mujer tiene, inevitablemente, limitado el número de hijos que puede concebir a lo largo de su vida fértil, el hombre carece de tal limitación pudiendo, teóricamente, generar un número indefinido de hijos dependiendo del número de parejas sexuales que sea capaz de fecundar. Así mismo, el hecho de la gestación interna determina sin ningún género de duda la maternidad: una madre tiene certeza absoluta de que los hijos nacidos de su vientre son hijos suyos. Pero **la paternidad es siempre incierta**: el compañero de la madre puede ser el padre biológico de todos los hijos de ésta. O de ninguno. O de una parte.

Estas diferencias biológicas fundamentales determinan la posibilidad de que, evolutivamente, hombres y mujeres hayan sido dirigidos por estrategias sexuales divergentes. En este sentido, se argumenta que el hombre habría evolucionado globalmente para tener muchas parejas sexuales porque de ese modo tendría mucho éxito reproductivo. En consecuencia, dedicaría mucho esfuerzo a la búsqueda de parejas sexuales en detrimento de los cuidados a la prole. La mujer en cambio, no conseguiría aumentar su éxito reproductivo por esta vía, dada su limitación de la capacidad reproductiva. Su éxito reproductivo dependería de la supervivencia de su prole de modo que su esfuerzo se orientaría al cuidado de sus hijos y a la selección de un buen padre y esposo. El hombre tendría tendencia hacia la poliginia y la mujer hacia la monogamia.

Evidencias

Aparentemente, la situación es clara: la evolución debió de seleccionar hombres que buscaran sobre todo la cantidad (número de parejas sexuales) y mujeres que buscaran sobre todo la calidad (una pareja excelente). Veamos cuáles son las evidencias para llegar a una conclusión racional y científicamente fundada.

Sistemas reproductivos en primates

En la búsqueda de la forma reproductiva ancestral de los seres humanos podemos extraer algunos indicios de algunas comparaciones con nuestros parientes más cercanos, los primates.

En los primates se encuentran los siguientes sistemas de apareamiento: 1) monogamia, 2) poliginia, 3) poliandria, 4) multimacho-multihembra, y 5) dispersos o no gregarios (Dixson 2012:33). En los dos sistemas últimos, las hembras copulan con muchos machos diferentes y viceversa. Estos dos sistemas no existen, ni han existido, en ninguna sociedad humana conocida —salvo leyendas sin sostén documental alguno—. Dicho esto, lo primero que tenemos que hacer constar es que, en los primates, suelen co-existir más de un sistema de apareamiento dentro de una única especie. Usualmente cada especie tiene un sistema de apareamiento primario y uno o más sistemas secundarios (Dixson 2012:33).

Al mismo tiempo hay que tener en cuenta que cualquier sistema de apareamiento es permeable a las condiciones externas, es, como suelen expresarlo los psicólogos, *dependiente del contexto*. En este sentido pueden observarse muy diferentes tácticas de apareamiento en los diferentes primates, dentro de una misma especie, en distintas situaciones. El propio Darwin (1871:241) observó en su tiempo la flexibilidad de los sistemas de apareamiento, llamando la atención sobre cómo algunas especies, monógamas en libertad, se adaptaban rápidamente a la poliginia (él decía poligamia) en cautiverio. Por tanto, un primer apunte que debemos hacer es que, en las sociedades humanas, podemos esperar *más de un sistema de apareamiento, con transiciones de uno a otro según las circunstancias*.

Dimorfismo sexual: poliginia moderada

El dimorfismo sexual consiste en las diferencias existentes entre dos personas por razón del sexo al que pertenecen. Los sexos son diferentes anatómicamente, fisiológicamente, conductualmente, mentalmente, psicológicamente, etc. Muchas de esas diferencias entre sexos se deben a la selección actuando en diferentes direcciones en un sexo que en el otro. En la medida que esa selección haya sido más intensa se manifestará en un mayor grado de divergencia. Si la selección ha favorecido los mismos caracteres en ambos sexos las diferencias serán mínimas o nulas. Por tanto, el grado de dimorfismo sexual es una evidencia de la acción diferencial de la selección en ambos sexos. Ha habido especies en las que la selección ha actuado intensamente de manera divergente en ambos sexos, las diferencias entre ambos sexos son tan notables que durante algún tiempo los dos sexos fueron considerados, erróneamente, individuos pertenecientes a especies diferentes. Evidentemente, mujeres y hombres somos diferentes pero lo que se trata de discernir es en qué somos diferentes y en qué grado, comparativamente con lo observado en otras especies, particularmente con nuestros parientes más cercanos, los primates.

En las especies claramente poligínicas, en las que un solo macho acapara sexualmente un numeroso grupo de hembras, sin permitir que copulen con ellas otros machos, hay un extraordinario dimorfismo para el tamaño corporal y se desarrollan también "armas" (colmillos, garras, etc.) para el combate. Los machos de estas especies se disputan ferozmente, muchas veces con consecuencias letales, el derecho de apareamiento sobre un grupo de hembras. La feroz competencia entre los machos ha favorecido la evolución de machos cada vez más fuertes y con armas más poderosas. El macho por lo general es considerablemente de mayor tamaño que la hembra. Esto sucede en muchas especies de primates en los que el macho tiene un tamaño corporal considerablemente superior al de la hembra (el gorila, el babuino, etc.) y alguno va dotado de unos colmillos temibles (el babuino). Estas características aparecen vinculadas con la poliginia y la competición entre machos por las hembras (Dixson 2009, 2012) por las razones que hemos dicho.

¿Cómo queda la especie humana en la comparación de estos aspectos? En el caso de la especie humana, es innegable que, en término medio, el hombre presenta mayor estatura y fuerza muscular que la mujer.

Las estimaciones comparativas llevadas a cabo en esqueletos fósiles de Neandertales y del hombre moderno sugieren una diferencia de un 15% entre ambos sexos para la altura y el peso (Gray 2013). Esta diferencia no alcanza el extraordinario grado en que se presenta, por ejemplo, en el gorila. Por otra parte, tampoco están los caninos (usados como arma en la disputa entre machos por las hembras) tan desarrollados como en el babuino, ni tan siquiera alcanzan el grado de desarrollo del chimpancé. Todo lo contrario. Hoy sabemos que, ya desde el inicio de la divergencia evolutiva de la rama de los homínidos respecto de la rama de los simios actuales (gorila, chimpancé, y bonobo), nuestro más antiguo ancestro (4,5 millones de años), *Ardipithecus ramidus*, ya carecía por completo del complejo canino presente en todos los primates, indicando que el combate entre machos por el control de las hembras estaba ausente, desapareció tempranamente, en la línea evolutiva de la especie humana (Lovejoy 2009). Mientras que, en los primeros eslabones de la evolución de la línea humana, los *Australopithecus*, el dimorfismo sexual en el tamaño era muy extremado todavía, en el *Ar. ramidus* el dimorfismo sexual anatómico se ha reducido extraordinariamente, lo que indica que la reducción del dimorfismo sexual en el tamaño corporal se inició muy tempranamente en el principio del linaje humano. La tendencia hacia la monogamia y la pareja de largo recorrido posiblemente comenzó ya en el *Ar. ramidus* (Lovejoy 2009).Todo esto sugiere que, pese a que no hay duda de que el hombre ha dominado físicamente a la mujer, probablemente, la competencia entre machos por las hembras raramente debió haber sido física (Buss y Barnes 1986; Marlowe y Berbesque 2012; Gray 2013), porque la selección no ha primado un extraordinario desarrollo muscular y otros órganos especializados para luchar contra otros hombres (Geary 2000; Dixson 2009, 2012). Esto sugiere un grado modesto de competición violenta entre machos humanos consistente con una débil poliginia y más frecuente monogamia (Hrdy 1995; Gray 2013).

Una estructura anatómica que muestra un gran dimorfismo sexual, en cambio, es la laringe. Durante la pubertad, por acción de la testosterona, se estimula en los varones el desarrollo de la laringe (la nuez de Adán). La selección sexual parece haber favorecido un mayor desarrollo de la laringe y de las especializaciones asociadas con ella en los machos adultos de las especies de primates que son poligínicas (Dixson 2009:166). Diferencias entre los sexos ocurren también en las especies que viven en grupos multi-machos multi-hembras, pero el dimorfismo sexual tiende a ser menos pronunciado en estas especies. Por el contrario, en la mayoría de los primates que viven en pequeños grupos familiares, y que tienen principalmente la monogamia como sistema de apareamiento, la anatomía del tracto vocal y el tono de las llamadas producidas son muy similares en machos y hembras. Los machos adultos de las especies poligínicas consistentemente muestran estructuras vocales más grandes y más especializadas. Por tanto, la laringe humana sugiere que la poliginia ha jugado un papel importante en el linaje de la especie humana (Dixson 2009:165).

En suma, la comparación respecto del grado de dimorfismo sexual con otros primates indica que, aunque no encajamos perfectamente entre las especies claramente poligínicas, porque no somos extremadamente diferentes los dos sexos, sí tenemos algunos rasgos típicos. Lo que nos conduce a que, con toda probabilidad, la poliginia es probable que jugase un importante papel en nuestros antecesores, emergiendo gradualmente la monogamia, como sistema de apareamiento dominante a todo lo largo de la evolución del género *Homo* (Dixson 2009:149; Dixson 2012:626).

El hombre: un compañero excepcional

Imagino las caras de incredulidad de muchos lectores (especialmente lectoras) ante esta afirmación. Vamos a ver que está plenamente justificada en el sentido de la *excepcional* aportación al cuidado y desarrollo de la progenie.

Lo primero que cabe señalar es el reconocimiento general de todos los expertos sobre que, de todos los mamíferos, y de todos los primates, con mucha diferencia, *el hombre es el macho que más invierte como padre* (Hrdy 1999; Geary 2000; Marlowe 2000; Stewart-Williams y Thomas 2013a, 2013b). El caso humano es uno de los pocos en los cuales la contribución a la progenie por parte del hombre es equivalente o, prácticamente, casi equivalente, a la de la mujer. Antes de considerar una exageración esta afirmación, piénsese que hablamos en términos de influencia de la inversión sobre la supervivencia de los hijos y su éxito reproductivo en el entorno evolutivo remoto del Pleistoceno. La división del trabajo, según los sexos, seguramente era extrema, pero el impacto real del cuidado paterno de los hijos era inmenso. Como comentaremos detalladamente en otro sitio, en las sociedades preliterarias actuales, los hijos criados sin padre tienen un riesgo de muerte antes de llegar a la pubertad del 50%. Este hecho sugiere que es muy probable que el padre humano contribuyera al bienestar de sus hijos con mucho más que "una cucharadita de espermatozoides", que es la contribución habitual de un gran número de machos de otras especies de mamíferos. El padre humano ayudó al cuidado de la prole, aportó recursos alimentarios, defendió la prole frente a enemigos externos (otros machos humanos o depredadores), transmitió su estatus social, etc. (Geary 2000). En suma, el padre humano contribuyó (y contribuye) con una gran inversión en **sus** hijos. Hasta el punto de que las preguntas que se hacen muchos son: ¿por qué contribuyen los hombres al cuidado de sus hijos? ¿Qué condujo al hombre a hacer tal inversión en sus hijos? ¿Por qué no hace como la mayoría de los machos de otros mamíferos limitándose simplemente a fecundar a la pareja y abandonarla? ¿Por qué embarcarse en una aventura a largo plazo con una única mujer renunciando a la posibilidad de tener más hijos con otras? De tal modo que unos califican la conducta del hombre como "paradoja evolutiva" (Dunbar 2010) y otros como "misterio" (Conroy-Beam et al., 2015). Preguntas similares se planteó la primatóloga y feminista Sarah Hrdy (1999:54):

> *"This brings us to the heart of the most fascinating puzzle about monogamy. What is in it for the male? He has the capacity to inseminate a dozen or more females; why should he focus on one to the exclusion of others?"*

> *[Nos conduce al corazón del más fascinante rompecabezas acerca de la monogamia. ¿Qué significa para el macho? Él tiene la capacidad de inseminar una docena o más de hembras; ¿por qué debería centrarse en una con exclusión de las otras?]*

Planteando algunas posibilidades:

> *"It is possible, of course, that females mate selectively, accepting only monogamous males. But somehow this seems impractical. Fidelity would be*

too easy for a male to sham, only to abandon his mate once she was pregnant."

[Es posible, por supuesto, que las hembras se emparejen selectivamente, aceptando solamente machos monógamos. Pero de alguna forma esto parece poco práctico. Sería demasiado fácil para un macho fingir la fidelidad, solo para abandonar a su pareja una vez que ella esté preñada.]

y sugiriendo sutilmente una respuesta:

"It is more plausible to assume that the male himself is selected to stand by and assist the mother. If the survival rate of offspring fathered by helpful males were substantially higher than the survivorship of offspring whose fathers mated and left, males who stayed with their mates would on average have higher reproductive success."

[Es más plausible asumir que el macho por sí mismo es seleccionado para permanecer y ayudar a la madre. Si la tasa de supervivencia de la progenie engendrada por machos solícitos fuese sustancialmente superior a la supervivencia de la progenie de aquellos padres que se aparean y huyen, los machos que permanecieran con sus parejas tendrían en promedio un mayor éxito reproductivo.]

Es, hasta donde conozco, la única sugerencia explícita de que **los hombres monógamos pueden tener una ventaja reproductiva sobre los promiscuos**, a despecho de la suposición simplista imperante, de que la promiscuidad aporta una gran ventaja reproductiva.

Lo cierto es que el hombre invierte mucho, lo que implica, hace obvio, que *alguna ventaja* debe obtener el hombre cuando hace una apuesta tan grande por la progenie de una sola mujer. Dicho de otra manera, para que la monogamia haya sido una adaptación humana, la regla es simple: los beneficios de la monogamia con alta inversión paterna tienen que haber superado los beneficios de la poliginia —generar más de una progenie con más de una mujer, con poco o ningún esfuerzo en el cuidado de la prole (Geary 2000)—.

Disputas entre mujeres

Es generalmente reconocido que existe una conducta que conduce a la competición entre hombres por una mujer. La mujer es un objeto perseguido por los hombres como pareja sexual llegando a competir incluso violentamente. Sin embargo, aunque mucho menos estudiado y puesto de manifiesto, todo el mundo es consciente de que es otra particularidad de la especie humana la existencia de competición femenina, competición entre las mujeres por las parejas masculinas. La competición entre las mujeres adopta generalmente formas no violentas (por ejemplo, desacreditar a las rivales, tratar de incrementar el propio atractivo físico por diversos medios, etc.). En aplicación del refrán "Algo tendrá el agua cuando la bendicen", habrá que deducir que las mujeres compiten por determinados hombres precisamente porque éstos les aportan algo evolutivamente valioso: hombres que forman uniones duraderas e invierten en la progenie (Stewart-Williams y Thomas 2013a).

La pareja en las sociedades humanas

Otra fuente de la que extraer evidencias sobre el emparejamiento humano es el análisis de las formas de relación sexual que han adoptado las diferentes sociedades y culturas humanas más cercanas a las formas de vida ancestrales.

En un estudio relativamente reciente (Marlowe 2000), se analizaron 186 sociedades humanas culturalmente heterogéneas que fueron clasificadas en las siguientes categorías: cazadores-recolectores, horticultores, pastores, y agricultores. Pese a las considerables diferencias interculturales, el matrimonio, como institución que formaliza, otorga reconocimiento social a la constitución de la pareja y a los hijos crecidos en ella, estaba presente en todas las sociedades poniendo de manifiesto que es un universal humano. Entre todas las sociedades estudiadas, la poliandria era rara (1%), la poliginia era la más común (82%), y la monogamia estaba establecida en el 17% restante. Esto desde el punto de vista formal, *de iure*, del cómo se organizaban normativamente estas sociedades. Sin embargo, en la realidad, *de facto*, la mayoría de los matrimonios eran monógamos, incluso en las sociedades nominalmente poligínicas (Marlowe 2000; Gray 2013).

De modo que la relación de pareja monógama es el estándar humano. Por tanto, existe al menos un cierto acuerdo en que, culturalmente, el sistema de emparejamiento humano puede considerarse como monógamo con un cierto grado de poliginia, o como monógamo con una cierta proporción de cópulas extramaritales.

Monógamos ("ma non troppo")

Trasversal a todas las culturas y a todas las épocas, la evidencia disponible sostiene que la mayoría de los hombres han estado casados con una sola mujer al mismo tiempo, aunque pueden haberse divorciado o enviudado, y volver a casarse con otra mujer (monogamia sucesiva). Es cierto que se han producido otras situaciones. Minoritarias. Muy minoritarias. Parece por tanto muy probable que la pareja humana represente la solución adaptativa a una presión ambiental mantenida a través del tiempo evolutivo (Smiler 2011). *La tendencia a formar pareja es tan universal que la presentan también la gran mayoría de los gays y lesbianas* pese a que, en su caso, no pueden cumplir —de forma natural— la misión reproductora que tiene la pareja (Lippa 2007a) evolutivamente hablando. No obstante, estas personas manifiestan también la pulsión evolutiva a constituir "parejas" (y otras adaptaciones relacionadas con ésta: el sentimiento de posesión sexual, los celos, el enamoramiento, etc.).

En suma, existen una serie de evidencias que sugieren que la unión de pareja, la pareja monógama, fue el sistema dominante o primario en las relaciones sexuales humanas. La comparación respecto del grado de dimorfismo sexual con otros primates indica que, aunque no encajamos perfectamente entre las especies claramente poligínicas, porque no somos extremadamente diferentes los dos sexos, sí tenemos algunos rasgos (laringe/tono de voz) típicos de las especies poligínicas. El hombre es el único macho de mamífero en hacer habitualmente una gran contribución al cuidado de la progenie si bien esta contribución es facultativa, condicionada a la certeza de la paternidad. La inmensa mayoría de las sociedades humanas preliterarias tienen como forma habitual de relación sexual la pareja monógama, si bien no respetando siempre la exclusividad sexual supuesta. Todo lo cual nos lleva a considerar que la monogamia ha sido el sistema sexual primario de la especie humana evolutivamente seleccionada, con una tendencia poligínica opcional que se activa en función del contexto social.

De modo que, estamos evolutivamente diseñados para formar parejas, engendrar hijos y criarlos. El carácter universal de la "familia nuclear" (la pareja y sus hijos) se recoge en esta cita del padre de la Sociobiología (Wilson 1980:571):

> *"El sillar de todas las sociedades humanas es el núcleo familiar. La población de una ciudad industrial, al igual que una banda de cazadores-recolectores del desierto australiano, se organiza alrededor de esta unidad."*

Y se remarca su origen evolutivo en esta otra cita:

> *"¿Puede la familia nuclear no ser vista como una adaptación prodigiosa central al éxito de los primitivos homínidos?" (Lovejoy 1981)*

En suma, lo que sostenemos es que, contrariamente a la suposición de las ciencias sociales, ampliamente aceptada como válida, de que la familia nuclear clásica es una construcción cultural, afirmamos que es el producto de la selección natural durante el curso de la evolución de los homínidos (Symons 1979; Wilson 1980; Lovejoy 1981; Buss 1988).

En los siguientes párrafos vamos a desarrollar un modelo evolutivo, basado en las evidencias científicas, que explica cómo surgió la pareja humana (monógama) que es el fundamento de lo que se ha dado en llamar la familia nuclear.

Origen evolutivo de la pareja humana

La familia nuclear clásica comprende a los dos esposos y sus hijos. La familia funcionaba sobre una base de división del trabajo por sexos. La mujer asumía la crianza de los hijos y aportaba recursos nutritivos disponibles en el entorno más cercano. El hombre desempeñaba un papel auxiliar en la crianza de los hijos, aportaba alimentos procedentes de fuentes más remotas y defendía a la familia de las amenazas externas (depredadores y otros hombres). Esta descripción básicamente es válida para las sociedades preliterarias de cazadores-recolectores, y probablemente se ajusta al modelo de familia que surgió de la evolución de los homínidos que dio lugar a la especie humana, como vamos a discutir en las siguientes páginas.

Evolución de los homínidos

El ciclo de vida del ser humano discurre a través de las siguientes fases: gestación, infancia, adolescencia, edad adulta, y vejez o ancianidad. Cuando se analiza la duración temporal de las diferentes fases del ciclo vital, la comparación entre los diversos primates pone de manifiesto una prolongación progresiva de las fases vitales y de la gestación, a medida que progresamos en complejidad orgánica. Esta ampliación temporal de las fases del ciclo vital, alcanza su cénit en el ser humano, donde incluso aparece una fase nueva, post-reproductiva, no presente en los demás primates, una etapa final exclusiva de los humanos que podríamos denominar como vejez o ancianidad (Lovejoy 1981).

Evidentemente la prolongación de todas estas etapas vitales se produce como consecuencia directa de la prolongación de la duración media de la vida, que se incrementa progresivamente en los primates, desde menos de 20 años, en el lémur, hasta los más de 70 años en el ser humano. Por ejemplo, el periodo de gestación pasa, desde 18 semanas en el lémur, hasta las 38 semanas en la mujer. Valores intermedios, crecientes, están presentes en el macaco, el gibón, y el chimpancé (Lovejoy 1981; Dixson 2012).

Llamamos la atención especialmente sobre el alargamiento de la duración de la infancia, que da lugar, inevitablemente, a la exigencia de un extraordinario nivel de inversión parental en el cuidado de la prole, especialmente en los monos superiores. Se puede ver claramente que, a medida que aumenta la longevidad, para que permanezca constante la tasa reproductiva total de un primate, se requiere reducir paralelamente la tasa de mortalidad bruta. Pero la mortalidad causada por sucesos ambientales completamente aleatorios está más allá del control del organismo. El organismo únicamente puede desarrollar mecanismos para incrementar la capacidad de resistir a tales factores. En este sentido, se sugiere (Lovejoy 1981):

"Fuertes lazos sociales, que son producto de elevados niveles de inteligencia, cuidados parentales intensos, y largos periodos de aprendizaje están entre los factores usados por los primates superiores para disminuir la mortalidad inducida ambientalmente."

Es decir, el aumento de la inteligencia se convierte en un carácter selectivamente crítico para superar evolutivamente los retos ambientales. Cualquier cambio conductual que incremente la tasa reproductiva, la supervivencia, o ambas, está bajo una selección de máxima intensidad. La inteligencia está en la base de ese cambio conductual y fue fuertemente favorecida por la selección natural.

La mente maquiavélica

Hay un acuerdo general sobre que el aspecto más notable de la evolución de los homínidos es el constante aumento del tamaño del cerebro (Wilson 1980; Lovejoy 1981; Hrdy 1999; Dixson 2009, 2012). Hace 3 millones de años, nuestro ancestro, el australopiteco, tenía un volumen craneal de 400-500 cm^3, similar a la del chimpancé y el gorila actuales. Tres millones de años después se había triplicado esa capacidad craneal en el *Homo sapiens* hasta los 1500 cm^3 de media (intervalo de variación de 900-2000 cm^3), ¡consumiendo el 20% de los recursos metabólicos! (Flinn et al. 2005). Esto nos da una idea de la extraordinaria ventaja selectiva que debió proporcionar el desarrollo del cerebro: solo se podía sostener la adquisición evolutiva de un órgano tan energéticamente costoso como el cerebro humano si ofrecía ventajas selectivas críticas al poseedor.

En el pasado reciente se vinculó el desarrollo de la inteligencia con la fabricación de utensilios, actualmente esa hipótesis está descartada. La mayoría de las explicaciones manejadas inicialmente involucraron la solución de problemas ecológicos tales como, el uso de herramientas, la caza, la recolección, los ambientes inestables, etc. Hoy sabemos que el andar erguido (bípedo), la fabricación y uso de instrumentos, y la caza cooperativa, precedieron en el tiempo, de modo significativo, al incremento del tamaño del cerebro, por tanto, no pueden ser la causa de la evolución cerebral (Flinn et al. 2005).

La selección sexual se ha utilizado también como explicación. La idea principal es que la elección de pareja por las hembras de los homínidos buscando machos más inteligentes fue una presión selectiva actuando sobre las habilidades cognitivas. Sin embargo, se desestima como explicación por un "pero" (Flinn et al. 2005):

> *"Pero la carencia de diferencias sexuales en los niveles globales de inteligencia general es inconsistente con la hipótesis de la elección femenina."*

La objeción radica en que la selección sexual provoca diferenciación entre los sexos. Si el desarrollo evolutivo de la inteligencia estuviera originado por la elección femenina (selección sexual), el resultado esperado sería que hombres y mujeres fuesen muy diferentes en inteligencia. Esta es la interpretación de Flinn.

A mi juicio se malinterpreta la situación. La idea *"no es que las mujeres seleccionen los hombres por su inteligencia; es que cada sexo selecciona al otro por su inteligencia (entre otras cosas) y que la inteligencia humana evoluciona en un contexto de elección mutua de pareja"* (Stewart-Williams y Thomas 2013a). La presión selectiva es de la selección natural (actuando sobre todos los individuos de ambos sexos). La mujer escogiendo hombres más inteligentes y viéndose a sí misma presionada selectivamente para desarrollar una inteligencia capaz de detectar a los farsantes. (La inteligencia nunca está de sobra en cualquier circunstancia.)

Además, se sugiere que los humanos somos **ecológicamente dominantes**, lo que significa, que la intensidad de la selección por causas extrínsecas, del entorno abiótico y biótico (excluyendo a los propios seres humanos), es mucho menor, comparada con la importancia de la selección debida a las interacciones con otros individuos de la propia especie. La evidencia de que los humanos evolucionaron hacía predadores y recolectores ecológicamente dominantes viene de los patrones migratorios y demográficos humanos. El *Homo sapiens* surge como una especie minoritaria en África extendiéndose por toda la Tierra, ocupando prácticamente cualquier ambiente, y experimentando una explosión demográfica que amenaza actualmente la propia supervivencia de la especie. Podemos morir de éxito evolutivo. Esto demuestra que el ambiente no limita nuestra capacidad para prosperar reproductivamente. Somos ecológicamente dominantes.

El modelo del ser humano, como especie ecológicamente dominante sometida a una intensa competición social, predice que las presiones selectivas para incrementar las habilidades cognitivas pueden haber sido muy intensas en ambientes ricos, soportando densidades poblacionales relativamente altas, y elevados niveles de competición social. Evidencia de una expansión significativa del cerebro aparece con el primitivo *Homo erectus*, con la llegada del consumo regular de carne y el incremento aparente en calidad alimentaria. La calidad dietética mejorada puede haber reducido las limitaciones sobre el tamaño cerebral. El modelo predice que los cambios en la estructura social de los homínidos, relacionada con el incremento de estabilidad de las uniones de pareja macho hembra y las conductas de coalición entre machos, deberían acompañar el aumento del tamaño del cerebro, no precederlo. El mejor indicador de estas conductas en el registro fósil es el dimorfismo sexual reducido. El dimorfismo para la masa corporal reducido se asocia con la monogamia y con las conductas de coalición entre machos. El punto importante es que hubo un *continuo incremento en el tamaño del cerebro* desde el *Australopithecus* hasta el *Homo sapiens*.

De manera que *el reto adaptativo que ha enfrentado la especie, no tiene que ver con los conflictos con otras especies o con el ambiente, sino con otros individuos de la misma especie.* En este sentido, otra hipótesis considera el cerebro como una herramienta **social**. Se admite que la evolución cerebral que condujo al desarrollo de la inteligencia tiene una causación múltiple pero que la causa fundamental debió ser el reto evolutivo que suponía el intenso comportamiento social (Lovejoy 1981; Flinn 1997).

> *"El juego de ajedrez mental primario se sostuvo con **otros competidores inteligentes**, no con frutas, herramientas, presas, o nieve (aunque el aumento de inteligencia también sería útil para lidiar con estas fuerzas hostiles)."*

Muchas adaptaciones psicológicas humanas funcionarían primariamente para tratar con las relaciones sociales, con las limitaciones ecológicas siendo una fuente secundaria de cambio evolutivo reciente. Verdaderamente, la variedad potencial de situaciones sociales humanas que debieron afrontar nuestros remotos ancestros, es virtualmente infinita.

Todas las especies presentan competición entre miembros de la misma especie, lo que es especial y extraordinario en el caso humano es la importancia de las relaciones sociales. Especialmente en una especie tan acusadamente social como es la especie humana. El éxito de los individuos o de las coaliciones en las sociedades humanas depende, en buena parte, de competencias socio-cognitivas tales como la empatía y la teoría de la mente (la capacidad que tenemos los seres humanos para imaginar lo que está pensando y sucediendo en la mente de la persona con la que nos estamos relacionando). La selección podría haber actuado retroalimentándose: cuanto más complicados se hicieran los individuos socialmente, más ventaja selectiva tendría quién fuese capaz de maniobrar eficazmente entre esos individuos, lo que llevaría a una espiral evolutiva de la capacidad del cerebro. En consecuencia, nuestros antepasados se verían implicados en diferentes problemas sociales tales como, la evaluación de la fidelidad sexual de la pareja, complejas negociaciones sobre estatus jerárquicos, formación de coaliciones, éxito social, etc. Por ejemplo, la negociación de una jerarquía elevada no solo requiere méritos, sino que también exige cultivar y proteger la propia reputación social, difundir difamaciones contra los rivales, manejar con habilidad las posiciones subordinadas, conseguir el "desplazamiento" de los que están por encima, mantener el estatus superior una vez que se ha alcanzado, etc… La **mente maquiavélica**.

Debemos considerar dentro del comportamiento social, la búsqueda y selección de pareja, con las imprescindibles habilidades para distinguir entre las parejas sinceras y las mentirosas. La mujer necesitó desarrollar esa capacidad discriminativa para elegir la pareja adecuada que la ayudara en la tarea extraordinaria de criar a la prole. El hombre fue sometido también a una intensa presión selectiva favorecedora de los fenotipos capaces de elegir una mujer enérgica, capaz de criar a la prole —con la ayuda del padre— y mostrando señales inequívocas de fidelidad que aseguraran la paternidad del padre.

Esa inteligencia maquiavélica serviría al mismo tiempo a otros retos adaptativos, tales como, la habilidad social para hacer alianzas (para la caza o para alcanzar posiciones de privilegio social, por ejemplo), para distinguir los amigos fiables de los fingidos, para sortear con acierto las insidias, etc. En definitiva, el cerebro se convirtió en la sede de la gran mayoría de los caracteres adaptativos. El cerebro, muñidor del ajuste fino de la conducta, valorando con exquisita sensibilidad el contexto social, seguramente se convirtió en el órgano adaptativo clave. Eso explicaría el desarrollo evolutivo del cerebro, que experimenta en los homínidos un crecimiento sin parangón en todo el reino animal.

Los componentes de la inteligencia general, se supone que co-evolucionaron con un conjunto de otras características, incluyendo, neonatos inmaduros, niñez larga, cuidado paterno intensivo, ovulación oculta/desaparición del celo, coaliciones complejas, y menopausia. Una competencia relacionada es la extraordinaria capacidad de transferencia de información proporcionada por la competencia lingüística. El desarrollo del lenguaje hablado y escrito debió añadir un plus de capacidad conspiradora, de capacidad de fingimiento, de maquiavelismo en general.

Limitaciones del canal del parto

Se llega entonces a la conclusión, avalada por el registro fósil, de que el crecimiento del cerebro —con las ventajas prácticas que otorgaba— se convierte en un rasgo clave en la evolución de los homínidos. Paralelamente, el homínido había adquirido el andar bípedo y la posición erecta, mediante una serie de adaptaciones anatómicas, una de las cuales limita, en la hembra, las dimensiones del canal del parto. La evolución del andar bípedo y el incremento del tamaño del cerebro, cuando se combinaron, plantearon un grave problema para la mujer y un complicado reto evolutivo para la especie. El aumento de tamaño del cerebro chocó en un momento dado con la capacidad del canal del parto de la madre para dar salida a un cerebro desusadamente grande para un primate. De tal modo que se produjo un conflicto, que pudo ser irresoluble, entre el desarrollo cerebral del feto y el mantenimiento de las dimensiones normales de una hembra nulípara. En algún momento durante el curso de la evolución de los homínidos debió de aparecer la posibilidad de producirse el parto a término, **sin haberse completado el desarrollo del sistema nervioso del feto**. Una evidencia de que este fue el caso nos la proporciona el hecho de que, el cerebro del neonato humano es alrededor de 1/4 del tamaño del cerebro adulto, mientras que el cerebro de un simio al nacer es 1/2 del tamaño del cerebro adulto (Benshoof y Thornhill 1979). Este carácter confería una ventaja selectiva inmediata a la hembra portadora de tal rasgo ya que permitía parir un niño con la cabeza más pequeña y flexible, capaz de recorrer el canal del parto sin traumas para la madre y para el feto. Un carácter tal otorgaba una ventaja selectiva inmediata porque aumentaba la supervivencia y la fertilidad de la madre, y la viabilidad del recién nacido. Las dimensiones de la pelvis femenina están constreñidas por razones locomotoras de modo que el canal del parto no se amplió grandemente en los distintos niveles de los australopitecos. El primer homínido en tener niños relativamente inmaduros fue probablemente *Homo erectus*.

Después del parto, los cerebros humanos adquieren su tamaño adulto relativamente pronto en la vida, sugiriendo una fuerte ventaja selectiva para que el "hardware" de procesamiento neural esté en su sitio tempranamente en el desarrollo, probablemente para facilitar el aprendizaje a lo largo de la niñez.

Criaturas desvalidas

La criatura nacida de este modo estaba absolutamente desvalida. Era completamente incapaz de resolver los problemas más elementales. Dependía totalmente de la madre para cubrir cualquier necesidad por sencilla que ésta fuera. A diferencia de las crías de los primates que desde el mismo momento del nacimiento ya son capaces de asirse fuertemente al pelo de la madre y seguirla a todas partes, las crías en los homínidos resultarían ser completamente incapaces, lo que obligaba a otorgarles cuidados intensivos. El periodo de lactancia era extraordinariamente largo (3-4 años) (Marlowe 2005) y la crianza continuaba muchos años después con una elevada dependencia del niño y una gran necesidad de cuidados por *alguien* adulto. Si la madre había parido anteriormente y los hijos habían sobrevivido, se juntarían los cuidados requeridos por varios hijos. La madre resultaría sobrecargada de obligaciones para sacar adelante todas las crías por sí sola. Necesitaba ayuda de *alguien*.

Se sabe que la mujer es bastante capaz de abastecerse de alimentos para sí y para su prole, por sí misma, sin ayuda de nadie, **casi** todo el tiempo. Excepto durante la lactancia (Marlowe 2003). Y debemos tener en cuenta que la lactancia en aquellos remotos tiempos podía extenderse hasta ¡cuatro años! (Symons 1979; Marlowe 2005). La edad estimada en el momento del destete oscila entre 1-4,5 años, con una mediana de 2,5 años (Marlowe 2003).

Así pues, con la tendencia hacia niños altriciales (prematuros, necesitados de amplios cuidados postnatales) y dependientes, y la disminución concomitante en la capacidad de la hembra para abastecerse por sí misma, el potencial para una inversión paternal significativa en la progenie aumentó (Benshoof y Thornhill 1979).

La importancia del padre

Está perfectamente documentado el éxito demográfico de los homínidos. Surgiendo de una región de África donde eran, inicialmente, similares en número a las poblaciones de chimpancés o de gorilas, se expandieron por toda la Tierra aumentando constantemente su número. Tal éxito demográfico se basó en una extraordinaria capacidad ecológica pues esa especie, africana en su origen, fue capaz de colonizar prácticamente todo el planeta. Desde los polos al ecuador, desde el frío extremo al calor agobiante, desde las feraces riberas a los páramos desérticos, el ser humano ha conquistado casi cualquier ambiente. Lo que implicó el cambio de una especie especializada en vivir en un ambiente específico, a otra generalista capaz de colonizar casi cualquier ambiente.

En la mayoría de los primates superiores la contribución del macho a la supervivencia de la prole es, en su mayor parte, indirecta. En el caso de nuestros parientes más directos (chimpancé, bonobo y gorila) la aportación de los machos es cercana a nada. La implicación del padre en la crianza de la prole se convertiría en un rasgo adaptativo confiriendo una ventaja selectiva dramática. Probablemente, la pareja unida, proporcionándose soporte mutuo, debió tener una considerable ventaja reproductiva.

La monogamia social puede surgir cuando el coste de criar la progenie es elevado, de tal modo que una hembra depende de la ayuda de otros, particularmente para acarrear con las crías (Geary 2000, Opie et al. 2013). Como se ha hecho notar muy acertadamente, se suele olvidar que el éxito reproductivo femenino y el éxito reproductivo masculino, ambos, son dependientes del cuidado parental (Small 1991).

Se sugiere que hay una evolución secuencial de la conducta en los homínidos. Para afrontar el crecimiento demográfico de los homínidos el mecanismo adicional más obvio, y quizá el único, fue un aumento de la participación directa y continua de los machos en el proceso reproductivo. Tal contribución adicional mejoraría la supervivencia y favorecería una estructura de apareamiento que intensificara la aportación de energía de los machos a la prole biológica. Dos patrones de apareamiento satisfacen en este último requerimiento: la poliginia y la monogamia (Lovejoy 1981).

La poliginia es estable y acontece cuando se dan tres condiciones. Una, la hembra está capacitada para asumir toda o la mayor parte del cuidado parental. Dos, los cuidados parentales requeridos son mínimos. Y, tres, hay sobrada disponibilidad de un recurso alimentario que permitiría a un único progenitor proporcionar el cuidado parental completo. Ninguno de estos requisitos se cumplía en el largo periodo evolutivo del que estamos hablando (Lovejoy 1981).

Primero, la mujer, por mucha voluntad que pusiese, era imposible que pudiese asumir adecuadamente el cuidado de los hijos por sí sola. El extenso periodo de inmadurez de los hijos haría que una mujer, no solo tuviese que amamantar al lactante, sino también cuidar a los hijos anteriores hasta los catorce o quince años, por lo menos. Eso supondría, cargar con los cuidados simultáneos de 4 a 5 hijos. Segundo, como se acaba de comentar, los requerimientos de cuidado de la prole eran una pesada carga. Y tercero, la expansión geográfica que afrontó la especie fue posible mediante una estrategia nutricional generalista, muy lejos de una situación ecológica de suministro fácil y abundante. Estas condiciones primaron el establecimiento de la inversión paterna y la estructura de emparejamiento monógama (Lovejoy 1981).

La importancia de la contribución paternal al cuidado de la prole en el caso humano no es una especulación voluntarista, sino una hipótesis muy verosímil que viene sugerida por una serie de evidencias directa e indirectas.

Entre las sociedades de cazadores-recolectores, la contribución masculina a la subsistencia varía entre el 25 y el 100% (Marlowe

2000). Puesto que en los climas más fríos hay menos plantas comestibles que las mujeres puedan recolectar, la contribución masculina es superior en latitudes superiores, (87% en el Ártico, 67% en climas templados, y 48% en los trópicos) (Marlowe 2000). Mientras que hay algunas sociedades recolectoras en las que los hombres aportan para la subsistencia el 100% y las mujeres el 0%, no hay, en cambio, ninguna sociedad donde los hombres contribuyan con el 0%. Y en el 77% de las sociedades los hombres contribuyen más que las mujeres (Marlowe 2000). (Nótese que estamos hablando de aportación de alimentos, no de la inversión parental global. La inversión maternal en gestación, lactancia, etc., sigue siendo extraordinaria.)

Este caso se ha visto que se produce en una sociedad de cazadores-recolectores, los Hadza de Tanzania. Midiendo exactamente la cantidad de alimentos aportados, no por una mera apreciación visual subjetiva, se comprobó que el hombre que tiene a su cargo hijos biológicos e hijastros, selectivamente aporta más alimentos a los primeros que a los segundos (Marlowe 2003). También se observó que las mujeres eran menos eficientes aportando alimentos cuando estaban cargadas con las obligaciones de la cría de niños, especialmente en la lactancia, lo que las hacía más dependientes de las aportaciones de otros miembros de la comunidad de los cuales el más proclive sería su propia pareja. En palabras de Marlowe (2003):

> *"Las mujeres se benefician más del aprovisionamiento cuando la lactancia las sitúa bajo mayores necesidades. En ese momento, es menos probable que estén ovulando, y serían menos deseables sexualmente. Sin uniones de pareja entonces, sería justo cuando menos alimentos conseguirían de los machos. Ofreciéndoles a los hombres un incremento en la confianza de su paternidad por medio de la unión de pareja puede ser la mejor estrategia para las mujeres para conseguir aprovisionamiento para ellas mismas y para sus hijos durante este periodo crítico."*

La importancia de la inversión paterna se deduce indirectamente a partir de las consecuencias que se derivan cuando falta ésta. Si la inversión paterna es importante, podemos esperar su impacto en la supervivencia de la progenie. Existe un importante número de datos en ese sentido.

En los Estados Unidos y en la Europa preindustrial, así como en unas pocas sociedades preindustriales y en desarrollo aún existentes, se encuentra una relación consistente entre la inversión paternal y las tasas de mortalidad infantil y juvenil.

Entre los Aché del Paraguay, la falta del padre, debida a muerte o divorcio, *triplica la probabilidad de la muerte del niño* por enfermedad, y *dobla la probabilidad de ser asesinado* por otros adultos, o ser *raptado*, y ser *matado* o *vendido como esclavo* por otros grupos. Globalmente, la falta del padre en cualquier momento previo al decimoquinto cumpleaños está asociada con una tasa de mortalidad superior al 45% comparada con una tasa de mortalidad de alrededor del 20% para los niños que viven con sus padres hasta la edad de quince años (Geary 2000).

En países en desarrollo de Suramérica, África y Asia, hay una relación consistente entre el estatus marital y la mortalidad infantil y juvenil. Por ejemplo, los niños de Indonesia, hijos de padres divorciados, tienen una mortalidad incrementada en un 12% respecto de los hijos de las parejas casadas monógamas. El mismo patrón ha sido encontrado en la Europa preindustrial. En Suecia, en el siglo XIX, por ejemplo, la mortalidad infantil era de 1½-3 veces superior en los niños nacidos de madres no casadas que los niños nacidos de parejas casadas. El mismo patrón se encontró en Holanda (Geary 2000).

De manera similar, también se ha visto una relación entre la mortalidad infantil y el oficio del padre. A mayor nivel laboral, mayor supervivencia infantil. También hay una relación con el estatus social del padre. Se observó un 10% de mortalidad en los hijos de los aristócratas mientras que los trabajadores tenían una mortalidad infantil del 40%. Durante las dos epidemias que se produjeron en Florencia en los años 1437-1438 y 1449-1450 la mortalidad infantil aumentó de 5 a 10 veces, variando inversamente con el estatus socioeconómico del padre (Geary 2000).

La inversión paterna en aspectos tales como el juego, el contacto con los niños, etc., están típicamente relacionados con mejores resultados de los hijos. La relación paternal puede mejorar la posterior competitividad social de los hijos. En las sociedades preindustriales que todavía restan, y en las sociedades en desarrollo, un elevado estatus económico y el éxito cultural están consistentemente relacionados con bajas tasas de mortalidad infantil (Geary 2000). En suma, **la inversión paterna se refleja en el bienestar físico de los niños y en su competitividad social posterior**.

El modelo evolutivo sugerido explicaría también los datos de la distribución de los simios del Viejo Mundo. Gorilas, chimpancés y bonobos, surgieron del mismo tronco evolutivo del que surgió el ser humano. Éste se ha expandido por todo el planeta mientras que los simios más estrechamente emparentados con nosotros, sobreviven en áreas restringidas ocupando nichos ecológicos especiales. Los homínidos, siendo demográficamente más resistentes a la mortalidad inducida por el ambiente, fueron más capaces de expandirse en hábitats nuevos y variados (como ha sucedido con la estirpe que ha conducido al ser humano). Por el contrario, la otra rama habría sobrevivido manteniéndose ocupando hábitats con peligros ambientales mínimos. Los simios superiores actuales son los descendientes de las poblaciones progresivamente más restringidas por depender exclusivamente de la ocupación de bosques con condiciones favorables (Lovejoy 1981).

La coevolución de las estrategias reproductivas de hombres y mujeres predice conflicto y compromiso. El conflicto resulta de los intentos de las mujeres por obtener más inversión paterna de la que los machos están dispuestos a proporcionar. Mientras que los machos tratan de reducir la inversión paternal y dirigir más recursos al esfuerzo de apareamiento. El compromiso resultaría en un nivel de inversión paterna superior al que los hombres habrían preferido pero inferior al que las mujeres habrían querido (Geary 2000).

La reducción del riesgo de mortalidad de los hijos es parte y consecuencia directa de la aportación paterna al cuidado de los hijos. En cuanto al establecimiento de reglas de acceso sexual exclusivo, sería una consecuencia de la unión monógama, no su causa. Y con toda probabilidad muy posterior al establecimiento de facto de tales derechos. Podemos fácilmente imaginar al hombre de las cavernas defendiendo, con violencia si fuese necesario, su propiedad sexual (la mujer) mucho antes de contar con la anuencia social o de grupo. La ley (el consenso social o de grupo), en evitación de una conflictividad extrema dentro del grupo, y en reconocimiento interesado de los intereses personales de cada uno de los hombres del grupo, solo vendría a sancionar las exigencias de la realidad social. (*El Derecho brota de la boca de un fusil*. O de un garrote en este caso.).

Por tanto, la idea que emerge, basada en los argumentos expuestos es, que la pareja humana es un producto evolutivo surgido básicamente mediante la transformación del macho prehomínido poligínico, en un hombre básicamente monógamo, exigida por el necesario concurso del compromiso paterno humano en la crianza de los hijos. El hombre ganaba con esta transformación, fundamentalmente, en **garantía de paternidad** (aunque, en última instancia, esa garantía tendrá que plasmarse de una forma u otra en éxito reproductivo). En cuanto a la hembra de la especie, debió de tener también razones adaptativas para involucrarse en una relación estable de pareja. Dado que la maternidad nunca está en cuestión, porque la madre está segura al 100% de ser la madre, no puede éste ser un motivo para que las hembras quieran monopolizar a los machos. Lo que nos conduce a que debe existir otra u otras razones por las cuales la mujer esté interesada en la unión de pareja. El consenso es que la mujer consigue apoyo de su pareja masculina en diversos aspectos: aprovisionamiento de alimentos, defensa de la prole frente al infanticidio, defensa contra depredadores, etc. (Geary 2000; Stewart-Williams y Thomas 2013a).

Dado el modelo general de los mamíferos, en el que los machos no aportan nada más que el semen, y las numerosas características exclusivas de la inversión parental humana, es improbable que un único factor haya contribuido a su evolución. Más bien, la evolución de la inversión parental humana resultó probablemente de la confluencia de factores reflejando la coevolución de estrategias reproductivas de hombres y mujeres.

En resumen, para asegurar que la descendencia, dotada de un gran cerebro y socialmente competitiva, alcanzase la edad adulta, algún cambio desde el esfuerzo de apareamiento hacia el esfuerzo parental fue probablemente muy necesario para los machos homínidos (Geary 2000; Stewart-Williams y Thomas 2013a).

El enamoramiento como adaptación a la pareja

Hay una serie de atributos psicológicos humanos que son adaptaciones vinculadas con la forma de vida en pareja y que, por tanto, refuerzan el carácter evolutivo de la pareja humana. El amor romántico, el enamoramiento, ese estado especial que todos hemos experimentado en algún momento de nuestra vida, es una de esas adaptaciones.

La opinión popular mayoritaria es que el amor romántico es un producto netamente de la cultura occidental, un "invento" cultural específico de los países de influencia judeocristiana occidental. Sin embargo, la revisión de 166 culturas históricamente independientes, abarcando a todos los continentes, demostró la presencia del amor romántico en 147 (Jankowiak y Fisher 1992; cita en Fisher et al. 2006; Schiefenhövel 2009). En el mismo sentido, un análisis de la literatura tradicional en diversas partes del mundo (previas al contacto con la cultura occidental), concluyó que el amor romántico estaba presente en 78 de 79 grupos culturales (Gottschall y Nordlund 2006, cita en Stewart-Williams y Thomas 2013a). La descripción realizada por Nisa, una mujer de la tribu Kung del desierto del Kalahari, en Botswana, es muy ilustrativa: *"Cuando dos personas están juntas por primera vez, sus corazones están ardiendo y su pasión es enorme. Después de un tiempo, el fuego se enfría y eso es todo lo que queda. Ellas continúan amándose una a la otra, pero de una forma diferente —cálida y fiable—"* (Fisher et al. 2006).

Podría pensarse que el enamoramiento es una forma confusa de percibir el impulso sexual, pero se ha visto que son fenómenos psicológicos diferentes, incluso en el sustrato fisiológico, dado que se ha podido observar que se activan redes cerebrales específicas ampliamente divergentes, al mismo tiempo que ambos sistemas interactúan regularmente para coordinar la elección de pareja (Fisher et al. 2006).

¿Por qué habría la evolución desarrollado un complejo de sentimientos, a menudo alocados, conectados con el amor romántico? ¿Por qué no tener simplemente la pasión y el deseo sexual del encuentro de una noche de pasión tórrida, en vez de estar involucrados en un cortejo consumidor de tiempo, que nos hace unos bobalicones susceptibles al engaño más burdo, metidos en un tobogán emocional en el que tan pronto rozamos el Cielo como caemos en la tristeza más insondable, terminando, muy a menudo, en amargos fracasos?

La hipótesis —que apoyo— sugiere que la condición psíquica de estar románticamente enamorado funciona como una señal honesta (en el siguiente Capítulo veremos qué es una señal honesta). El amor romántico podría haber evolucionado como un sistema señalizador indicativo de un profundo vínculo erótico, sexual y social, de una persona con la otra, induciéndola a implicarse en una relación de pareja de larga duración, que normalmente conducirá a permanecer y tener hijos juntos (Schiefenhövel 2009).

Un argumento frecuentemente usado contra la existencia universal del amor romántico es que, durante la mayor parte de la existencia humana, los matrimonios fueron arreglados y que no había, por tanto, ninguna posibilidad de enamorarse y encontrar la pareja soñada. Nuestra biología no nos dice si los matrimonios, en los albores de la humanidad, fueron arreglados o no, pero el sentido común me conduce a creer que un cavernícola convencido de aparearse con una cavernícola, no iba a dejarse "arreglar" el emparejamiento en contra de sus más "genuinos" deseos. Ambos miembros de la pareja eran muy capaces de encontrar la manera de emparejarse. Como se ha visto tradicionalmente en las "fugas" de las parejas de novios para forzar una unión prohibida por los intereses de las respectivas familias.

También es un argumento frecuentemente utilizado en contra de la existencia de la pareja humana el comportamiento de las personas que han alcanzado un estatus social elevado (super-estrellas del cine o del rock, por ejemplo). Se dice que estas personas, liberadas de muchas de las restricciones sociales, muestran en su conducta las tendencias reales que albergamos todos los seres humanos. Un aspecto que se subraya es la relativa promiscuidad (especialmente masculina) como argumento contra la existencia de la unión de pareja como institución evolutiva. A nuestro parecer, el argumento puede ser completamente invertido.

Es notorio que este tipo de personas, a despecho de no estar sometidas a las limitaciones de las personas corrientes, frecuentemente también se enamoran, se casan y forman una pareja. Muchas resultan ser uniones breves. Otras son más durables. No importa para nuestro argumento. Lo que queremos remarcar es precisamente que, sin sentirse obligados por las convenciones sociales al uso, también se enamoran como tortolitos —¡lo que nunca hacen los machos ni las hembras de chimpancé!—.

Parece que los seres humanos somos, por naturaleza, la clase de animal que se enamora y forma uniones de pareja a largo plazo (Stewart-Williams y Thomas 2013a).

La tendencia a invertir en la progenie, por parte del hombre, es también una adaptación a la pareja humana. Siendo cierto que en algunos casos la contribución del hombre a la progenie se limita a "unos minutos de coito y a una cucharadita de semen", no es menos cierto que, en la gran mayoría de los casos, la contribución es muy superior. En términos comparativos, el hombre invierte mucho más que todos los machos de los mamíferos y de los primates. Es un rasgo destacado de la especie humana: la contribución paterna a la progenie. No hay ningún otro mamífero que se le asemeje. Aunque es cierto que la inversión paterna no es incondicional sino facultativa. Por ejemplo, si detecta hijos que no son suyos entre la prole, selectivamente discrimina negativamente a éstos, lo que Martin Daly y Margo Wilson denominaron *efecto Cenicienta*, haciendo referencia al famoso cuento infantil y a las pésimas relaciones entre la madrastra y Cenicienta (Stewart-Williams y Thomas 2013a).

Los harenes de los poderosos

A través de las diferentes culturas, y a lo largo de la historia, los hombres que han tenido más poder han empleado generalmente su posición predominante, entre otras cosas, para poseer sexualmente más mujeres (Ridley 1993:190-194). Se interpreta esta situación como la expresión de las verdaderas tendencias del hombre humano arguyendo que van en sentido completamente contrario a la monogamia. Dichas tendencias, se dice, estarían reprimidas por las convenciones sociales y afloran cuando los individuos son tan poderosos que escapan a las limitaciones de las personas comunes.

En primer lugar, tomemos nota de que los poseedores de harenes han sido siempre déspotas notorios. Desde esta consideración cabe contra-argumentar que *es dudoso que los déspotas sean representativos de la humanidad*. No afirmamos esto por un prurito ético o moral sino desde un punto de vista estrictamente estadístico. Los déspotas de toda laya, probablemente representan un extremo de la distribución de los seres humanos en muchos aspectos conductuales: agresividad, dominación, violencia, apetito sexual, etc. No representan al hombre medio, moderado en todos sus rasgos, sino a las formas más extremas de conducta humana masculina: un hombre muy agresivo, muy dominante, muy violento, muy libidinoso, etc. En segundo lugar, tenemos que tomar en cuenta el hecho de que *nuestra especie ha empleado la mayor parte de su historia evolutiva viviendo en grupos pequeños e igualitarios*. Solamente en las modernas ciudades la gente tiene acceso potencial a un interminable número de parejas sexuales. Si éstas hubieran sido las condiciones en las que evolucionó la especie humana, tendría todo el sentido que los hombres de elevado estatus persiguiesen exclusivamente una estrategia a corto plazo. Sin embargo, vemos que no somos ese tipo de animal.

Si tomamos como modelo de hombres liberados de las limitaciones de la gente corriente a los que han tenido un extraordinario éxito en el mundo del espectáculo (cine, rock, deporte, etc.) observamos que, aunque pueden tener, y tienen de hecho, acceso a numerosas mujeres, y aunque podrían vivir indefinidamente en medio de una promiscuidad absoluta, tienden también a enamorarse y formar uniones de pareja a largo plazo, como hemos comentado anteriormente. Esto es exactamente lo que esperaríamos, dado que, durante la mayor parte de nuestra evolución, vivíamos en un ambiente en el cual la estrategia de la promiscuidad extrema era imposible. De modo que, si los hombres de elevado estatus proporcionan una imagen de nuestra naturaleza evolutiva, nos muestran una especie que evolucionó principalmente en el contexto de pequeños grupos, con niveles elevados de uniones de pareja y cuidados biparentales, y niveles relativamente bajos de promiscuidad y de relaciones sexuales fuera de la pareja (Stewart-Williams y Thomas 2013a).

La poliginia, sin duda, ha dejado también su huella evolutiva en nuestra naturaleza. Pero es evidente que, aunque somos más poligínicos que los gibones, estamos muy lejos de ser tan poligínicos como los gorilas (Dixson 2012). En los gorilas hay quien tiene un harén y se reproduce mucho. El que no lo tiene, no se reproduce nada. En la especie humana, la inmensa mayoría de los hombres que tienen más de cero parejas, tienen solo una. En los gorilas, el "espalda plateada" que controla el harén es el único que contribuye con sus genes a la siguiente generación. En la especie humana, la mayoría de los hombres contribuyen con sus genes a la siguiente generación, en el contexto de la unión de pareja. Consiguientemente, nuestra naturaleza sexual ha sido evolutivamente modelada más por la unión de pareja que por el harén poligínico (Stewart-Williams y Thomas 2013a).

La pareja humana: qué es y qué no es

Está claro que la unión de pareja (la monogamia) aparece como un elemento central en el repertorio reproductivo humano. Esta afirmación no significa que la unión necesariamente dure *toda la vida* —aunque en muchos casos es así, incluso en sociedades de cazadores-recolectores tradicionales, en las que están ausentes las rígidas estructuras legales sobre el divorcio (Marlowe 2004a)—. Tampoco significa que la unión de pareja esté blindada frente a la *infidelidad sexual*; como vamos a ver en otro capítulo, hay una cierta proporción de hijos resultado de uniones adúlteras. Tampoco decimos que la unión de pareja es nuestro *único* o nuestro *sistema natural* de apareamiento; simplemente es nuestro modo fundamental de reproducirnos, dentro del repertorio de posibilidades que tenemos. Lo que afirmamos es, simplemente, que *la pareja humana es la forma más común de reproducirnos y tener sexo en nuestra especie, que lo ha sido durante largo tiempo, y que ha dejado una profunda impronta en nuestra naturaleza evolutiva.*

El matrimonio

La pareja humana tiene su plasmación formal en la institución del matrimonio. Si tomamos en consideración a los demás miembros de nuestra especie, y tenemos en cuenta la enorme capacidad imaginativa que tenemos, lo adaptables que somos a las circunstancias, y la flexibilidad conductual humanas, considerado todo en conjunto, es fácil imaginar que seamos capaces de generar apaños como los matrimonios poliándricos (una esposa para dos maridos, generalmente hermanos). Es concebible imaginar soluciones "creativas" para adaptarse a unas circunstancias concretas mediante el acuerdo. Pero si no había acuerdo, en el pasado remoto, el desacuerdo en el asunto del emparejamiento se resolvería, habitualmente, a palos (por aplicación de la fuerza bruta) o usando la capacidad de insidia (el maquiavelismo humano). Así lo indicaba el estudio intercultural sobre 186 sociedades distintas distribuidas por todo el planeta Tierra. En este estudio se determinó que el predictor más potente del grado de poliginia era la **agresividad** masculina, *"que tenía un impacto más fuerte, incluso, que la inversión parental"* (Marlowe 2000). De modo que, teóricamente, durante la época del "hombre de las cavernas", los más brutales, fuertes y egoístas, amenazarían con quedarse con las mujeres, dejando a los demás hombres mozosviejos, como se dice en mi pueblo. A esa tendencia despótica se opondría la desesperación de los agraviados, de los desposeídos, de los parias sexuales, de los "prudentes", de los "cobardes" quienes, por diferentes vías (conjura "democrática" de la mayoría de los hombres, o veneno oportuno, o muerte violenta...), conseguirían un orden social más equilibrado. Eran tiempos muy convulsos.

Familia y matrimonio

De modo que las infinitas formas que adoptó la unión de pareja en las diferentes sociedades y culturas humanas es producto cultural. Pero en todas hay una base común: la familia. Y en todas hay un reconocimiento formal de la pareja: el matrimonio.

> *"La unidad social básica de los cazadores-recolectores humanos es la familia nuclear en la que el hombre caza, la mujer recolecta alimentos vegetales, y los resultados son compartidos y proporcionados a su descendencia."* (Symons 1979:130)

La familia nuclear humana está constituida por la pareja mujer/hombre (los progenitores en la jerga biológica) y los hijos (la progenie o prole) nacidos **naturalmente** de las relaciones sexuales de la pareja —salvo cuerno[1]—.

---

[1] En este libro hago uso de cornudo, cuerno, cornudería, etc. con referencia a la víctima de la infidelidad sexual de su pareja o a la actividad que conduce a ello, etc.

(Enfatizo el origen natural porque me viene al recuerdo la anécdota que aconteció durante el franquismo con el dramaturgo Fernando Arrabal. Estando éste detenido, el funcionario policial que redactaba el interrogatorio hizo notar al preso que todos sus hijos eran *naturales* (en el sentido legal de la dictadura: hijos biológicos de una pareja no casada legalmente), lo que rubricó el dramaturgo: "Sí señor. Hijos naturales: engendrados sin usar ningún género de artificio".)

La familia se construye en torno a la pareja de forma completamente *natural*. La pareja humana —la tendencia natural de los seres humanos a emparejarse/aparearse— es un rasgo universal propio de la especie, como hemos visto. Hasta tal punto que, en todas las culturas, se ha *formalizado* la vida en pareja mediante la institución del matrimonio.

Pese a que algún sedicente comecuras cargue la responsabilidad de la institución sobre la Iglesia —católica, por supuesto— este "pecado" en concreto no es imputable a la Iglesia. El matrimonio es una figura social, formal, universal, de la especie humana. Una institución que, pese a ser denostada, bate récords de persistencia histórica, amén de tener un éxito rotundo como una de las instituciones más usadas. A este respecto, recuerdo a un amigo mío que me decía: *"¡Tú no te cases nunca! Mira, a mí me va muy bien en mi matrimonio, pero, ¡tú no te cases nunca!"*. Pues me casé. Como hacemos más del 90% de todas las personas, en todas las sociedades (Buss y Schmitt 1993).

(Algunas personas muestran una extraordinaria devoción por la institución matrimonial pues se divorcian… ¡Para volverse a casar! A veces, hasta dos y tres veces. Muchas veces se les critica, como a personas que no luchan por el matrimonio y se dejan vencer por las

---

Los autores de lengua inglesa usan 'cuckold', 'cuckolded', 'cuckoldry', etc. para referirse a este mismo asunto, refiriéndose a la conducta del cuco que pone los huevos en el nido de otra pareja de aves haciendo que éstas corran con el esfuerzo de criar a los polluelos del cuco como si fueran suyos propios. La serie de términos que utilizo están tomados de un maestro de la lengua castellana, Quevedo (*Carta de un cornudo a otro intitulada en el siglo del cuerno*), gozando, por tanto, de honda raigambre en nuestro idioma.

primeras dificultades. Pero, digo yo, ¿qué mayor demostración de fe en la institución matrimonial se puede pedir que incurrir en ella repetidamente?)

Cada uno se casa, siguiendo el procedimiento típico de su cultura, en algún momento de su vida. Más del 90% de todas las personas en todas las sociedades se casan en algún momento de sus vidas. Por tanto, esta tendencia a emparejarse es un universal humano, una pulsión evolutiva (Buss y Schmitt 1993). Como en tantos otros casos, las tendencias conductuales evolutivas se ven plasmadas en textos legales. Esa es justamente la explicación del origen de la institución matrimonial. Todas las sociedades conocidas tienen definidas alianzas matrimoniales formales entre hombres y mujeres. Habitualmente, las reglas establecen una serie de condiciones mínimas para el funcionamiento del matrimonio: el derecho al acceso sexual de los cónyuges, y el reconocimiento de la paternidad de los hijos fruto del matrimonio, con los derechos legales establecidos en cada sociedad. (No, señor Guasch, no es un invento de la religión católica. Es una genuina creación humana urgida por nuestra evolución.)

Sexo y matrimonio

Hay quien piensa que el matrimonio es fundamentalmente una institución política, económica, y para criar a los hijos, basado en una división del trabajo por el sexo y en una cooperación económica entre los esposos, incluyendo una gran red de parientes (Symons 1979). De esa misma opinión era Nietzsche. ¿Y qué? Como se verá, en muchas ocasiones las pulsiones evolutivas se convierten en normas legales en las diversas culturas. Eso no las convierte en una convención social específica de una sociedad concreta. Todo lo contrario: la institucionalización, la formalización de una pulsión evolutiva, la plasmación en el Derecho que rige una sociedad, es indicativa de su pujanza biológica, de su inconmovible determinación.

Siguiendo esta línea de pensamiento, (Symons 1980):175) dice:

> *"Donde la gente debe casarse para obtener una pareja sexual, el sexo es a menudo un motivo para casarse; pero esto no significa que la base primaria del matrimonio es un "lazo sexual", una "unión sexual", o una "impronta sexual". En la mayoría*

de las sociedades preliterarias, el matrimonio no es
erótico sino económico."

Citando finalmente también a Levi-Strauss, como apoyo de la idea.

No lo comprendo. Se admite que la gente se casa "para obtener una pareja *sexual*", que el motivo del matrimonio es el *sexo*, y se quiere llegar a la conclusión de que ¡no tiene nada que ver con el *sexo*! Esto es absurdo, contradictorio. ¿A qué se dedican el 99% de los matrimonios en cualquier cultura o sociedad? ¿A rezar el Santo rosario? ¿A tricotar bufandas y jerséis para matar el tedio de las largas noches de invierno? ¿A hacer arqueo de la caja? … ¡A tener relaciones *sexuales*! Y, ¿cómo lo hacen? ¿Acaso se sugiere que se tiene sexo con la pareja solo por cumplir con la obligación de procrear? ¿Que antes de cada cópula se reza una jaculatoria, como recomienda el Opus Dei a sus adictos? ¿Que, históricamente, se ha practicado el sexo en el matrimonio como el que va a ser ajusticiado, a la fuerza? ¿No será más cierto que, a despecho de una educación sexualmente represiva, afortunadamente, las parejas de todos los tiempos, en general, le encontraban el gusto a la cosa y de ello colegían que estaban cometiendo "pecado", y volvían a pecar cuando podían? …

En la muy conocida y referenciada obra de Donald Symons (1979) *The Evolution of Human Sexuality*, dedica más de veinte páginas al asunto (pp. 106-127) embrollando tanto el discurso que me costó varias lecturas comprender adónde quería llegar. Todo su empeño es tratar de persuadir al lector de que el sexo, la lujuria, el deseo sexual no es el fundamento del matrimonio. Que el matrimonio no es una institución bien diseñada para disfrutar del sexo (aunque algunos privilegiados podamos sentirlo así). Que los pueblos que equivocan el rumbo, como el ejemplo que pone de los Kgatla de Suráfrica, esperando del matrimonio una gratificación sexual, se encuentran con que *"el sexo claramente constituye la mayor fuente de desgracia marital"* (p. 120).

En un trabajo excelente, por muchos conceptos, Meredith Small (1992), después de plantear muy razonablemente hilvanados todos los datos, todas las evidencias, finaliza conjeturando que el sistema de apareamiento humano probablemente evolucionó como sistema de reciprocidad, *"pero sin el elemento del sexo"*. (¿¿¡¡!!??). ¿Por qué? ¿Qué evidencia sugiere esta conclusión? Para justificar esta afirmación completamente gratuita, Meredith Small encadena una serie de axiomas que evitan la laboriosa tarea de tener que argumentar, apuntalar, sostener y apoyar, empírica y racionalmente, una afirmación en el vacío. Arguye una retahíla de afirmaciones como si fuesen triviales, obvias, de sentido común, perogrulladas, que por su propia naturaleza no necesitan demostración:

> *"[...] los datos sobre aventuras extramaritales en la cultura occidental y en otras culturas sugieren que los humanos **hoy día** usualmente ven el matrimonio y el sexo, las esposas y las parejas, el sexo y la reproducción como diferentes entidades."*
> *(Small 1992)*

¿Dónde están esos datos y los razonamientos que justifiquen que los humanos tenemos esa visión tan sumamente cínica del matrimonio? Meredith Small considera que la incidencia de aventuras extramaritales confirma estas suposiciones: *"entre 23-56% de los maridos y entre 17-25% de las esposas han estado implicadas en aventuras extramatrimoniales."* ¿Habitualmente? ¿Ocasionalmente? ¿Cuál es la frecuencia de esa conducta extramarital? ¿Una simple aventura, un desliz, desacredita por completo un matrimonio? No me refiero a la valoración subjetiva personal de un miembro de una pareja que se ve en tal situación, que probablemente una única relación infiel es suficientemente demoledora. Me estoy refiriendo a la importancia evolutiva de dicha conducta. Desde el punto de vista evolutivo se requiere una frecuencia reiterada de la infidelidad. Obviamente para que tenga consecuencias reproductivas. Si no, ¿cómo se justifica evolutivamente esta conducta?

En apoyo de sus argumentos refiere que solo, como máximo, el 2% de los casos termina en divorcio. Las infidelidades sexuales no se utilizan para romper los matrimonios, para producir hijos con otros u otras parejas, son simples "enredos sexuales".

Probablemente sin darse cuenta, como en tantos casos, pretende trasladar las conductas de la sociedad actual a las que se producían en el Pleistoceno. En las bandas de humanos de aquella época remota, constituidas por un pequeño número de individuos (30-200), es más que dudoso que una infidelidad sexual escapase al escrutinio riguroso de la pareja —o al chismorreo vigoroso de la "vecindad"— dada la escasa intimidad de que se disponía (Marlowe 2005). Y el asunto probablemente se sustanciaría, no mediante los alegatos alambicados de los abogados ante un juez, no mediante una sentencia de divorcio, sino de modo bastante más primario: mediante la agresión violenta, en muchos casos con resultado de muerte, de la pareja infiel y de su amante. Es lo que nos enseñan las sociedades preliterarias que todavía nos proporcionan información más cercana a lo esperable para nuestros ancestros.

Donald Symons, empeñado en desligar el sexo del matrimonio, admite que *"la sexualidad humana puede estar adaptada, no para promover el matrimonio, sino para promover el éxito reproductivo en un entorno marital"* (p. 127). Si seguimos su razonamiento veamos dónde nos lleva. Lo que está diciendo es que el éxito reproductivo depende del buen funcionamiento de la pareja marital, que, a su vez, depende del buen sexo. Luego, se sigue, que la selección favorecerá adaptaciones que mejoren la sexualidad de la pareja...

El matrimonio humano se forjó para el sexo y no tiene sentido alguno sin él. En palabras de otros (Abramson y Pinkerton 1995:117):

> *"Independientemente de qué viene primero, el sexo o el amor, la relación simbiótica entre ellos es directamente aparente. El amor hace el sexo mejor, y el sexo hace mejor al amor. El papel asociado positivo del placer sexual en el matrimonio no debería ser infraestimado. Las incompatibilidades e insatisfacciones sexuales permanecen como las causas principales de divorcio en América y en otras partes."*

Como vamos a ver, la insatisfacción sexual es, precisamente, la razón actual más común de la infidelidad sexual.

El matrimonio no puede ser reducido a una figura formal desposeído de contenido sexual. El matrimonio surge de la institucionalización de la tendencia de los seres humanos a formar parejas heterosexuales para cumplir la finalidad de reproducirse. Parejas con vocación de larga duración, comprometidas en apoyarse mutuamente y en el cuidado de la prole. Parejas que deben soportar muchos sinsabores derivados de una convivencia difícil entre dos individuos diferentes (mujer y hombre), con intereses diferentes y, a veces, enfrentados.

Pero, parejas que —también— **disfrutan** de compartir muchos momentos placenteros, tratando de concebir a sus hijos, o sin pretenderlo, criando a esos hijos, etc. Buena parte de ese disfrute es sexual.

Persistencia histórica del matrimonio

La mayoría de las mujeres y de los hombres, pese a tener múltiples quejas sobre el matrimonio y verse éste frecuentemente amenazado por las infidelidades, seguimos deseando vivir casados (Hite 1977, 1981). La "endurance" histórica del matrimonio, pese a los conflictos internos que soporta, es una prueba irrefutable de hasta qué punto estamos evolutivamente diseñados para vivir en pareja. (Sin menoscabo del respeto debido a las personas que deciden no formar pareja nunca, o cualquier otra forma de organizar su vida privada.) Con muchos problemas, con muchos fracasos. Pero ahí seguimos una inmensa mayoría de los humanos.

> *"La persistencia del matrimonio y de la familia implica que fueron adaptativos para ambos sexos." (Symons 1979:131)*

Aunque el matrimonio monógamo humano es objeto de un fuego graneado desde diferentes trincheras que cuestionan su vigencia y validez, hay algunos datos que sostienen su solidez evolutivamente determinada. Primero, es una institución con varias decenas de miles de años de existencia que se ha mantenido hasta hoy, sobreponiéndose a los indudables problemas que le acometen. Y, segundo, a despecho de todas las quejas que hombres y mujeres tenemos sobre él, confesamos como becerros que seguimos queriendo casarnos o permanecer casados (Hite 1977, 1981).

El famoso etnógrafo Bronislaw Malinowski en una de sus observaciones sobre las costumbres de los Trobrianders notaba que, aunque ellos (hombres y mujeres) ya habían poseído sexualmente unos a otras y viceversa, los *"individuos deseaban espontáneamente casarse"* (citado en Symons 1979). Lo que Symons atribuye a que era la forma de acceder al estatus social de adulto, tener hogar propio y sus propios hijos y esposa. Con idéntica legitimidad, otros podemos interpretar la situación como la expresión natural de la unión de pareja.

Conclusión final

La pareja humana monógama es producto de la evolución de la especie humana. Las exigencias evolutivas favorecieron la formación de parejas con cuidados biparentales de la prole. Partiendo de un sistema poligínico típico, con escasa o nula contribución del hombre a la progenie, progresivamente se fue transformando en un sistema monogámico con una implicación creciente del padre en el cuidado de los hijos. Descrita en estos términos, la pareja humana es nuestro modo primario de relación sexual. En cualquier caso, como sucede en casi todo lo referido a la especie humana, nuestro modo de relacionarnos sexualmente es facultativo, dicho de otro modo, flexible en función del contexto.

Capítulo 4. Elección de pareja

En el capítulo anterior hemos visto que estamos diseñados evolutivamente para formar parejas heterosexuales esencialmente monógamas con la finalidad de tener hijos y criarlos. El primer paso para formar una pareja es elegirla. Esto no debería de ser gran problema puesto que a todos se nos reconoce en principio la capacidad para engendrar hijos, salvo prueba en contrario. Luego, todos serviríamos igualmente como pareja para el sexo contrario —si la reproducción meramente fuese la única finalidad del apareamiento—. En esta situación poco importaría la identidad de la pareja, todos seríamos intercambiables para el fin perseguido. El apareamiento podría producirse completamente al azar.

Pero todos sabemos que el apareamiento en la especie humana no se produce al azar, sino que elegimos nuestra pareja por reunir algunas cualidades que nos atraen. En realidad, en ningún animal es este un proceso aleatorio pues, hasta los insectos que se han estudiado muestran preferencias bastante estrictas. Por ejemplo, en el artículo clásico de Bateman (1948), se referencia un trabajo con hembras de *Drosophila* (la mosca de la fruta), en el que las hembras silvestres no aceptaban copular con los machos mutantes *yellow*, pese a ser cortejadas vigorosamente por éstos. Una expresión extrema del ejercicio por parte de la hembra de su facultad de elección del macho ("female choice").

Los motivos de la elección

La razón de la selectividad, en muchos casos extremada, de las hembras de muchas especies a la hora de elegir el macho con el que aparearse radica en que la reproducción es la clave del proceso evolutivo. Mediante la reproducción nuestros genes pasan a nuestros hijos y, a través de ellos, podrán pasar a las siguientes generaciones. O no. En la reproducción está la llave del futuro evolutivo de nuestros genes. No es cuestión simplemente de tener hijos sino de tener *más* hijos que otros, o hijos más vigorosos, capaces de sobrevivir y alcanzar la edad reproductiva (y reproducirse efectivamente). Se trata, como siempre en evolución, de tener el mayor éxito reproductivo. Teniendo en cuenta las consecuencias que puede tener el apareamiento preferencial, es razonable pensar que las preferencias de pareja deberán desviarse de la aleatoriedad.

Las hembras, por tanto, tienen buenas razones para ser extremadamente cuidadosas en la elección de la pareja con la que va a aparearse, copular, reproducirse, y tener hijos. Evolutivamente las hembras han desarrollado adaptaciones para elegir un macho adecuado que le asegure un elevado éxito reproductivo. A este fin, el macho puede contribuir por diferentes vías complementarias: aumentando el número de hijos (fertilidad), produciendo una prole biológicamente vigorosa capaz de enfrentar los retos a la supervivencia, o aportándole beneficios directos (alimentos, defensa contra depredadores, etc.) que contribuyan de alguna manera a incrementar el bienestar y la supervivencia de la prole y de la propia hembra. De manera que la selectividad de la hembra está dirigida a alcanzar alguno o varios de estos objetivos.

En la especie humana ambos sexos ejercen su capacidad de elección. Esto no es ninguna sorpresa para nadie. Dado que es un hecho familiar en la vida corriente, lo tomamos por garantizado. Sin embargo, desde una perspectiva comparativa, evolutivamente, debería sorprendernos, porque *somos de las pocas especies animales en las cuales el macho también elige* (Stewart-Williams y Thomas 2013a). Lo habitual y clásico es la elección femenina ("female choice") tal y como la definiera originariamente Darwin (1871). Pero en la especie humana, el hombre también elige, también selecciona su pareja, también busca en ella pistas de su calidad como madre y esposa.

La teoría de la inversión parental propone que el sexo que más invierte (normalmente la hembra) es más selectivo en la elección de pareja porque el coste reproductivo asociado con un apareamiento indiscriminado sería elevado. En cambio, puede obtener grandes beneficios si elige juiciosamente una buena pareja. Dentro de la misma lógica se puede predecir que, si ambos sexos invierten en la prole, ambos tienen razones para ser exigentes respecto de las cualidades que debe reunir su pareja. Este creemos que sería el caso en la especie humana, donde ambos sexos invierten significativamente en el cuidado de la prole, y ambos sexos son selectivos respecto de la pareja con la que unirse a largo plazo.

El hombre, al igual que la mujer, busca una pareja que le asegure un alto éxito reproductivo. Una mujer que sea muy fértil y que produzca hijos sanos y vigorosos. Y un requisito especial que necesita el hombre: con las máximas garantías posibles de que los hijos que crían juntos sean de ambos, sean *sus* hijos y no hijos del "cuerno". Es decir, el hombre necesita tener certeza de su paternidad. Lo que solo se lo puede garantizar una mujer fiel y comprometida.

Señales informativas

Pero, ni las mujeres ni los hombres llevamos un cartel colgado que pregone y garantice nuestra fertilidad, nuestro vigor, nuestra capacidad para aportar recursos, o nuestra disposición a la fidelidad sexual. ¿Cómo se puede uno informar de todo esto? ¿Cómo podemos enterarnos de si la persona con la que tratamos reúne las cualidades que son críticas para tener éxito reproductivo? ¿Cómo saber si una persona es un padre o una madre de calidad?

La situación en este asunto es exactamente igual en todos los animales. No existe un medio sencillo para evaluar la calidad de un individuo como pareja potencial. Necesariamente, los animales que buscan pareja para copular y reproducirse tienen que ser hermeneutas, adivinos. Tienen que recurrir a interpretar los signos que exhibe la pareja potencial, las señales que perciben de cada individuo, y deducir, a partir de ese tipo de información, la calidad como pareja del individuo en cuestión, para decidir, finalmente, si aparearse o no con tal individuo. En el caso humano, hay una fuente de información adicional: la verbal, lo que nos transmite la otra persona verbalmente.

Información falsa y honesta

Evidentemente, lo que percibimos de una pareja potencial a través de nuestros sentidos son señales informativas, pistas que nos sugieren, signos que interpretamos como conteniendo un significado concreto. Las pistas o señales recibidas del otro sexo, son integradas de alguna forma por nuestro cerebro para proporcionar juicios globales sobre el *atractivo* (la calidad), que puedan conducir a la elección de pareja.

Todos vamos constantemente emitiendo señales o pistas de todo tipo (olfativas, visuales, etc.), de manera inconsciente e involuntaria, que proporcionan información sobre nosotros mismos, a los que se cruzan con nosotros en la vida. El receptor de la señal, integra la información recibida y la utiliza en su sistema de toma de decisiones.

Por ejemplo, supongamos que, en el hombre, disponer de una situación económica desahogada sea un rasgo atractivo para la mujer. Muchos tipos diferentes de señales podrían interpretarse como indicadores de una buena posición económica: vestir siempre esmeradamente ropa cara, conducir coches de alta gama, frecuentar amistades socialmente influyentes, etc. Sin cruzar ni una palabra con un hombre así, una mujer podría hacerse una idea sobre la excelente posición social de tal individuo y sentirse atraída por él.

Este es el proceso básico que explica cómo formamos juicios de valor sobre otros individuos. Como se puede intuir, depende de manera fundamental de la veracidad de la información transmitida por la señal. Ahora bien, el emisor de la señal puede ser "honesto", y transmitir una información verídica. O puede "mentir", transmitiendo una información falsa. Hay individuos que se aprovechan de este mecanismo para hacerse pasar por lo que no son. Por ejemplo, un hombre podría alquilar ropa cara o coches de lujo para seducir a alguna mujer. Simulando o imitando la señal original para transmitir una información falsa obtendría una ventaja. Pero no solo podemos mentir con ese tipo de señales los humanos, hemos dado varias vueltas de tuerca más al arte de mentir, aprovechando nuestra inteligencia maquiavélica y nuestra capacidad para hablar. Por ejemplo, un mentiroso seductor, elocuente, puede hablar de sí mismo como una persona responsable y comprometida, fiel y cumplidora cuando, en realidad, deserta de cualquier responsabilidad, no se compromete en nada y con nadie, traiciona a sus mejores amigos, y no cumple nada de lo que promete. El emisor puede, de este modo, manipular al receptor haciéndole tomar decisiones inadecuadas basadas en una información falsa. En el ámbito de las preferencias de pareja, se entiende perfectamente, hasta qué punto · puede ser rentable evolutivamente ser un "falso": se consiguen las ventajas del "honesto" sin incurrir en los costes que supone ser verdaderamente honesto.

Evolutivamente, han aparecido señales honestas, llamadas así porque *garantizan su veracidad*. Se trata de señales que, son tan costosas biológicamente para el individuo que las emite, exhibirlas supone tal esfuerzo al emisor, que no compensa al falso imitarlas, porque son excesivamente onerosas. Las señales de este tipo se identifican porque exigen una inversión considerable de recursos al emisor/poseedor de la señal. Este es el llamado **principio del hándicap** (Wahabí y Wahabí 1997).

Un ejemplo típico de señal honesta en animales no humanos, es la exuberante cola del pavo real, cuya perfección es, tan sumamente exigente, que el poseedor de una cola perfecta, señaliza honestamente que es un individuo con una dotación genética superlativa, y excelente salud. ¿Por qué? ¿Cómo?

Está bien demostrado, que caracteres tan complejos como la cola del pavo real, tan exquisitamente construidos, son muy sensibles a cualquier problema de salud o a cualquier desajuste genético. De modo que, en individuos sub-óptimos o netamente inferiores, el padecimiento de estos problemas provoca defectos más o menos graves en la prodigiosa arquitectura de la cola: la cola del pavo real se ha convertido en un registro veraz de la historia vital del poseedor de la cola. El individuo dotado de un sistema inmune excelente, que solventa con suficiencia los retos de las infecciones, y con una dotación genética óptima, que es capaz de soportar y amortiguar las amenazas contra la expresión equilibrada de sus genes, manifiesta estas cualidades honestamente, en una hermosa cola, libre de defectos. Al mismo tiempo, esa cola es una manifestación de derroche de recursos y un peligro adicional para su poseedor frente a los depredadores (lo hace más llamativo y más torpe en la huida). Es claramente un hándicap para su poseedor. Solo un macho excepcionalmente vigoroso puede permitirse derrochar recursos en la construcción de un ornamento tan costoso y hacerse ostentosamente visible ante los depredadores. La exuberante cola del pavo real es un anuncio propagandístico *honesto* de la calidad del macho que la exhibe porque significa, simultáneamente: soy un macho de excelente salud y óptima constitución genética, que puede permitirse un lujo como esta cola y estar vivo a despecho de los depredadores. Por el contrario, un macho de pavo real cargado de parásitos, o castigado duramente por diversas enfermedades, o con un sistema genético desequilibrado, muestra esos avatares pasados en una acumulación de defectos en la prodigiosa arquitectura de su cola. Cualquier desajuste, por mínimo que sea, produce alguna imperfección, por mínima que sea, en el espléndido patrón de la cola, y esa mínima imperfección es captada por el ojo crítico del receptor. La cola del pavo real es una señal honesta de calidad del macho que la exhibe. Es una especie de anuncio propagandístico honesto que publicita la calidad del macho.

Se supone que algunas de las señales relacionadas con la preferencia de pareja son señales honestas acogidas al principio del hándicap.

Podemos elegir

Se puede objetar que, en muchas culturas, la elección de pareja no es completamente libre, sino que se ve mediatizada por los padres o por las personas mayores de la familia, en sentido amplio. Por esta razón, se ha sugerido que la selección no ha podido actuar en la elección de pareja. Se argumenta que durante el curso de la evolución humana las oportunidades en las que los individuos han podido hacer sus propias elecciones debieron ser tan raras, que la selección favoreció la indiferencia y la aquiescencia sexual completa a las decisiones de los mayores, o a los dictados culturales o sociales. No obstante, incluso en estas culturas, la influencia de los miembros de la pareja parece ser que, contra lo argüido, es normalmente decisiva. Es decir, la decisión de los protagonistas principales (el hombre y la mujer que van a emparejarse) suele imponerse finalmente hasta en las sociedades en la que, nominalmente, la decisión la toman los padres respectivos (Buss 1989).

Además, desde una lógica común, encuentro bastante increíble que, durante el periodo crítico de la evolución humana, cuando no éramos más que unas bandas de cavernícolas de unas pocas decenas de individuos, anduviéramos con muchos dimes y diretes a la hora de aparearnos y dejáramos inmiscuirse, en un asunto de nuestro personal interés, a nuestros más cercanos deudos. La selección habría favorecido, sin duda, la libre elección por el individuo, que es el que más cuida de sus propios intereses. Aunque hay quien opina que quizás los mayores, con su experiencia, tendrían mejor capacidad de elección de una pareja (Symons 1979).

Una pareja adecuada

Para constituir una pareja, *de facto* o *de iure*, en libre concubinato o "bendecida" legalmente, los seres humanos tienen que elegir una pareja entre las disponibles, cortejarla, y finalmente, unirse "en ayuntamiento carnal". La elección de pareja es una cuestión de fondo porque, en principio, lo que se está planteando es un proyecto a largo plazo de duración indefinida. Puede durar unos meses o puede durar toda la vida. Nadie lo sabe "a priori". Por consiguiente, se debe suponer que la elección se basa en buenas y sólidas razones, en criterios de alcance. El matrimonio humano, se produzca bajo la forma que se produzca, es siempre una apuesta de futuro, no solo en el sentido humano, sino en el sentido genético y evolutivo: se trata de elegir la pareja con lo cual vamos a procrear, vamos a pasar nuestros genes a la siguiente generación, por tanto, nuestros genes tienen buenas razones para conducirnos con pericia a una elección de pareja adecuada. El apareamiento es una cuestión crítica para la evolución y por tanto es de esperar que muchos de sus aspectos estén modelados por la selección. La acción de la selección en la elección de pareja se ha formulado de la manera siguiente:

> *"Se puede esperar que la selección favorezca personas que prefieran copular y casarse con los miembros más adaptados del sexo opuesto."*
> *(Symons 1979:166)*

Lo que suena bastante convincente… Pero, para mi punto de vista, estrictamente, es incorrecto, porque omite el objetivo real de la selección, el éxito reproductivo, substituyéndolo por una referencia indirecta a través de la "adaptación" de la pareja. Eso deja lugar a que se escape un matiz clave y es, que *no basta con ser adaptado, debe ser compatible, complementario, a la medida de su pareja, para poder "trabajar en equipo"*.

También suena evolutivamente seductora esta otra forma de plantear el objetivo de la elección de una pareja:

> *"El objetivo adaptativo de la elección de pareja es maximizar la calidad reproductiva de la pareja sexual." (Thornhill y Angostad 1996)*

Sucede algo parecido a lo anterior: se presta atención solo a los aspectos estrictamente biológicos. La calidad reproductiva de la pareja es sin duda una de las fuerzas básicas que dirigen el proceso. Pero no es todo. En muchos animales más simples, como los insectos, probablemente no haya más. Pero los humanos no somos moscas. En animales tan complejos como los humanos hay muchos más factores a considerar en la evaluación del candidato a pareja sexual. Manejar una idea tan simple como que la elección de pareja se reduce a seleccionar un buen "semental", o una excelente "hembra reproductora" (una "buena coneja" como se dice en grosera metáfora en la película *La gata sobre el tejado de zinc*, basada en el texto teatral de Tennessee Williams), dotados ambos de excelentes cartas de presentación genética, conduce a gruesos errores.

Cuando los humanos elegimos pareja, estamos eligiendo algo más que un paquete de excelentes genes, estamos seleccionando nuestro socio en la aventura de engendrar, traer hijos al mundo, criarlos y sacarlos adelante (éxito reproductivo). Para hacer todo eso hace falta algo más que "buenos genes". El hombre necesita una mujer fértil y sana, sin duda alguna. Pero, además, debe tener cualidades como madre, como compañera, y como persona. La mujer, por su parte, necesita también un hombre fértil y sano. Pero, además, debe tener cualidades como padre, como compañero, y como persona. Todos estos rasgos son valiosos, no desde un punto de vista meramente social, sino por su impacto real sobre el éxito reproductivo. Todos estos rasgos pueden contribuir —contribuyen— de modo eficaz al éxito reproductivo de la pareja. De la pareja. (Nótese que en esta aventura nos embarcamos por parejas: el resultado evolutivo afecta a los dos miembros de la pareja. El triunfo o el fracaso concierne a los dos. No puede triunfar uno si el otro fracasa.)

Por otra parte, la formación de una pareja es un proceso, no una mera decisión puntual. Primero nos sentimos atraídos por "algo" que percibimos en la otra persona, nos acercamos, trabamos conocimiento. Después se abre un periodo, más o menos largo, de cortejo, en el que ambos miembros de la pareja van desplegando sus respectivas personalidades. En este periodo debemos percibir señales fiables de que nuestra pareja reúne las cualidades que nos gustan, que nos convencen para ir más allá, a establecer una relación de pareja estable con objetivos a largo plazo. En caso contrario, la relación será abortada y buscaremos otra persona.

> *"Los signos pueden ser integrados mediante un proceso de filtración a través de una serie de niveles, por ejemplo, usando el aspecto físico para decidir con quién hablar, la conversación para decidir con quién formar alguna relación a corto plazo, y la compatibilidad psicológica para decidir con quién tener hijos." (Miller y Todd 1998)*

(Debemos hacer notar que nuestro planteamiento está enfocado a la constitución de una pareja a largo plazo. Las aventuras de una noche de juerga, las relaciones casuales, todo lo que se ha dado en llamar relaciones sexuales *a corto plazo* no son el objeto de interés directo de este capítulo. No obstante, es muy difícil desligar ambos tipos de relaciones sexuales de modo que frecuentemente abordaremos ambos.)

Los atributos que definen una pareja adecuada

Se parte de la hipótesis de que la evolución ha modelado la elección de pareja de tal modo que nuestra elección no es aleatoria sino condicionada a la observación en la pareja potencial de los rasgos que nos indiquen que con esa pareja vamos a obtener un elevado éxito reproductivo. Las preferencias de pareja evolutivamente desarrolladas, sean las que fueren, respondían a los retos del "entorno evolutivo remoto", a las condiciones que se dieron hace muchos miles de años. Pero los estudios de los caracteres preferidos en la pareja necesariamente hay que realizarlos en sociedades actuales y, es evidente, que los aspectos más valorados en la pareja potencial están sujetos a las diferencias culturales de las diferentes sociedades humanas, y también al cambio temporal (por ejemplo, las modas).

A la hora de extraer un conjunto de caracteres evolutivamente significativos a partir de estudios realizados en la actualidad, una suposición básica que se hace es, que los rasgos adaptativos, al estar promovidos por la selección, han de estar presentes en todas las sociedades humanas, han de ser comunes a todas las culturas y en todos los tiempos. Por tanto, para extraer los rasgos evolutivamente significativos tenemos que confiar en la observación de una elevada uniformidad intercultural y temporal. Así mismo, de manera preferente, se deberían utilizar sociedades humanas lo más cercanas posible a condiciones "naturales", lo que se denominan como sociedades pre-industriales o pre-literarias.

Los Hadza de Tanzania son unos de esos pocos casos de sociedades en condiciones más naturales que han sido estudiados respecto de los rasgos más apreciados en sus parejas (Marlowe 2004a). Globalmente considerados, agrupando los resultados de ambos sexos, los rasgos mencionados más frecuentemente, fueron, por este orden: el carácter (buen carácter, comprensivo, buena persona, etc.), ser buen recolector (buen cazador, puede conseguir alimentos, trabajador fuerte, etc.), el aspecto (buen cuerpo, grande, pechos grandes, buen aspecto, etc.), la inteligencia, la fertilidad, la fidelidad, y la juventud. Aunque el orden y la frecuencia fueron diferentes entre los sexos, las únicas diferencias significativas fueron, en fertilidad (más valorada por los hombres), y en inteligencia (más valorada por las mujeres) (Marlowe 2004a).

En esta sociedad de cazadores-recolectores el atractivo físico era bien valorado por ambos sexos. Ahora bien, el concepto de lo que es físicamente atractivo para los hombres Hadza, los rasgos que lo definen, es bien diferente de los estándares actuales de la sociedad occidental. Los hombres Hadza en contraste con los hombres occidentales actuales, preferían mujeres robustas, más bien "entradas en carnes", que mujeres "normales" o delgadas. Asimismo, mostraban preferencia por una ratio alta de cintura-caderas, completamente diferente de las preferencias actuales de los países de cultura occidental. (Sin embargo, me recuerda los comentarios que oía frecuentemente, cuando era niño, de los hombres mayores o ancianos.)

Con todas las limitaciones que impone un solo estudio, podríamos extraer, más que conclusiones, dos sugerencias: una, la existencia de *un núcleo básico de preferencias de pareja comunes a ambos sexos*, y, dos, la existencia de *un número limitado de preferencias específicas de sexo*. Con todo, quizás lo más llamativo sea que el carácter al que las mujeres concedían más valor fuese la *capacidad de aportar recursos* por parte del hombre ("buen cazador", "capaz de conseguir comida").

Respecto de estudios sobre sociedades modernas, hasta donde sabemos, la primera referencia evolutiva a la elección de pareja aparece en el libro de Donald Symons, *The Evolution of Human Sexuality* (1979; La evolución de la sexualidad humana). Creemos es el primer intento de dar una explicación evolutiva a la elección de pareja humana. El punto de partida de Symons (1979:180) es:

> *"La "estrategia" básica de la hembra es obtener el mejor marido posible, para ser fecundada por el macho disponible más adaptado (siempre, por supuesto, teniendo en cuenta los riesgos), y para maximizar los retornos de los favores sexuales otorgados [...]"*

En esta cita se está sugiriendo que la mujer tiene una estrategia doble (marido/amante), en lo que parece un antecedente claro de lo que posteriormente se ha dado en denominar *Teoría de las Estrategias Sexuales* (Buss y Schmitt 1993). Sin conducir la discusión de forma ordenada y clara, Symons va dejando de manera dispersa su opinión que podemos espigar en estas dos citas (Symons 1979:191):

> *"Las tendencias a encontrar atractivas a las personas saludables y a las mujeres jóvenes son relativamente "innatas" porque están universalmente asociadas con el valor reproductivo [...]."*
> *"La tendencia de la hembra humana a detectar y ser atraída por machos de elevado estatus puede constituir una regla "innata"."*

Symons está sugiriendo que hay una diferencia entre lo que prefieren los hombres y las mujeres: belleza y juventud en la mujer (preferencia masculina) y estatus social en el hombre (preferencia femenina).

¿Por qué los hombres preferirían mujeres jóvenes atractivas? ¿Por qué las mujeres preferirían hombres con elevado estatus social? La explicación de Symons es evolutiva. El éxito reproductivo del hombre depende de la capacidad reproductiva de las mujeres con las que consigue copular y supone que la juventud y el atractivo físico son señales de larga vida reproductiva y buena salud, respectivamente. Por su parte, el éxito reproductivo de la mujer depende de la capacidad de su pareja masculina para proporcionar recursos para conseguir sacar adelante a sus hijos y supone que el elevado estatus es señal de esa capacidad. (Nótese que se olvida un detalle "baladí": el hombre de alto estatus *debe además estar dispuesto* a invertir sus recursos en los hijos de esa mujer para hacer efectivo el éxito reproductivo. No basta que tenga un estatus social elevado, debe aportarlo efectivamente en la cría de la prole.)

Las opiniones de Symons (1979) no estaban apoyadas en una base probatoria sólida, sino que más bien eran sugerencias verosímiles. Posteriormente, se han llevado a cabo numerosos estudios sobre las preferencias de pareja, inicialmente por parte del psicólogo evolucionista David Buss y sus colaboradores (Buss y Barnes 1986; Buss 1988; Buss y Angleitner 1989; Buss y Schmitt 1993; Buss et al. 2001) manejando datos de muestras americanas y de todo el mundo. Y, posteriormente, se han producido aportaciones en este tema procedentes de investigadores con otros enfoques científicos (Lippa 2007b, 2009; Petersen y Hyde 2011; Harris 2011). Algunos de los estudios han abarcado grandes muestras, numerosos países y diferentes culturas (Buss 1989; Lippa 2007b), lo que les otorga una mayor representatividad y fiabilidad estadística.

En principio, lo que se desprende de los diferentes estudios en las distintas sociedades humanas es una tendencia común a todos los seres humanos a emparejarnos con personas con rasgos de todo tipo similares a los nuestros. Dicho de otro modo, *tendemos a emparejarnos con personas con las que compartimos un gran número de cosas.* Los rasgos preferidos más frecuentes y compartidos por hombres y mujeres en todo el mundo son aspectos tales como el *amor*, la *estabilidad emocional o madurez*, la *inteligencia*, la *amabilidad*, el *atractivo físico*, la *gentileza*, un *carácter fiable*, la *honestidad*, tener sentido del *humor*, etc. (Buss y Barnes 1986; Buss 1989; Lippa 2007b). Estas características serían universales, comunes a todas las culturas, independientes incluso de la orientación sexual de la persona (Lippa 2007b), propias de la especie humana (Buss 1989).

Al mismo tiempo, dentro de esta tendencia general se detectan de manera consistente, en diferentes estudios, ciertas *preferencias específicas* de hombres o mujeres. Concretamente, los hombres más que las mujeres valoran el *atractivo físico* (Symons 1979; Buss y Barnes 1986; Buss 1989; Lippa 2007b); las mujeres más que los hombres valoran la *buena capacidad económica* o, por otras apelaciones, el *elevado estatus social*, *riqueza*, *poder* y similares (Buss 1989). Estas diferencias entre mujeres y hombres en cuanto a preferencias han sido replicadas en diversos estudios, con diferentes metodologías, en distintos países y culturas, y por diferentes investigadores (Buss y Barnes 1986; Buss 1989; Buss y Angleitner 1989; Marlowe 2004a; Lippa 2007b) de modo que, como tales *preferencias* se pueden dar por suficientemente probadas.

Una investigación sesgada

Como se ha hecho notar por algunos psicólogos evolucionistas (Stewart-Williams y Thomas 2013a), a despecho de los resultados de los estudios iniciales que, como hemos comentado, mostraban un sólido núcleo de preferencias comunes a ambos sexos (Buss y Barnes 1986; Buss 1989), se produjo rápidamente un sesgo en las investigaciones hacia la demostración de las "grandes" diferencias existentes entre las preferencias de ambos sexos. Siguiendo la estela de Symons (1979) que sostenía que las diferencias psicológicas entre ambos sexos eran extraordinarias, una gran parte de los psicólogos evolucionistas siguieron esta senda. Eso ha hecho que, mientras que se ha prestado un especial interés a las *diferencias* entre sexos (Buss 1989), no se le ha dedicado ninguno a las más numerosas *coincidencias*, ni por supuesto, a su posible origen evolutivo, o a su carácter adaptativo. De modo que está desierta de datos la evolución de las preferencias de pareja que son comunes a ambos sexos, que son la gran mayoría y pueden haber sido escogidas por la selección natural (que afecta por igual a todos los seres humanos sin distinción de sexo), en vez de por la selección sexual (que afecta de modo diferencial a mujeres y a hombres).

La cantidad de información generada sobre las preferencias en la elección de pareja es enorme. Sin embargo, cuando uno la revisa con ojos limpios, sin estar condicionado por la "militancia" en ninguna escuela de pensamiento, la sensación que se obtiene es que se ha buscado deliberadamente ahondar las diferencias entre mujeres y hombres. La investigación ha estado claramente sesgada hacía enfatizar que mujeres y hombres buscamos valores absolutamente diferentes en nuestras parejas sexuales. Se ha pretendido generar un foso entre ambos sexos respecto de los atributos preferidos en nuestras parejas. La gran mayoría de los trabajos se limitan a sostener y repetir, como si fuese un mantra, que los hombres prefieren como parejas mujeres jóvenes y guapas, y las mujeres prefieren como parejas hombres con alta posición social. Por el mero hecho de repetir lo mismo una y otra vez, se ha terminado por convertir en ortodoxia científica, en un sitio común, en una perogrullada, en "un tópico sólidamente fundado en multitud de evidencias" que, lo *diferente* es lo más *importante* y lo único que importa — subvirtiendo la realidad y la verdad—. Este deslizamiento progresivo del énfasis se ha producido pese a que, desde el principio, el principal artífice de este tipo de estudios puntualizó lo siguiente (Buss 1989:13):

> *"Third, neither earning potential nor physical appearance emerged as the highest rated or ranked characteristics for either sex, even though these characteristics showed large sex differences. [...], suggesting that species-typical mate preferences may be more potent than sex-linked preferences."*
> *[Tercero, ni el potencial adquisitivo ni el aspecto físico emergían como las características más valoradas o priorizadas por cualquier sexo, a pesar de que estas características mostraban grandes diferencias entre sexos. [...], sugiriendo que las preferencias de pareja típicas de la especie pueden ser más fuertes que las vinculadas al sexo.]*

Más de 50 años de estudios

Las características que la gente cree que son importantes en la selección de la pareja con la que casarse (relación a largo plazo) se han estudiado en los EE.UU. en diversas ocasiones desde 1939 (1956, 1967, 1977, 1984, y 1996), utilizando idéntica o similar metodología. Los estudios abarcan por tanto un periodo de más de 50 años, un periodo suficientemente amplio para poder observar los cambios *culturales* producidos en esta valoración. (Nótese que 50 años es, en cambio, un periodo de tiempo ínfimo para observar cualquier cambio evolutivo en la conducta humana.)

Buss et al. (2001) revisaron minuciosamente este bagaje de información sobre preferencias de pareja entre los norteamericanos. En todos los estudios se habían clasificado por orden de importancia

18 rasgos o valores presentes o deseados en la pareja. Es decir, se había construido un ranking de los atributos o valores personales más apreciados en la pareja. Cuando se revisaron los datos de estos estudios llamó la atención, *la tremenda similitud entre regiones y entre sexos en la ordenación global de los valores*. Por ejemplo, ambos sexos consideraron la *atracción mutua* y el *amor* como los valores más importantes para seleccionar una pareja con la que casarse (Buss et al. 2001). Similares resultados se producían entre diferentes regiones geográficas y entre los diferentes años. De modo que, *existía una continuidad sustancial en la valoración relativa de las dieciocho características estudiadas, para hombres y mujeres, a lo largo de cerca de seis décadas de evaluación*. Más aún, es notable *un incremento en la similitud entre los sexos con el paso del tiempo*. Aparentemente *se está produciendo un fenómeno de convergencia entre los rasgos valorados por hombres y mujeres en sus parejas* (Buss et al. 2001).

No obstante, revisados atentamente estos datos (Buss et al. 2001) se puede observar que se han producido algunos cambios a lo largo del tiempo en la valoración de determinados caracteres que merecen ser comentados. Este es el caso, por ejemplo, de la castidad, que en los 57 años transcurridos, ha pasado, del puesto 10 al 17. El atractivo físico ha escalado, desde el puesto 14 al 8, en los hombres, mientras que en las mujeres solamente ha ascendido un puesto, desde el 14 al 13. Finalmente, los recursos financieros mejoran su posición en ambos sexos: en hombres asciende del 17 al 13 y en mujeres del 13 al 11.

En estos datos encontramos algunos detalles que debemos destacar.

Primero, como se ha visto, el atractivo físico ocupaba en la clasificación de preferencias masculinas, inicialmente, el puesto 14 de 18 y en los estudios más recientes asciende al puesto 8, justo por encima de la mitad de la lista. Quiere decir que hay siete caracteres por delante del atractivo físico, en situación preferente en la lista ordenada de atributos apetecidos por los hombres en la pareja femenina potencial. Había trece por delante en el estudio más antiguo. Por tanto, **la típica y tópica afirmación de que el atractivo físico (o la belleza) es el rasgo más importante para los hombres en el momento de elegir pareja, es falsa.**

Segundo, un razonamiento similar cabe aducir respecto de la situación económica (o el estatus social, o equivalente) de la pareja. Igualmente, la *buena posición* económica y *social del hombre* no es la característica *más* valorada por las mujeres. Como hemos visto ocupa un lugar modesto dentro de las preferencias femeninas. En la lista ordenada por preferencia de la mujer, el estatus social, inicialmente ocupaba el puesto 13 de 18, y en el estudio más reciente ha "escalado" hasta el 11. Por debajo siempre de la mitad de la tabla clasificatoria.

Tercero, el valor preferente otorgado por los hombres respecto de las mujeres al atractivo físico, tampoco puede ser interpretado como que las mujeres *no* valoran el atractivo físico en sus parejas. Esta sería también una interpretación incorrecta de los hechos. Las mujeres Hadza —y las mujeres en general— valoran también el aspecto físico de sus hombres. Los dos sexos nos pavoneamos luciendo nuestro palmito delante del sexo contrario, lo que significa que "sabemos" que tiene algún efecto y que ambos sexos son selectivos en su elección de pareja. Análogamente, la solvencia económica de la pareja también es valorada positivamente por parte de los hombres. Lo que sucede es que en la valoración de este carácter por parte de los hombres es relativamente inferior a la consideración que le otorgan las mujeres.

Cuarto, teóricamente, los caracteres evolutivamente críticos en la elección de pareja deberían mantener su posición o variar muy poco, supuesto que están sostenidos por selección. Aquellos menos importantes evolutivamente serían más sensibles a las influencias socioculturales, cambiando su posición relativa en función de las "modas" culturales de una época concreta (Smiler 2011). Ese parece ser el caso de la virginidad/castidad en la mujer, que ha retrocedido desde el puesto 10 al penúltimo (puesto 17). Los prejuicios sexuales, vinculados a la religión, retroceden en su influencia en la organización de la vida sexual de las personas como sucede con la propia religión.

Creo que se puede sugerir lo mismo para el atractivo físico y la situación económica de la pareja. En este caso, la tendencia (de la moda) ha ido en sentido contrario: cada día es más notorio el culto a la belleza física y al poderío económico en las sociedades de influencia occidental, como resultado de la influencia de los medios de comunicación de masas. En todos los medios de comunicación de masas, especialmente en los visuales, se venera, hasta la estupidez, la belleza y la riqueza. Por tanto, la "sensibilidad" del atractivo físico y del estatus social a las influencias de la moda sería indicativa de la escasa influencia de la selección sobre esos rasgos. Dicho de otro modo, *el atractivo físico de la mujer y el estatus social del hombre **no** han sido rasgos especialmente seleccionados evolutivamente en el hombre y la mujer, respectivamente*. Aunque, probablemente, tienen un componente genético evolutivo, se ven muy afectados por el contexto social.

Por último, podemos observar el fenómeno de convertir una pulsión evolutiva en un mandato cultural (fenómeno que tendremos ocasión de observar repetidamente a lo largo de este libro produciéndose en diversos aspectos de la conducta humana). Los caracteres que ocupan los primeros puestos de la clasificación (la inteligencia, la amabilidad y la comprensión, etc.) que son los que razonablemente debemos pensar que están mantenidos más estrictamente por la selección, son valores explícitamente apreciados y publicitados en todas las culturas y en todas las sociedades.

Diferente no significa importante

Marcadas las diferencias observadas entre hombres y mujeres respecto de algunas preferencias de pareja, debemos inmediatamente puntualizar *qué significan* y *qué no significan*.

La tendencia habitual es interpretar las preferencias *diferentes* entre mujeres y hombres como las *más importantes* en cada sexo.

Donald Symons (1979), y con él la práctica totalidad de los evolucionistas, han enfatizado la importancia que los hombres conceden al atractivo físico de la mujer, hasta haberlo convertido en un tópico en este campo. La impresión que se transmite es que los hombres *solo* valoran el aspecto físico de la mujer o, al menos, que es el aspecto *más* valorado. Hasta tal punto, que se ha convertido en una afirmación trivial, una perogrullada que no necesita ser sostenida mediante pruebas. La preferencia de los hombres por la belleza física de las mujeres no es el rasgo más importante, más valorado, más tomado en consideración por los hombres a la hora de elegir pareja. Así se ha puesto de manifiesto hace un momento. Pero, además, en un estudio emblemático por su amplitud numérica, geográfica, y cultural (Buss 1989), en el que se acreditó de manera muy sólida las diferencias entre sexos respecto de sus preferencias de pareja, el propio autor ya hemos visto lo que afirma literalmente (ver p. 89).

Y añade:

> *"Both sexes ranked the characteristics 'kind-understanding' and 'intelligent' higher than earning power and atractiveness in all samples, suggesting that species-typical mate preferences may be more potent than sex-linked preferences."*
> *[Ambos sexos priorizaban las características 'amable-comprensivo' e 'inteligente' por encima del poder adquisitivo y del atractivo en todas las muestras, sugiriendo que las preferencias de pareja típicas de la especie pueden ser más potentes que las preferencias ligadas al sexo.]*

Ni siquiera entre los Hadza, que son el caso más asimilable a las condiciones evolutivas remotas en que se movió el ser humano, es el atractivo físico el carácter más valorado por los hombres en las mujeres.

En los EE.UU. que pueden ser tomados como representativos de las sociedades occidentales, como acabamos de ver, los hombres valoran por encima del atractivo físico otros caracteres en sus parejas femeninas. Los datos comparativos de más de 50 años de investigación que acabamos de revisar, no parecen indicar una importancia selectiva capital del atractivo físico por más que se insista recurrentemente en sostener lo contrario. Es cierto que es más valorado por los hombres que por las mujeres pero, **en ningún caso, ninguno de los dos sexos le otorga al atractivo físico un valor de privilegio en su escala de caracteres preferidos en la pareja**. En ambos sexos, ocupa una posición de segundo o tercer nivel, en la importancia que cada sexo le concede (Buss y Barnes 1986; Buss y Angleitner 1989; Marlowe 2004a; Lippa 2007b). Una argumentación similar y conclusiones parecidas han sido expuestas por otros (Smiler 2011).

¿Hacemos uso de las preferencias?

Dentro mismo de las diferencias entre sexos más acentuadas, es muy notable el grado de solapamiento entre mujeres y hombres en sus preferencias de pareja (Buss 1989; Stewart-Williams y Thomas 2013a). Combinando este hecho con la posición secundaria que tienen determinadas preferencias, y con que las personas hacemos una evaluación global, multi-carácter, de nuestra pareja potencial, es decir, no evaluamos al individuo como una colección de características independientes, sino que realizamos una evaluación de conjunto, teniendo en cuenta todo esto, es dudoso el impacto evolutivo que puede haber tenido un único rasgo (Bixler 1989 en los comentarios de Buss 1989).

Se puede discutir la importancia real que tienen estas preferencias respecto del comportamiento de apareamiento que, de hecho, producen las personas. Hay quien sostiene que la conducta efectiva, real, manifiesta, final, tiene poco que ver con preferencias generales de pareja (Zohar y Guttman 1989 en los comentarios de Buss 1989). Hay quien lo expresa con toda elocuencia:

> *"What is the posited relation between 'evoked' preferences (wishes, desires) and behavior? Is preference assumed to be a better measure of human evolutionary nature than action?"* (Dickemann 1989 en los comentarios de Buss 1989) *[¿Qué relación se propone entre preferencias 'evocadas' (fantasías, deseos) y conducta? ¿Se supone que la preferencia es una medida mejor de la naturaleza evolutiva humana que la acción?]*

Los críticos, en este punto, en principio argumentan que las preferencias son simplemente la manifestación de un ideal, de un deseo, pero que la elección de pareja "de carne y hueso" opera sobre otros factores diferentes a las preferencias ideales (Eastwick y Finkel 2008). No se discuten los resultados de los estudios de preferencias, sino su impacto real sobre la elección de pareja, reconsiderado a partir de otros tipos de estudios.

Todos los estudios de preferencia de pareja se han hecho con cuestionarios o en respuestas experimentales a estímulos (por ej.

fotos), de los que se extraen unas preferencias manifestadas, declaradas, expresadas… O sea, una mera manifestación de intenciones. Una opinión desprovista de contexto, absolutamente artificial, irreal. En cambio, en la vida real, en el momento de tomar una decisión nos enfrentamos cara a cara con una persona en una situación concreta, en la que tiene una influencia nula la opinión teórica aventurada en abstracto. En ese momento la decisión no es sobre una situación hipotética sino sobre una situación real. Todos somos conscientes de nuestra propia incapacidad para predecir cómo vamos a comportarnos frente a una situación real concreta: si vamos a ser incapaces de articular palabra, si nos vamos a echar a reír estúpidamente, o si vamos a lanzarnos a la conquista, etc. ¿Qué sucede cuando hombres y mujeres se encuentran realmente, cara a cara? … ¿Quién lo puede decir a priori?

En este sentido se han llevado a cabo otros tipos de estudios en los que el objetivo del interés "romántico" de los participantes no eran ideales hipotéticos o fotos, sino seres humanos vivos, de carne y hueso. Un estudio reciente de este tipo (Eastwick y Finkel2008), entre otros métodos, utilizó citas cara a cara entre los participantes, y un seguimiento temporal corto (3 meses) de las relaciones amorosas que surgieron de tales encuentros reales, entre hombres y mujeres reales. Se demostró una falta de relación entre las preferencias manifestadas y las preferencias ejecutadas efectivamente en relaciones reales con personas reales (Eastwick y Finkel 2008).

Es sencillo aceptar este resultado porque es fácil imaginar que son situaciones completamente diferentes, por un lado, contestar un cuestionario tranquilamente, con la mente fría, sobre qué te gustaría en tu pareja y, por otro, tener enfrente y charlar con una persona real, y decidir si te gusta o no, a veces en medio de un torbellino emocional (Eastwick y Finkel 2008).

La suposición implícita en todo este asunto de las preferencias de pareja es, que tales preferencias guían la conducta de mujeres y hombres para elegir una pareja que reúna lo más posible los ideales preferidos. Asumiendo que las preferencias de pareja tienen alguna influencia o relación con la pareja final, es al mismo tiempo necesario tener en consideración que hay otros factores que influyen sobre la elección de pareja definitiva.

En primer lugar, no parece que la elección de pareja vaya a estar determinada por uno o dos rasgos. Más bien parece que debe ser una decisión basada en un conjunto, una valoración global de diversos aspectos presentes en la persona considerada. Lo que valoramos es el individuo en su conjunto no una serie inconexa de rasgos. De hecho, se ha demostrado que la agrupación de características en factores hace más claro y discriminante el análisis (Lippa 2007b).

Como cabía esperar, estudios muy recientes ponen de manifiesto que lo que debe clasificarse son los individuos completos, en vez de los caracteres individualmente (Mogilski et al. 2014). Los participantes en este estudio, en vez de clasificar por orden de preferencia rasgos individuales, clasificaban perfiles individuales, individuos hipotéticos definidos por una combinación de cinco rasgos o caracteres. Lo que ordenaban por orden de preferencia no eran los atributos que podía tener una pareja, sino que ordenaban parejas potenciales (individuos) caracterizados por una combinación de atributos. Claramente ésta es una situación experimental artificial pero más cercana a la natural (Mogilski et al. 2014).

El perfil de cada individuo elegible como pareja era una combinación de los cinco atributos siguientes: (a) estabilidad financiera, (b) atractivo físico, (c) historia de la fidelidad sexual, (d) inversión emocional en una relación, y (e) similitud con el participante en el estudio. Cada uno de estos atributos podía aparecer en tres niveles diferentes. Cada participante tenía que elegir (clasificar por preferencia) entre diecinueve perfiles considerándolos como parejas a largo plazo (Mogilski et al. 2014).

Los resultados del estudio eran claros: la fidelidad sexual aparecía como el prioritario tanto en la elección de conjunto (por perfiles) como en la elección por atributo (como en la mayoría de los estudios realizados). Cuando lo que se clasificaba eran los rasgos individuales aparecían las diferencias habituales entre hombres y mujeres (el atractivo físico y los recursos económicos). Cuando la elección era de conjunto, de un perfil, de una combinación de atributos, no había ninguna diferencia entre hombres y mujeres (Mogilski et al. 2014). Como los propios autores notaron, estos resultados eran similares a los de Eastwick y Finkel (2008).

Además, las preferencias de pareja, como tantos otros aspectos conductuales que vamos a ver, no son inflexibles, no establecen patrones rígidos de conducta, sino que, por el contrario, pueden ser moderadas por el contexto en el que son evaluadas. Por ejemplo, en muchas circunstancias reales las personas debemos tomar decisiones sobre una variedad limitada de ofertas que, muchas veces, no nos ofrecen nuestro ideal, nuestra opción soñada. Esto nos obliga a negociar en nuestro fuero interno entre lo soñado y lo ofrecido. En última instancia, en el momento de tomar la decisión, una vez tomado en consideración el conjunto de "prendas" que "adornan" a nuestra pareja candidata, *impone su ley la oferta real del mercado sexual: solo se puede elegir entre lo que está a nuestro alcance.* (Si solo se ofertan "tuertos" pues habrá que conformarse.) Además, probablemente los padres y otros parientes también participan en la decisión sobre el matrimonio. Asimismo, "otros" que a menudo participan sin haberlos invitado, son los miembros del mismo sexo que compiten por las mismas parejas (a veces el mejor amigo nos "birla" la mujer de nuestros sueños). Finalmente, los miembros del sexo opuesto, que no son actores estáticos, ejercen también sus preferencias que limitan de hecho nuestras opciones (Buss y Schmitt 1993). La elección de pareja no es una decisión unipersonal sino que implica a otros actores.

Tácticas de atracción

Supuestas estas preferencias de pareja, las tácticas empleadas por hombres y mujeres para atraer a sus respectivas parejas deberían ser la adquisición y exhibición de señales informativas que pusieran de manifiesto la posesión de dichos rasgos preferidos. Esto se traduciría, de acuerdo con la teoría, en el caso de los hombres, en pavonearse ante las mujeres mostrando signos externos de poderío económico y bienestar (por ejemplo, coches lujosos, buenos trajes, etc.). En el caso de las mujeres, tratarían de realzar sus signos de belleza y juventud (Buss 1988).

Con este objetivo se hizo un estudio sobre la frecuencia de realización de un total de 101 actos encaminados a atraer a la pareja (Buss 1988). Tal y como cabía esperar, los hombres hacían ostentación de sus recursos materiales, y las mujeres extremaban su limpieza, cuidaban su maquillaje y depilación, en definitiva, trataban de aparecer como jóvenes y guapas. Pero cuando se hacía un recuento de los 20 actos

más **efectivos** en mujeres y hombres, la cabeza de la clasificación la
ocupaban: mostrar buen humor, buenas maneras, simpatía, y bien
aseado, en ambos, tanto en mujeres como en hombres. Entre las 20
tácticas más empleadas por los hombres hay que ir hasta el puesto 17
para encontrar *He bought a woman dinner at a nice restaurant* (Llevó
a cenar a la chica a un bonito restaurante) (Buss 1988, Tabla 5) como
táctica encuadrable en la exhibición de recursos. En cambio, en las
tácticas practicadas por la mujer aparecen en los primeros lugares ir
bien aseada (2), ducharse diariamente (5), mantenerse físicamente en
forma para dar un aspecto saludable (6), etc. Quiere esto decir que la
exhibición de poderío económico-social no es muy utilizada —y
además tampoco resulta ser efectivo—. A mayor abundamiento, para
sorpresa de los investigadores, que partían de la presunción de grandes
diferencias entre los dos sexos respecto de las tácticas empleadas para
atraer, resultó existir una coincidencia extraordinariamente elevada:
hombres y mujeres empleaban justamente las mismas tácticas para
atraerse (Buss 1988):

> *"Existe una gran similitud en los actos
> considerados como más efectivos. Los actos
> ejecutados con frecuencia y considerados como
> altamente efectivos por ambos sexos incluyen
> mostrarse simpático, gentileza, buenas maneras,
> servicial, y alegre. Puesto que la característica
> gentil-comprensivo en la cima o cerca de las
> preferencias para seleccionar pareja en ambos
> sexos (Buss 1985; Buss y Barnes 1986), estos
> resultados sostienen la hipótesis general de que los
> criterios de selección de pareja influencian las
> tácticas de la competición intrasexual por
> aparearse, incluso en criterios que no muestran
> diferencias entre sexos."*

En resumen, las tácticas de atracción son básicamente idénticas entre
sexos, y dichas tácticas son coherentes (se corresponden) con las
preferencias de pareja antes mostradas.

Tácticas de retención

Una vez que se ha constituido la pareja no está todo terminado: hay que mantenerla. Y se sabe que las tasas de divorcio son muy elevadas. Por ejemplo, en los Estados Unidos de América por encima del 50%. Situaciones similares se producen en todos los países y en todas las culturas.

En la más completa taxonomía de tácticas de retención de la pareja, se identificaron 104 actos agrupados en 19 tácticas que iban desde la vigilancia hasta la violencia (Buss y Shackelford 1997a). Lo curioso del caso es, como en otras ocasiones, que tratando de documentar las diferencias entre sexos, una observación cuidadosa de los resultados conduce a la conclusión opuesta: la gran similitud entre los sexos, en este caso respecto de las tácticas de retención de la pareja. Las cinco primeras tácticas (las más ejecutadas) por el marido fueron: (1) amor y cariño, (2) señales de posesión física, (3) exhibición de recursos, (4) mejora del aspecto propio y (5) señales verbales de posesión. Exactamente las mismas que ejecutaban las esposas solo que con un orden diferente de prioridad (1, 3, 5, 2, y 4, respectivamente) (Buss y Shackelford 1997a).

También como en otras ocasiones, los datos van por un lado y las conclusiones por otro. De tal modo que los autores del trabajo insisten en que los resultados *"confirman las hipótesis"* (sic) de un comportamiento diferente entre los sexos (Buss y Shackelford 1997a).

Somos diferentes, somos parecidos

Con algunas excepciones, la escuela de psicólogos evolucionistas norteamericana, como hemos visto, defiende que existen diferencias substanciales entre los dos sexos respecto de sus preferencias de pareja. Suponen que la selección sexual ha actuado intensamente en el ser humano provocando una extensa divergencia entre mujeres y hombres en todos los aspectos: anatómicos, fisiológicos, y psicológicos o mentales.

En opuesto contraste hay quienes sostienen que en la pareja humana se han equilibrado casi completamente las exigencias evolutivas y, por tanto, no ha habido lugar a grandes divergencias. Sobre todo, en el aspecto mental o psicológico. En lugar de resolver problemas evolutivos críticos *diferentes*, hombres y mujeres *comparten* uno de los problemas más fundamentales que han modelado la evolución humana: la supervivencia de una progenie extraordinariamente vulnerable y dependiente (Hyde 2005; Petersen y Hyde 2011; Hyde 2014).

Anatómica y fisiológicamente, hay una diferenciación sexual conspicua en muchos caracteres (por ejemplo, la fuerza, la altura, la forma del cuerpo, la ausencia/presencia de pelo en muchas partes del cuerpo, etc.) pero en un nivel de escala muy inferior a otras especies como el gorila, el orangután o el chimpancé incluso. En el nivel conductual, las diferencias son mínimas y muy restringidas (Stewart-Williams y Thomas 2013a y 2013b).

> *"[...] hay bastante más solapamiento y similitud entre hombres y mujeres que diferencias". (Pedersen et al. 2011)*
> *"[...] en lugar de que problemas críticos diferentes para hombres y mujeres conduzcan a mecanismos de apareamiento distintos para cada sexo, los seres humanos comparten uno de los problemas más fundamentales que modelan la evolución humana,* **la supervivencia de una descendencia extraordinariamente dependiente y vulnerable.** **Tales problemas evolutivos comunes para hombres y mujeres fueron solucionados con mecanismos evolutivos que operan de modo más similar que diferente para hombres y mujeres** *(por ejemplo, mecanismos de unión en pareja; mecanismos de cuidado parental). Estos mecanismos evolutivos dan cuenta de la formación y mantenimiento, en los humanos, de las uniones de pareja a largo plazo que sostienen la supervivencia de la progenie de modo que la propia progenie pueda llegar a reproducirse." (Pedersen et al. 2011)*

(La negrita es mía.)

La especie humana se caracteriza, entre otras cosas, por formar parejas heterosexuales estables en la que ambos miembros comparten un gran número de tareas y objetivos. Lógicamente de esta situación se deriva una similitud muy amplia entre los dos sexos, en particular respecto de los atributos buscados en la pareja a la hora de constituir una familia. Y justamente eso es lo que hemos encontrado: mujeres y hombres tenemos prácticamente las mismas preferencias de pareja y en las que nos diferenciamos, lo hacemos muy poco. Una crítica general que se puede hacer a muchos psicólogos evolucionistas es que han exagerado las diferencias entre los sexos en su sexualidad, transmitiendo una impresión falsa en dos sentidos. En primer lugar, frecuentemente, han convertido lo *diferente* en lo *importante*, y, en segundo lugar, creando la imagen de que los dos sexos son *muy diferentes*.

Las evidencias ponen de manifiesto sin lugar a dudas que hombres y mujeres somos esencialmente iguales en la mayoría de los aspectos, en concreto, respecto de lo que nos gusta o nos gustaría que tuviese nuestra pareja. Damos prioridad, valoramos en nuestra pareja prácticamente las mismas características y solo nos diferenciamos un poco en la importancia relativa que ponemos en la juventud y el aspecto físico (más valorado por los hombres) y la buena posición social (más valorada por las mujeres). El reconocimiento de esta diferencia no puede traducirse en que estos son los rasgos más importantes y más valorados por cada sexo, porque no es verdad (para una discusión amplia de éste y otros asuntos se recomienda la lectura de dos magníficos artículos de Stewart-Williams y Thomas 2013a y 2013b).

Por otra parte, se ha llamado la atención sobre el hecho de que los estudios de preferencia de pareja adolecen de una carencia básica en un análisis que se pretende evolutivo: no se demuestra en ningún caso su relación con el éxito reproductivo, que es la razón última de toda ventaja adaptativa (Gladue 1989 en los comentarios de Buss 1989).

La importancia de la belleza

Una vez que se ha dejado claro que el atractivo físico no es el rasgo más valorado por ninguno de los dos sexos, debemos inmediatamente reconocer que tiene un impacto biológico evolutivo indiscutible. Lo cierto es que todos los seres humanos respondemos positivamente a la belleza. Nos sentimos atraídos por las personas físicamente bellas, aunque no seamos capaces muchas veces de identificar un rasgo simple que explique nuestra percepción. Es prácticamente imposible definir qué es la belleza, pero es completamente evidente que todos la percibimos. Nuestro cerebro maquiavélico es también un cerebro estético que nos permite percibir el atractivo físico de una persona. (También nos permite disfrutar de las creaciones artísticas.)

Uno de los hechos más sólidamente sostenidos por los datos es el amplio efecto que tiene el atractivo físico sobre las personas que lo perciben. El efecto no se limita a la selección de una pareja. Una persona atractiva es percibida como mejor, recibe mayor salario, ocupa puestos más elevados en la jerarquía de una empresa, etc. De modo que el atractivo físico tiene un impacto sobre el sujeto receptor que va más allá de la elección de pareja. Sin embargo, aquí nos ceñiremos en este momento a su consideración con relación a la elección de pareja.

La suposición fundamental de las teorías evolutivas sobre la selección de pareja es que el atractivo físico es fundamentalmente el "resumen" de un conjunto de señales fiables del valor reproductivo del individuo. Percibimos una serie de señales que globalmente nuestro cerebro interpreta como algo atractivo. Se supone que estas señales, son rasgos, caracteres, que deben estar relacionados o ser indicativos de la calidad biológica del individuo que los exhibe. No se trataría pues de caracteres meramente decorativos u ornamentales: se trata de belleza con sentido biológico. Las señales de este tipo deben cumplir dos requisitos: ser indicadores reales de la calidad biológica del individuo y ser atractivas universalmente (en las diversas sociedades humanas y al margen de las modas temporales). Solo este tipo de señales son objeto de la evolución.

Vamos a revisar algunos caracteres para los que se reclama su carácter de señal de calidad biológica y significado evolutivo.

Cintura de avispa o cuerpo de guitarra

Tradicionalmente se ha ponderado la cintura estrecha y la amplitud de las caderas, como caracteres sexuales secundarios de las mujeres que son atractivos para los hombres. El típico perfil femenino de "reloj de arena" o "cuerpo de guitarra", siempre se ha tenido por un rasgo sexualmente atractivo. Una forma de cuantificar ese carácter es mediante el índice WHR. WHR son las siglas de "waist-hip ratio"

(ratio cintura-caderas) que se calcula como la razón entre el perímetro de la cintura y el de las caderas. En las sociedades occidentales se sabía antes de haberlo estudiado que la típica "cintura de avispa" y anchas caderas era una combinación sexualmente atractiva para los hombres. Las evidencias que se han ido acumulando indican que la WHR es uno de los componentes fundamentales del atractivo sexual de la mujer siendo un indicador de la calidad reproductiva.

La WHR disminuye durante la adolescencia y mantiene un valor bajo durante la vida reproductiva de la mujer lo que sugiere que es una pista fiable de su edad reproductiva. También se ha correlacionado un bajo valor de WHR con un perfil hormonal sexual óptimo cara a la concepción. Asimismo, es un predictor independiente del éxito del embarazo en las mujeres que necesitan servicios de inseminación artificial. Además, las mujeres con bajo WHR tienen menor riesgo de desarrollar enfermedades cardiovasculares, diabetes y varios tipos de cáncer (pecho, ovario y endometrio). WHR es por tanto un buen indicador de todos estos caracteres. Por tanto, WHR es uno de los caracteres corporales del que se ha podido demostrar que es un indicador de la calidad biológica de la mujer: señaliza fiablemente la edad reproductiva de la mujer, el perfil hormonal femenino, la fecundidad y la susceptibilidad a enfermedades (Singh et al. 2010).

En el estudio original sobre este indicador, examinando el efecto de WHR sobre el atractivo femenino, se demostró que hombres y mujeres de diferentes edades (19-86 años) y formación educativa encontraban las figuras con un WHR de 0,7 más atractivas y saludables. Estos hallazgos fueron replicados con hombres del Reino Unido, Alemania y Nueva Zelanda y posteriormente, con sujetos de Bakossiland (Camerún, África), la isla de Komodo (Indonesia, Asia), Samoa y Nueva Zelanda. Todos los grupos de los diferentes países y continentes consideraban las mujeres con bajo WHR como atractivas, independientemente del BMI ("body mass index", índice de masa corporal). Incluso los datos históricos sobre el tamaño de WHR en las esculturas de Grecia, Roma, Egipto y la India de la antigüedad mostraban valores de WHR oscilando entre 0,63 y 0,69 (Singh et al. 2010).

En un estudio muy reciente se estimó el cambio histórico acontecido en la valoración de WHR a partir de una ingeniosa evaluación de las figuras artísticas (pinturas y esculturas) de cada periodo histórico. Se demostró que la preferencia de los hombres por la WHR de las mujeres se mantuvo remarcablemente constante en 0,74 desde el año 500 antes de Cristo hasta el 400 después de Cristo. A partir del año 1.400 hasta nuestra era WHR disminuyó hasta 0,68 (Bovet y Raymond 2015). (Existe una laguna de 1.000 años en el registro de datos porque desde el año 400 de nuestra era hasta el año 1.400, debido a la actitud represiva del cristianismo, "desaparecieron" los desnudos en las obras de arte.).

Ellos las prefieren gordas

El índice de masa corporal (BMI) es un estimador de la obesidad del individuo muy utilizado en medicina. Se calcula dividiendo el peso (en kg) del individuo por el cuadrado de la estatura (en metros). Se sabe que el BMI, como medida de la obesidad, es un excelente indicador de la salud del individuo. Los valores óptimos de BMI son los situados entre 18,5 y 25. Por debajo de este intervalo significa desnutrición y por encima significa sobrepeso u obesidad excesiva.

Algunos estudios han puesto de manifiesto que el efecto atribuido al WHR se debía realmente al BMI. Especialmente las poblaciones más cercanas al estado natural (por ejemplo, los Hadza), responden mejor a este índice que al WHR. Se argumenta que, en este tipo de sociedades con carencias nutritivas habituales, el peso corporal sería un indicador más visible y fiable de la fecundidad que el WHR (Jasienska et al. 2004). *"Qué hermosa estás, nena"* era una expresión habitual en las mujeres de mi pueblo a mediados del siglo XX, refiriéndose a una persona robusta, llena, bien "entrada en carnes", que con su aspecto "saludable" mostraba un excelente estado nutricional.

Los pechos femeninos

Los pechos de la mujer resultan llamativos por su desarrollo y posición que no tiene paralelo en ninguna otra hembra primate. Desde muy antiguo se ha identificado la capacidad sexual atractiva de los pechos femeninos. El volumen o tamaño de los pechos no tiene relación alguna con la capacidad de producción de leche porque la mayoría del tejido de los pechos grandes es tejido adiposo, no tejido glandular. Los pechos cumplen una misión de atracción sexual, señalizando el valor reproductivo de la mujer, no su capacidad de lactancia. En este sentido se ha encontrado una relación entre el tamaño de los pechos y los niveles de estradiol y progesterona que acreditan a este carácter sexual como un buen indicador del potencial reproductivo (Jasienska et al. 2004).

La cara

No hay ninguna duda de que los rasgos de la cara trasmiten información sensible ("La cara es el espejo del alma" reza el refrán popular). En una primera aproximación podemos decir que hay caras masculinas y femeninas. Obviamente cada una de éstas en principio proporciona información sobre el sexo del individuo siendo atractiva para el sexo opuesto. Ahora bien, dentro de cada tipo de cara hay gradaciones en la masculinidad/feminidad de una cara en concreto.

Atractivo de la cara femenina

Hay evidencias consistentes que acreditan que una mujer es más atractiva cuanto más femenina es su cara (Lee et al. 2013). La importancia relativa del aspecto facial de las mujeres para las relaciones a largo plazo parece ser particularmente clave para los hombres. Las caras muy femeninas son más atractivas para los hombres, suponiéndose que serían pistas indicativas del valor reproductivo a largo plazo de las mujeres. Consistente con la hipótesis de que las caras femeninas incrementan la competitividad de las mujeres en la búsqueda de apareamiento, parece ser que otras mujeres perciben a las mujeres con caras atractivas como más promiscuas, más "ligonas" y más amenazadoras como competidoras por las parejas (Putts et al. 2012).

Atractivo de la cara masculina

Por el contrario, los resultados de los estudios del atractivo del rostro de un hombre son inconsistentes: en unos casos se encuentra una relación directa entre el atractivo sexual y el nivel de masculinización de la cara, mientras que, en otros casos, las caras más femeninas resultan más atractivas (Puts et al. 2012; Lee et al. 2013; Scott et al. 2013). Más aún, también se ha encontrado el caso en el que las caras feminizadas han sido siempre las más atractivas, tanto si eran caras femeninas como si eran masculinas, y tanto si el receptor del estímulo era un hombre o una mujer (Perrett et al. 1998).

La masculinización del rostro de un hombre se produce por la acción de la testosterona. Por tanto, una cara con rasgos muy masculinos sería indicativa de un individuo con alto nivel de testosterona. De acuerdo con la hipótesis del hándicap de la inmunocompetencia, se supone que la testosterona es una hormona inmunosupresora. La cara masculina en un hombre sería una señal honesta de su calidad biológica ya que solo un hombre con un excelente sistema inmune (que se supone es resultado de un sistema genético óptimo) podría afrontar el reto que supone para su sistema inmune el elevado nivel de testosterona. Por tanto, las caras masculinas serían señales honestas de "genes buenos" que contribuirían a generar hijos con esos genes buenos, hijos con alta supervivencia y éxito en el apareamiento. En definitiva, un hombre con cara masculina sería una pareja excelente porque aumentaría el éxito reproductivo.

Asumiendo, en principio, esta hipótesis como correcta, no tienen explicación los experimentos en los que el resultado ha sido que las mujeres se sentían más atraídas por caras relativamente más femeninas. Una explicación compatible con ambos tipos de resultados es la que sugiere que la respuesta de la mujer frente a los diferentes estímulos (caras masculinizadas versus caras feminizadas) es dependiente del contexto en el sentido siguiente. Si la pareja es para corto plazo, el interés evolutivo de la mujer es conseguir genes buenos solamente. En este contexto se sentiría atraída por caras muy masculinas. Si la pareja es para largo plazo, para unirse a ella, tener hijos y criarlos, el interés evolutivo de la mujer es conseguir un buen padre, cariñoso, comprometido y atento con sus hijos y su esposa. En este contexto las caras feminizadas serían más atractivas. La explicación de este cambio de estrategia se basa en otros efectos producidos por la testosterona.

El hombre muy masculino es al mismo tiempo agresivo, violento, embustero, infiel, emocionalmente frío, poco cariñoso y, globalmente, un mal padre (se supone que todo esto, también, como resultado de la testosterona). De modo que, el hombre viril, masculino, como pareja estable, como padre proveedor de recursos, resulta ser un auténtico desastre, y sería más conveniente una pareja menos masculina, más dedicada a la familia (Puts et al. 2012). Las caras muy masculinas serían señales de poco compromiso, en tanto que las caras menos masculinas indicarían buena disposición como padres. La explicación tiene sentido, pero no basta con que suene bien, debe contar con hechos que la avalen, y el soporte experimental de esta idea es muy escaso (Lee et al. 2013).

La voz

Acogiéndonos a una interpretación lasa del atractivo "físico", podemos incluir también la voz (que ciertamente tiene naturaleza "física", como ondas sonoras) entre los indicadores del atractivo físico.

El tono de voz es también un carácter sexual secundario derivado como en otros casos, de la acción de la testosterona en el hombre. El tono de la voz humana presenta un claro dimorfismo sexual: voz aguda femenina y voz grave masculina. La diferente tonalidad trasmite al receptor del sonido información sobre el sexo del emisor, en primera instancia. Secundariamente se supone que transmite información sobre la masculinidad del emisor. Algunos trabajos sostienen que el grado de masculinidad de la voz (la tonalidad grave) está asociado con el grado de atractivo que tiene para la mujer. Diferentes gradaciones, no bien comprendidas todavía, parece ser que podrían indicar diferentes niveles desde la feminidad a la masculinidad (Puts et al. 2012). Las voces graves parecen estar asociadas con hombres más dominantes y agresivos, pudiendo servir evolutivamente en el contexto de la competición entre machos. La voz grave transmitiría la información de la disposición al enfrentamiento físico funcionando como una amenaza (Puts et al. 2012). Se asegura que varios estudios han demostrado que los hombres con caras y voces masculinas tienen más parejas sexuales y más relaciones sexuales al margen de la pareja (Puts et al. 2012), lo que apuntaría en la dirección de que la masculinidad conferiría una ventaja reproductiva al poseedor de tales rasgos. En ese sentido, se informa que se ha encontrado una correlación positiva entre la masculinidad vocal del hombre y su éxito reproductivo en una muestra de fertilidad natural de cazadores-recolectores de África. En el mismo trabajo se informa, a renglón seguido, que las mujeres no parecen basar sus juicios sobre el atractivo del hombre en la masculinidad de la voz como se había pensado previamente. En este sentido, una reciente revisión pone de manifiesto la existencia de resultados contradictorios respecto de esta cuestión (Puts et al. 2012).

Puesto que el origen de la masculinidad de la voz se debe a la acción de la testosterona, todos los argumentos desarrollados anteriormente respecto de las caras masculinas, serían de aplicación en este caso también.

Hipótesis en el aire

Como se puede apreciar hay diferentes niveles de firmeza en las hipótesis emitidas sobre estos temas. Como hemos puntualizado en algún momento anterior, no basta con que una hipótesis sea *razonable* debe estar *respaldada* por los hechos. En este sentido, nos encontramos con que, índices como la WHR tienen un sólido respaldo empírico, demostrando su relación estrecha con la calidad biológica y reproductiva de la mujer (salud y fecundidad), y su validez universal en las diferentes culturas e, incluso, a lo largo de la historia, mientras que, otras hipótesis, como la de la inmunocompetencia (testosterona=calidad genética) carecen de un fundamento creíble.

Lo curioso de la situación con relación a estas ideas ha sido expresado por algunos psicólogos evolucionistas (Scott et al. 2013):

> *"Los artículos de investigación y los libros de texto de psicología evolutiva presentan la hipótesis de la inmuno-competencia de las preferencias de masculinidad como plausibles, bien establecidas, o incluso como evidencias a pesar de la **ausencia de pruebas directas**."*

(La negrita es mía.) Es decir, se ha creado un cuerpo teórico y un estado de opinión sobre bases completamente inseguras, cuando no definitivamente falsas.

La mujer tornadiza: cambios de preferencia cíclicos

Todo lo tratado hasta este momento, relativo a la elección de pareja, se ha desarrollado bajo la asunción implícita de que las preferencias manifestadas por determinados caracteres eran más o menos permanentes o estables. Esta estabilidad de las predilecciones de cada cual sobre su pareja favorita ha sido dinamitada en la mujer si hemos de compartir las "atrevidas" hipótesis de algunos psicólogos evolucionistas. La mujer torna de preferencias cada ciclo menstrual, es veleidosa en los caracteres valorados en su pareja ideal, movida por el viento de sus cambiantes niveles hormonales.

Algunos psicólogos evolucionistas han dado una vuelta de tuerca más a las preferencias de pareja de las mujeres. De acuerdo con lo sugerido por una buena parte de esta escuela psicológica, la mujer cambia de preferencia de pareja en cada ciclo menstrual: en la fase folicular (fase fértil) tiene unas preferencias y pasado el día de la ovulación (entrando en la fase luteal) cambia radicalmente de preferencias. Se postula la teoría de que en la mujer debe haber evolucionado una adaptación para favorecer tener hijos de un hombre genéticamente excelente (lo que en mejora genética animal clásica se conoce como un "semental") como pareja efímera, y, dicho crudamente, que los crie y mantenga el cornudo (la pareja estable, habitualmente, el marido). Esta idea está plasmada en su propuesta de que la conducta sexual de la mujer está programada para tener un pico de actividad copuladora con el amante-semental, en los días de máxima fertilidad, evitando copular en esos días con su pareja estable. En cambio, los demás días del ciclo, cuando no hay posibilidad de concebir, preferentemente copularía con la pareja estable, para mantenerla contenta en el engaño (cornudo dichoso).

> *"En especies con uniones de pareja que muestran sexualidad extendida [actividad sexual no reproductiva], la expectativa típica es que las hembras prefieran las parejas primarias (posean o no buenos genes) cuando son infértiles, porque esos son machos de los que las hembras pueden esperar un flujo de beneficios materiales. En algunos casos —aquellas especies que se enredan en EPC [Extra-PairCopulation, cópulas fuera de la pareja] con machos que poseen genes superiores— las hembras emparejadas se esperaría que prefiriesen particularmente machos con genes superiores cuando fuesen fértiles." (Thornhill y Gangestad 2008:49)*

En esta línea, se afirma que las mujeres cambian de preferencias a lo largo del ciclo, mostrando especial predilección durante la fase fértil por rasgos tales como caras masculinas, elevada estatura, conducta intrasexual competitiva, hombres dominantes, simétricos, con "olor a hombre simétrico", y voces masculinas (Thornhill y Gangestad 2008; Grebe et al. 2013). En suma, la mujer cercana a la fase fértil de su ciclo menstrual prefiere copular con hombres con rasgos que indiquen excelencia genética del poseedor de dichos rasgos. Hombres con elevado nivel de testosterona, masculinidad exuberante y físicamente simétricos. Se afirma además que los estudios realizados en los pasados 15 años han demostrado este fenómeno (Grebe et al. 2013; revisado en Thornhill y Gangestad 2008; Gangestad y Thornhill 2008).

Para entender mejor la teoría propuesta ilustrémosla con un cimero ejemplo concreto.

Un ejemplo: me gustan muy machos

Un caso de esta conducta programada en la mujer sería el cambio de las preferencias faciales sincronizado con el ciclo ovulatorio (Penton-Voak et al. 1999). Esta idea recibió una gran atención desde su primera presentación en Nature. Por el prestigio del medio donde fue publicado este artículo, y porque sirve como modelo general, vamos a discutir con cierto detalle su contenido.

La conclusión del artículo es:

> *"Una hembra [una mujer] puede escoger una pareja primaria cuya apariencia poco masculina sugiere cooperación en el cuidado parental (las preferencias a "largo plazo" permanecen sin cambio a lo largo del ciclo menstrual) pero ocasionalmente copula con un macho con apariencia más masculina (indicativa de buena inmunocompetencia) cuando la concepción es más probable."*

Esta conclusión deriva de un trabajo que consistió, en entrevistar a un grupo de mujeres jóvenes japonesas (n=39) y a otro británico (n=47). A las mujeres japonesas se les pidió que eligieran la cara que consideraran físicamente más atractiva en dos momentos del ciclo menstrual, uno de "bajo riesgo de concebir" y otro de "alto riesgo". Resultando que eligieron caras más masculinas cuando estaban en "alto riesgo de concebir". Es decir, confirmando lo esperado por la teoría de los cambios de preferencia con la fase del ciclo estral. Un tanto a favor.

Al grupo británico de mujeres se les preguntó lo mismo, pero incluyendo una condición, que hicieran la elección como si estuviesen eligiendo pareja para "corto plazo" (un subgrupo de 17 mujeres) o para "largo plazo" (n=20) o ambas posibilidades (n=6). En este caso, no encontraron ningún efecto significativo del momento del ciclo (alto vs. bajo riesgo de concebir). No había alteración de las preferencias con el ciclo. Un tanto en contra: uno a uno.

Sin embargo (en una pirueta estadística, a la que somos tan dados los investigadores cuando los resultados no dicen lo que queríamos que dijeran), encontraron que había una interacción significativa entre el riesgo de concebir y el tipo de relación sexual: para las relaciones a corto plazo las mujeres preferían caras menos femeninas, y las preferencias no cambiaban si era para una relación a largo plazo. De acuerdo con la hipótesis subyacente, estas supuestas tendencias, reflejan estrategias evolutivas utilizadas por las mujeres para conseguir ser inseminadas por hombres genéticamente más adaptados y evitar la fecundación por hombres relativamente menos adaptados. O sea, los resultados no soportaban la hipótesis, pero una interpretación post hoc permitía "corregir esa anomalía".

Hay una serie de objeciones que hacer.

En primer lugar, los resultados de este trabajo no han sido replicados. Al contrario, utilizando exactamente los mismos estímulos de caras masculinas que usaron Penton-Voak et al., se ha llevado a cabo recientemente un trabajo similar, con una muestra mucho más amplia y demográficamente diversa, formada principalmente por individuos de Estados Unidos y Canadá(Harris 2011).A pesar de involucrar un mayor número de participantes que el total de los estudios de Penton-Voak y colaboradores, el trabajo no ofrece ningún soporte a la idea de que las mujeres en riesgo de concebir (a punto de ovular) encuentran más atractivas las caras de los hombres más masculinos. Debería esperarse un patrón muy simple en el que se manifestase una preferencia generalizada de las mujeres por caras de hombres más masculinas. Tal preferencia no se encuentra de modo consistente, sino que los resultados entre diversos estudios son contradictorios.

En segundo lugar, el fenómeno que se describe es completamente inverosímil. Lo que se sostiene es que se ha producido una adaptación evolutiva de la conducta sexual femenina que la hace propensa a copular con hombres muy masculinos durante la fase fértil del ciclo. Para que este fenómeno adaptativo hubiera tenido lugar se habrían requerido altas tasas de infidelidad y que estas infidelidades tuvieran lugar durante un periodo muy corto de tiempo (los breves días en los que es probable la concepción) así como, la existencia en la mujer de un mecanismo interno que capta con mucha precisión el momento más favorable para la concepción y desencadena la urgencia sexual por hombres de genes buenos.

Tercero. En contradicción con esta teoría está el hecho, de que, para las mujeres, los aspectos sexuales de las relaciones románticas tienden a estar estrechamente ligados con aspectos emocionales, y este patrón ocurre, no solo en las relaciones primarias, sino también en las relaciones extramaritales. Más aún, algunos estudios han encontrado una correlación entre la insatisfacción marital y las relaciones extramaritales, que indicaría que la insatisfacción con la pareja primaria podría ser el factor principal que conduce a las mujeres a involucrarse en coitos extramaritales (Harris 2011).

Supuestos falsos

La mujer conseguiría éxito reproductivo a través de la excelente ejecutoria reproductiva en su momento de un hijo o una hija con una dotación genética magnífica. Lo que nos lleva a la suposición clave en todos estos presuntos hallazgos: **la testosterona como indicador de genes buenos**. Esta suposición está implícita o explícitamente involucrada en todos los estudios que pretenden haber demostrado el cambio de preferencias femeninas como respuesta a, por ejemplo, un rostro masculino, una voz masculina, una conducta agresiva y dominante, un cierto olor, etc. la hipótesis del hándicap de la inmunocompetencia que supone, que la testosterona tiende a deprimir el sistema inmune haciendo al macho humano más vulnerable a las enfermedades parasitarias. Siguiendo el principio del hándicap, un hombre que se sobrepone a los altos niveles de testosterona sería una evidencia de un fondo genético óptimo. Todo lo relacionado con la masculinidad viene explicado, según esta escuela, por el efecto de la testosterona sobre el carácter observado, por un lado, y sobre el sistema inmune por otro. Esta es la llamada hipótesis de la inmunocompetencia que, a pesar de la "popularidad" de que goza entre muchos psicólogos evolucionistas, la relación entre la testosterona y la resistencia a enfermedades es inconsistente y esta hipótesis no se basa en ninguna evidencia directa (Scott et al. 2013; Rantala et al. 2013; Wood et al. 2014).

De unos trabajos a otros, dentro de esta teoría, lo que suele cambiar es el indicador de los genes buenos. Este indicador puede ser un rostro masculino, una voz masculina, un olor masculino, etc. Sea cual sea el rasgo que señaliza que ese hombre en concreto es un buen semental, la respuesta es independiente del estímulo. Los diferentes caracteres presuntamente asociados con los genes buenos desencadenan la puesta en marcha del mismo mecanismo. Obsérvese que el mecanismo debe ser de una exquisita precisión pues se dispara solo cuando enfrente tiene a hombres de rostro masculino y solo durante los breves días (4 a 5) en que la mujer es fértil. Se supone que el mecanismo es inconsciente pero no se dice cuál es. Se presume que debe ser neuroendocrino pero no hay la menor propuesta. Esto supondría que la conducta sexual de la mujer viene *determinada* por las hormonas cuando está perfectamente demostrado que ni siquiera en los primates no humanos está la conducta sexual *determinada* por las hormonas. La evolución de los mamíferos ha consistido, entre otras cosas, en la progresiva desvinculación de la conducta copuladora de los animales de los controles hormonales. En la mayoría de los primates, pero especialmente en los que más conciernen en este asunto por ser nuestros parientes evolutivos más directos (chimpancés, gorilas y bonobos), la conducta sexual está completamente desvinculada de los niveles hormonales y es dependiente del contexto. Lo que no quiere decir que los niveles hormonales no afecten en nada a la mujer o a las otras hembras primates (Dixson 2009, 2012).

En suma, ninguna de las suposiciones está garantizada sino que, por el contrario, todas son, de bastante dudosas, a puras especulaciones sin fundamento.

Meta-análisis de los experimentos

De manera prácticamente coincidente, se publicaron recientemente dos meta-análisis revisando los resultados de los estudios llevados a cabo sobre el cambio cíclico de preferencias en la mujer (Wood et al. 2014; Gildersleeve et al. 2014). Aunque las dos revisiones meta-analíticas trabajaron sobre bases de datos muy similares, las conclusiones fueron diametralmente opuestas.

El grupo liderado por Wendy Wood (Departamento de Psicología, Universidad del Sur de California) llegaba a la conclusión de que la hipótesis del cambio en las preferencias de pareja de la mujer entre la fase fértil y no fértil mayoritariamente no se sostenía por el meta-análisis de los resultados de los diferentes estudios. Los escasos trabajos que resultaban significativos parecían artefactos de la investigación debidos a una pobre metodología en la consideración de las fases fértiles e infértiles. Al mismo tiempo ponía de manifiesto un efecto negativo del tiempo sobre la significación de los estudios: a medida que el estudio era más moderno la probabilidad de no detectar un cambio en las preferencias de la mujer aumentaba. Subliminalmente se sugería, que a medida que los estudios eran metodológicamente más rigurosos, se desvanecía el presunto efecto de la fase del ciclo sobre las preferencias de apareamiento de la mujer.

Por su parte, el grupo liderado por Kelly Gildersleeve (Departamento de Psicología, Universidad de California) llegaba a la conclusión de que se producían cambios cíclicos robustos que eran específicos para las preferencias de la mujer por las señales hipotéticas de calidad genética.

Se produjeron las correspondientes réplicas y contrarréplicas, con gran alarde de las más modernas técnicas estadísticas meta-analíticas, que conducían a reafirmarse en el rigor de sus propias conclusiones y en la debilidad de la otra parte, en ambos casos. Huérfanos de la capacidad de discernir entre argumentos defendidos con armamento estadístico tan sofisticado, nos limitamos a anotar el hecho. Solamente nos cabe concluir de este cruce incruento de meta-análisis, que la hipótesis de la mujer tornadiza no goza del consenso de los científicos expertos en el tema.

Fallo de la metodología

Mayor incertidumbre sobre la fiabilidad de los estudios se suscita por la inadecuación de la metodología experimental que produce unos datos de dudosa credibilidad.

La determinación de la fase del ciclo se hace en la mayoría de los casos por autoinforme. Es decir, la propia mujer es la que determina en qué fase del ciclo menstrual se encuentra. No hay una determinación objetiva de la fase. Ni siquiera una verificación de la fiabilidad de la respuesta del sujeto. Solo en unos pocos casos se ensayan los niveles circulantes de estrógeno, progesterona y testosterona, que son indicadores objetivos de la información buscada. En conclusión, el error en la estimación del ciclo menstrual es muy elevado en cualquier caso, pero es extraordinariamente impreciso cuando se hace mediante autoinforme y se asume un ciclo regular de 28 días sin más verificaciones.

Adicionalmente, otra fuente de error metodológica es la arbitrariedad en el intervalo de días asignados a la fase fértil que oscilaba entre ¡3 y 15 días! en los diversos estudios (Wood et al. 2014). Se entiende que es inadmisible científicamente aceptar conclusiones basadas sobre un supuesto (la fase fértil) estimada con tanta falta de precisión y exactitud. Máxime cuando son precisamente los estudios con ventanas de fertilidad más amplias los que resultan significativos. Y, en cambio, los estudios con un seguimiento analítico hormonal riguroso no revelan cambios significativos en las preferencias de la mujer.

Datos básicos no fiables

Finalmente, queda la consideración que merecen los datos en los que se basan todos los cálculos.

Todos estos estudios se basan en la existencia de ciclos ovulatorios "normales" o "regulares" en los que, contando hacia delante a partir del primer día de la menstruación, tomado como día 1, se asume que el día 14 se produce la ovulación. También se puede estimar, de manera considerada bastante más precisa, contando hacia atrás, desde el primer día de la menstruación tomado como día 28. Se haga de una manera u otra, la ovulación, si se produce, raramente se producirá en el día 14, pues hay una extraordinaria variación de los ciclos menstruales entre diferentes mujeres y, también, entre ciclos de una misma mujer e, incluso, ciclos anovulatorios. Para hacernos una idea: alrededor de la mitad o más de las mujeres de cualquier muestra tienen un rango en la duración del ciclo de 6 días al menos, y alrededor de un cuarto tienen un rango superior a dos semanas. Esta variación bien conocida lleva a pensar que *"cualquier estudio que suponga que la ovulación está ocurriendo en algún día especificado, en ausencia de ningún dato biológico que sostenga ésta, estaría sobre bases inestables"* (Harris y Vitzthum 2013). Es decir, **la gran mayoría de los estudios sobre los cambios cíclicos en las preferencias de pareja de la mujer, están basados en datos numéricos no fiables sobre la ventana de fertilidad, el día de la ovulación, etc.** Este es un problema fatal para toda la teoría porque falla la base, falla la credibilidad de los datos, metodológicamente la inmensa mayoría de estos estudios son rechazables. La escasa fiabilidad de estos estudios se puede ilustrar con un ejemplo.

En 2005 se publicó un trabajo en la revista *Hormones and Behavior* [Hormonas y Conducta] firmado por nueve autores (Jones et al. 2005) con el título: *Commitment to relationships and preferences for femininity and apparent health faces are strongest on days of the menstrual cycle when progesterone level is high.* [El compromiso con una relación y las preferencias por caras femeninas y aparentemente saludables son más intensas en los días del ciclo menstrual en los que **el nivel de progesterona** es elevado]. El ámbito de la revista (hormonas y conducta) y la apelación explícita en el título del artículo a la progesterona invita a pensar que es un estudio fundado en los niveles de esta hormona. Pues bien, en ningún momento miden el nivel de progesterona en ningún sujeto sino que lo **estiman** ¡a partir del día del ciclo declarado por la mujer en internet!...

Es decir, se ha edificado un portentoso castillo con las más sofisticadas herramientas estadísticas, pero se ha construido con datos no fiables que determinan la carencia de verosimilitud de cualquier conclusión extraída. **La entera teoría del cambio cíclico de preferencias de la mujer carece de una evidencia empírica fiable.**

Epitafio autorizado

La opinión que suscitan todas estas teorías en un experto en sexualidad de los primates se recoge en la siguiente cita (Dixson 2009:121):

> *"[...] simplemente porque las mujeres (o al menos algunas mujeres) muestren un interés mayor en caras masculinas (u otros rasgos masculinos) durante sus periodos fértiles, no se sigue que estos*

*cambios son grandes en términos absolutos o que resultan en cópulas al margen de la pareja si una pareja permanente tiene una cara menos masculina. Sugiero por el contrario que ha habido una rechazable tendencia por parte de algunos trabajadores en este campo para **sobre-interpretar los resultados** de los estudios en los que a las mujeres se les pregunta para que expresen sus preferencias por rasgos masculinos en relación a estrategias de apareamiento hipotéticas a largo plazo versus a corto plazo. Tal sobre-interpretación ha impulsado la visión de que las mujeres han evolucionado mecanismos psicológicos para engañar a su pareja a largo plazo, con el fin de obtener genes mejores para su progenie que serán criados con esas mismas parejas a largo plazo."*

Capítulo 5. La infidelidad sexual

"En el mundo animal, la fidelidad es una condición especial que evoluciona cuando la ventaja darwiniana de la cooperación en la cría de la descendencia, es superior a la ventaja para cualquiera de los componentes de buscar otras parejas." (Wilson 1980:344)

En la época de Darwin y muchos años después, los observadores de la naturaleza mostraban sorpresa y admiración por las relaciones de pareja extraordinariamente estables que eran muy notorias en diferentes especies de aves. Pasada la mitad del siglo XX, la imagen idílica se hizo añicos al descubrirse, utilizando métodos de veracidad indiscutible que, en muchos casos, los pajarillos de un mismo nido, cuidados con exquisito mimo por ambos padres, no eran todos hijos del mismo padre (aunque sí de la misma madre). Todos los espíritus sencillos, animados por una visión candorosa y antropocéntrica de la naturaleza, se sintieron consternados. Poco después, la consternación fue general, cuando se demostró idéntico fenómeno en las poblaciones humanas.

La pareja humana en torno a la cual se articula la familia nuclear está concebida evolutivamente para cumplir la misión de reproducirse. Como hemos visto su funcionamiento básico radica en el apoyo mutuo de los dos miembros de la pareja para criar a los hijos de ambos, suponiendo que la mujer ofrece su fidelidad sexual como garantía de paternidad y el hombre recíprocamente se mantiene fiel a su pareja aportando todos sus recursos al sostenimiento de la familia. En general, la pareja humana funciona de acuerdo con estos presupuestos pero, con cierta frecuencia, no se respetan por una y otra parte, dando lugar a la infidelidad sexual.

El ser humano es el único primate monógamo que vivió en grupos mixtos de machos y hembras, en los que el macho de la pareja se ausentaba regularmente para cazar y patrullar el área de aprovisionamiento del grupo, dejando sola durante muchas horas del día a su pareja femenina (Benshoof y Thornhill 1979). El riesgo de infidelidad sexual propiciado por la forma de vida del ser humano fue enorme. Pese a ello, veremos que la infidelidad sexual, aun siendo elevada, no es abrumadora en términos evolutivos. Esto supone mecanismos de afianzamiento de la pareja extraordinarios que deben haberse originado evolutivamente.

Frecuencia de la infidelidad

En la especie humana, como en esas especies de aves a las que hemos hecho referencia, coexisten las uniones de pareja estables con un cierto nivel de infidelidad sexual que está registrada en numerosos estudios realizados en diferentes años y por diversos investigadores.

En el Informe Hite sobre Sexualidad Masculina (Hite 1981), basado en alrededor de 7.000 encuestas anónimas, el 70% de los hombres de las parejas con más de 36 años de matrimonio habían tenido *alguna* relación extramarital y el 30% habían mantenido estrictamente su fidelidad sexual (Hite 1981:1018). En un estudio diferente y posterior, se estimó que el 23-56% de los maridos y el 17-25% de las esposas, habían tenido *alguna* aventura extra-marital a lo largo de su matrimonio (Small 1992). Revisando estudios realizados en Reino Unido, Francia, Australia, y USA, Dixson (2009), recoge unos datos de 2004, en los que se refleja que, en la población general, entre el 7 y el 44% de los hombres y entre el 5 y 52% de las mujeres, confiesan haber sido infieles a su pareja *alguna vez* en su vida. Restringiendo la muestra a las personas de menos de 30 años el intervalo es 5-27% (Simmons et al. 2004, cita en Dixon 2009:36). Finalmente (aunque la relación podía extenderse mucho más), en un reciente estudio, el 13% de las mujeres y el 14% de los hombres reconocían haber sido infieles a su pareja alguna vez (actuando como victimarios). El 21% de las mujeres y el 23% de los hombres también reconocieron haber sido víctimas de la infidelidad sexual de sus parejas (Burchell y Ward 2011).

Empate técnico: la infidelidad sexual es tan común en hombres como en mujeres.

Dependiendo de cómo miremos estos datos, podemos sentirnos muy alarmados o razonablemente optimistas sobre la fiabilidad del ser humano en materia sexual. Si pretendemos lanzar una execración sobre la condición humana, sin faltar un ápice a la verdad, podemos afirmar que el ser humano es poco fiable sexualmente. Siendo benignos, el 50% de las parejas son infieles, al menos una vez en la vida. El estudio más numeroso y quizá más fiable estadísticamente (Hite 1981) fija la cifra de infidelidad masculina en el 70%. La cifra parece demoledora desde el punto de vista de la confianza en la pareja masculina. Aunque, bien mirado, podíamos destacar ese 30% de hombres que son *completamente* fieles, sin permitirse ni el menor desliz en toda una vida. Es indicativo de una extraordinaria eficacia de la adaptación evolutiva a la vida en pareja. También podemos relativizar la infidelidad en el sentido de que no es lo mismo cometer una infidelidad que no parar de hacerlo. Los estudios no precisan este dato, de modo que, solo hay dos categorías: 0 infidelidades, o más de 0 (de 1 a infinito). Presumo que la frecuencia de personas disminuye vertiginosamente con el aumento del número de infidelidades. Contemplados los datos desde este enfoque la mayoría de los hombres y de las mujeres se mantienen fieles (o casi) a sus parejas durante toda su vida. Si tomamos en consideración las condiciones de la vida cotidiana de la especie humana —en las condiciones actuales y en el ambiente evolutivo remoto— plena de sugerencias, ofertas y tentaciones, y la contrastamos con las cifras de infidelidad sexual, creo que es razonable suponer que los mecanismos evolutivos de fidelidad de la pareja funcionan bastante bien porque la mayoría de las personas somos completamente fieles a nuestra pareja sin permitirnos ni un desliz o, a lo sumo, hemos incurrido en relaciones sexuales con otra persona diferente de nuestra pareja habitual, una o unas pocas veces.

La infidelidad es cosa de dos

Para lo bueno y para lo malo, inicialmente, el foco está siempre puesto en el hombre. Ha quedado claro que el hombre frecuentemente es infiel a su pareja. La interpretación evolutiva habitual parte de la teoría que establece que el éxito reproductivo del macho es función directa del número de parejas femeninas que consiga. Se sigue de esta base la inclinación poligínica del hombre. Este estereotipo ha alcanzado popularidad entre la gente común, de tal modo que, personas de uno y otro sexo, sostienen que los hombres tienen miedo o sospechan de la infidelidad femenina, ¡como proyección de sus propios motivos lujuriosos sobre las mujeres! Sin embargo, este punto de vista es del todo insostenible.

En primer lugar, desde la pura lógica, es evidente que para cometer una infidelidad hacen falta dos personas, un hombre y una mujer. Esa mujer está siendo infiel también. Más aún, hay quien sostiene que las mujeres ancestrales no fueron estrictamente monógamas en su conducta sexual y que la selección puede haber equipado a las hembras humanas con tendencias facultativas para engañar a sus parejas masculinas mediante un adulterio clandestino, o manteniendo relaciones simultáneas (Thornhill y Gangestad 2008). De hecho, la existencia real de la infidelidad sexual femenina es el requisito necesario para que se haya desarrollado evolutivamente toda la preocupación del hombre respecto de su paternidad. De no haber existido la infidelidad femenina, o de no haber tenido una importancia cuantitativa, no habría habido presión selectiva favoreciendo el desarrollo evolutivo en el hombre de mecanismos para protegerlo de la infidelidad de su pareja.

Por otra parte, existe una lógica evolutiva en la infidelidad femenina. En cualquier especie, los mejores machos producen la mejor descendencia. Por definición, esos machos son escasos. Como consecuencia, en la especie humana en concreto, la mayoría de las mujeres se emparejarán con hombres que no son los mejores de la población genéticamente hablando. Puede que aporten provisiones y otros recursos a su progenie y a su pareja, contribuyendo significativamente a la supervivencia de la prole, pero no son los machos genéticamente óptimos de la población. En muchas de estas especies sociales monógamas, una hembra busca cópulas fuera de la pareja con machos genéticamente óptimos. El resultado es que parte de la progenie es del padre social y parte de la progenie del macho poseedor de genes buenos. La cuestión es, ¿ha tenido vigencia este mecanismo en la hembra de la especie humana?

Don Juan: la evolución de la infidelidad masculina

Dejando a un lado las valoraciones morales o sociológicas, la infidelidad es relativamente frecuente —o extraordinariamente frecuente— según se miren los datos y se sitúe el umbral de lo ramplón a lo extraordinario, lo que sugiere que puede haber tenido alguna ventaja evolutiva —el infiel (y la infiel)— sobre todo si las cifras son de la magnitud sugerida por algunos.

Las relaciones extramaritales, en el caso del hombre, teóricamente, pueden incrementar significativamente su éxito reproductivo. Por ejemplo, suponiendo un hombre que tuviera dos hijos con su pareja estable, una relación extra que produjese otro hijo aumentaría un 50% su eficacia reproductiva, lo que significaría una enorme ventaja respecto de otro hombre que mantuviera una fidelidad estricta. En principio, teniendo un elevado número de parejas sexuales, se supone que el hombre promiscuo debe producir sustancialmente muchos más descendientes que el fiel y comprometido. Con unas perspectivas tan halagüeñas quedan pocas dudas de que la evolución habría moldeado la psicología del hombre para orientar su conducta sexual fundamentalmente a la búsqueda de relaciones efímeras sin adquirir ningún compromiso que hipotecase su disponibilidad para nuevas aventuras. La actitud del hombre debería ser la de un incansable Don Juan, "floreando" día tras día.

Los psicólogos evolucionistas, en una interpretación de la teoría de la inversión parental de Trivers (1972) nada dulcificada sino, en mi opinión, más bien extrema, dibujan al hombre como una especie de Tenorio o Casanova, siempre ávido de encuentros amorosos, breves, sin compromiso, con jóvenes y bellas mujeres, a ser posible, pero sin ser remilgado en copular con cualquier otra.

Los datos de algunos estudios *actuales* parecen sostener esta hipótesis, porque ponen de manifiesto que los hombres de alto rango o de posición social preeminente son mucho más fértiles (estimando la fertilidad en el número de hijos engendrados), que los hombres corrientes. Ejemplos arquetípicos frecuentemente manejados en la bibliografía son "*Mulay Ismail el Sanguinario, primer emperador de Marruecos que tuvo 888 hijos; Shinbone el jefe de los Yanomamo que tuvo 43; y simplemente el viejo Clifford Curtis de Hudson, Maine, con 32 descendientes"* (Hrdy 1999:131).

Dejando al margen los 888 hijos de Mulay Ismail el Sanguinario que, se calculen como se calculen son una leyenda inverosímil (le animo a hacer unos cálculos simples sobre este caso como ejercicio de entretenimiento), siendo indiscutible el hecho de la mayor fecundidad de este tipo de hombres, pueden hacerse las siguientes objeciones.

Primera, que es inapropiado trasladarlo a la época del Pleistoceno —en la que se produjo la evolución de la especie humana— en la que se vivía en grupos poco numerosos y con una enorme modestia de medios materiales (Marlowe, 2005). La capacidad de acumular bienes y riquezas surgió a partir de la invención de la agricultura, hace 8.000-10.000 años, y el tiempo transcurrido desde entonces es pequeño, en términos evolutivos, para haber moldeado genéticamente la conducta humana (Symons 1979:35) —aunque sí lo pudo hacer culturalmente, como, de hecho, sucedió—. Y, segunda, ese aumento de hijos no es por conducta *promiscua*, sino por *poliginia*, por disponer de un "harén" de mujeres a la exclusiva disposición (salvo cuerno) de un único hombre.

Fertilidad del Don Juan

Para hacerse una idea evolutiva cabal de la conducta de Don Juan habría que calcular su éxito reproductivo, para lo que se necesita saber la frecuencia de copulaciones fuera de la pareja y la probabilidad de resultar en embarazos. Estos datos son muy difíciles de conocer por razones obvias. Pero incluso, aun disponiendo de ellos, tal información procedente de ciudades actuales como Nueva York o Pekín probablemente tiene poco que ver con la realidad de las poblaciones ancestrales remotas, de hace 150.000 o 180.000 años, de *Homo sapiens* o, las todavía más antiguas, de nuestros homínidos antecesores africanos. No obstante, podemos manejar los datos de la actualidad, con la precaución que nos reclama lo que acabamos de comentar, como una aproximación grosera a la realidad.

Como hemos comentado ya varias veces, la prueba de fuego de que un rasgo determinado es una adaptación es demostrar que contribuyó al éxito reproductivo (al menos, que lo hace actualmente). En suma, si el donjuanismo hubiese sido adaptativo, esperaríamos ver que tal conducta contribuye decisivamente al éxito reproductivo.

La asunción fundamental de toda esta teoría es la esperada ganancia en fertilidad de los hombres promiscuos (Buss y Schmitt 1993). Toda esta ventaja teórica se basa en una traslación automática de los experimentos de Bateman (1948), con moscas de la fruta, a seres humanos. Se supone que, del mismo modo que en *Drosophila* había una relación directa entre el número de parejas con las que copulaba un macho y el éxito reproductivo de ese macho, cuantas más mujeres seduzca nuestro Don Juan, más hijos tendrá. Se asume, de hecho, cada cópula de Don Juan como un éxito reproductivo, lo que es absolutamente irreal, como vamos a ver.

Lo extraño es que, hasta donde sabemos, nadie se ha preguntado cuál es la fertilidad real o probable de los encuentros sexuales fugaces, dando por descontado que deben ser muy fértiles. Sobre todo, cuando algunos añaden mecanismos adicionales que presuntamente incrementan la eficiencia de las cópulas fuera de la pareja. Se sostiene que el orgasmo femenino es más frecuente en las relaciones infieles, lo que favorecería la posibilidad de embarazo porque, suponen, que el orgasmo de la mujer favorece el embarazo por un efecto succionador del semen del amante. Además, también se sostiene que la mujer tiende a copular con un buen "semental" durante los días fértiles del ciclo ovulatorio lo que contribuiría adicionalmente a aumentar el éxito conceptivo de estas relaciones sexuales infieles. Téngase en cuenta que hablamos de relaciones de pareja efímeras, breves encuentros clandestinos, en muchos casos, encuentros de una noche de farra.

Para situar en su justa perspectiva este aspecto debemos tomar en cuenta los factores que afectan a la eficiencia conceptiva de las relaciones sexuales infieles. Debemos considerar que para que un encuentro sexual sea premiado con un hijo tienen que cubrirse una serie de etapas con sus requisitos. En primer lugar, tiene que producirse la coincidencia en el tiempo entre la relación extramarital y el corto periodo del ciclo menstrual en el que la mujer es fértil y puede concebir (probabilidad 1/28-5/28). Una carambola difícil. A continuación, hay que tener en cuenta los datos siguientes: el 15% de las parejas son infértiles; más del 50% de los embarazos abortan espontáneamente; la mortalidad neonatal es el 1,3%; y el 7% de los nacimientos son prematuros cercanos al límite de viabilidad (Wasser

1999). Estos datos de la especie humana no son inusuales sino comparables a los determinados en una gran variedad de mamíferos en los que se ha visto que hay una mucha mayor incidencia de intentos reproductivos sin éxito que con éxito (Wasser y Barash 1983). En condiciones normales, se estima que por cada 100 copulaciones se produce 1 embarazo (Zhu et al. 2010). Lo que nos lleva a concluir que la probabilidad de resultar en embarazo las relaciones fugaces es muy pequeña y, por consiguiente, la fertilidad de este tipo de relaciones debe ser muy baja. En cualquier caso, tales embarazos se producen, sea cual sea su frecuencia, y debemos prestar atención a los datos que existan al respecto.

Hay pocos estudios comparativos de otros primates. Mediante análisis de DNA en el gorila de montaña, se ha podido establecer la paternidad y parece ser que el 'espalda plateada' dominante es el padre del 85% de la progenie (Bradley et al. 2005, citado en Dixson 2012). En los monos patas, que viven formando grupos de un tamaño medio de quince individuos, constituidos por un único macho adulto, varias hembras adultas, y sus hijos, aunque jamás se pudo observar visualmente, el análisis de DNA demostró que el padre a veces no era el macho adulto líder del grupo. El macho residente resultó ser el padre de seis sobre nueve (67%) de los hijos nacidos (Dixson 2012).

Las tasas de hijos espurios en sociedades humanas a menudo citadas son de un 10% o superiores, aunque "*el soporte empírico de estas cifras es mínimo o nulo*" (Anderson 2006). Pese a ello se manejan como una cifra "mágica" de origen desconocido. A la hora de tomar en consideración los valores estimados de la proporción de hijos que no son del padre que los cuida, del padre *social*, debemos tener en cuenta que las pruebas de paternidad antiguas (anteriores a 1985), basadas en grupos sanguíneos o antígenos HLA, eran poco precisas porque la metodología empleada no lo permitía (Anderson 2006; Dixson 2009). Solo a partir del desarrollo de técnicas de estimación basadas en secuencias del DNA se pudieron obtener cálculos fiables con un nivel de seguridad de casi el 100% en la exclusión de la paternidad. De modo que debemos de juzgar los datos con esta prevención en mente.

Se han estimado tasas de no paternidad en varias poblaciones humanas observándose grandes variaciones- entre las poblaciones y entre los diferentes estudios de una misma población. Desde un 10%, entre la población de raza negra sobre una muestra de 523 personas, a 1,5% para una muestra de 1.417 individuos de raza blanca, ambas muestras del estado de Michigan en los EE.UU. (Schatch y Gershowitz 1963). Mundialmente variaban entre un 11,8% en Méjico (Nuevo León) (Cerdá-Flores et al. 1999) y un 0,4% en una muestra de rabinos sefarditas (Boster et al. 1999). En Suiza, sobre 1.607 personas, empleando técnicas precisas de DNA, se calculó una tasa de espurios muy baja, 0,7% (Sasse et al. 1994). (Todas las citas anteriores están tomadas de Anderson (2006) y Dixson (2009:36)). Los valores son bajos en las poblaciones humanas modernas (1,8% valor de la mediana para estudios en seis países, Simmons et al. 2004, cita en Dixson 2009). También hay grandes diferencias entre diferentes poblaciones analizadas por el mismo equipo investigador. Por ejemplo, la no paternidad oscila entre el 2% y el 10% en un mismo estudio (Goetz et al. 2008).

Debemos tener en cuenta que estamos hablando, en muchos casos, de sociedades desarrolladas en las que se usan métodos anticonceptivos que pueden evitar muchos embarazos no deseados producto de relaciones fuera de la pareja. En base a estas consideraciones se recalcularon los datos llegándose a la conclusión de que las tasas de paternidad fuera de la pareja, históricamente, en las poblaciones occidentales, estaría dentro del intervalo 8-30% (varias citas en Larmuseau et al. 2013) con una **tasa media mundial del 3,3%**(Anderson 2006).

Una crítica fundada que se puede hacer a todos estos datos es que proceden de poblaciones humanas modernas que están muy lejos de parecerse a las poblaciones humanas de hace 200.000 años. No obstante, también hay cálculos realizados en poblaciones en estado más "natural", sin presencia de anticonceptivos. En los Dogón de Mali, que son un pueblo que no practica la contracepción, un estudio de paternidad con métodos muy sensibles y precisos permitió estimar en 1,8% los hijos que no eran descendientes del padre (Strassmann et al. 2012). Otros ejemplos. Se estimó un porcentaje de espurios del 9% entre los Yanomamo, una sociedad primitiva de la selva tropical venezolana. Menos del 5% entre los recolectores Aka. Y de 0-2% entre los recolectores Ju/'hoansi' de Corea (Marlowe 2000). Cifras que, en general, contradicen la visión actual mayoritaria de que las poblaciones tradicionales tienen una alta tasa de cornudería.

Recientemente, en un amplio estudio, genéticamente insesgado de las tasas históricas de paternidad fuera de la pareja en la Europa occidental, usando dos estimaciones metodológicamente independientes, obtuvieron resultados ampliamente concordantes. Usando el método de estimación más directa obtuvieron una tasa media de paternidad fuera de la pareja del 0,9% por generación. Además, usando el segundo método estimaron un valor de alrededor del 2% (Larmuseau et al. 2013). Valores considerablemente inferiores a los sugeridos comúnmente.

Puntualicemos que estos datos no nos están diciendo la frecuencia de la infidelidad sexual, sino la frecuencia del éxito reproductivo de ésta.

Un padre ausente

Los datos anteriores nos proporcionan el porcentaje de hijos nacidos de relaciones infieles, pero no es el fin del cálculo del éxito reproductivo. Una vez nacido el niño, para que contribuya al éxito reproductivo de su padre, este niño debe sobrevivir y reproducirse. En rigor, deberíamos saber cuántos de estos niños llegan a reproducirse efectivamente contribuyendo con sus genes a la siguiente generación. Al menos qué proporción alcanza la edad reproductiva. Habitualmente, estos niños se crían sin el concurso del padre, cuya actitud suele ser la de desentenderse de toda responsabilidad. Es ese justamente el sentido de la relación establecida: no comprometerse a nada. Como vimos en el Capítulo 3, la contribución paterna es crítica para llevar a buen término la crianza de los hijos. La importancia de la inversión paterna se comprueba por su impacto sobre la supervivencia de la progenie. Recordemos cuál es la realidad.

La probabilidad de que un niño Aché muera a los dos años de edad cuando no hay padre es 27,5%, que contrasta con el 15,9% si los padres permanecen juntos. Análogamente, cuando las mujeres Ju/"hoansi" se casan dos veces, sus hijos tienen doble de probabilidad de morir respecto a las casadas una sola vez (Marlowe 2000). En este último caso, estamos viendo el efecto combinado de dos causas: la ausencia de un padre y la presencia de un padrastro. En las pocas culturas pre-literarias todavía existentes en las que se han conducido estudios al respecto se ha podido comprobar que la mortalidad prepuberal de los hijos criados sin padre o con un padrastro supera con mucho el 50% (Geary 2000) y también históricamente la mortalidad en la niñez sin padre puede haber sido incluso superior (Hrdy 1999). Mortalidades de un orden similar se han estimado en estudios de sociedades actuales civilizadas (Daly y Wilson 1988).

Considerado todo conjuntamente, lo que nos viene a decir es que, mantener una vida sexual promiscua no garantiza un éxito reproductivo espectacular, ni siquiera en el caso del hombre. Como se ha demostrado sin lugar a dudas, el éxito reproductivo del hombre no depende de la fertilidad sino de la supervivencia de los hijos y del acortamiento del periodo entre partos (Lloyd 2005:192), ambos aspectos dependen, estrictamente, de la inversión paterna en la pareja.

El éxito reproductivo aportado por las relaciones infieles en el caso de la mujer es incluso más negativo porque, por más promiscua que sea, no puede aumentar su éxito reproductivo por encima de un definido límite biológico. En la sociedad ancestral probablemente el número máximo de hijos no pasara de la media docena o como mucho diez (Hewlett 1991; Strassmann y Gillespie 2002). Teniendo en cuenta una vida reproductiva desde los 15 a los 45 años, con embarazos aproximadamente cada cuatro años, por la inhibición de la ovulación debido a la lactancia prolongada.

Haciendo números

Podemos aproximarnos, hacernos una idea, mediante una aritmética de probabilidades sencilla. La probabilidad de tener un hijo en una relación fugaz tiene en común con la de una pareja monógama todos los valores intermedios que hemos comentado (la probabilidad de fecundación, de no abortar espontáneamente, etc.). Puesto que es igual en ambos casos podemos considerar la probabilidad conjunta de todos esos sucesos como una constante, digamos K. La diferencia está en la primera etapa y en la última. En la probabilidad que tiene de convencer a cualquier mujer para copular sin compromisos y en la probabilidad de alcanzar la pubertad el hijo. Supongamos que la primera varía entre 1-10% (copula/convence de 1-10 de cada 100 mujeres) para el buscador de aventuras sexuales; es 100% para el que vive con su pareja. Las probabilidades de supervivencia de los hijos hasta la pubertad son 50% y 80% respectivamente. Por consiguiente, la probabilidad final de que un hombre tenga un hijo en una relación fugaz sería $0,10 \times 0,50 \times K$ (en el mejor de los casos) o $0,01 \times 0,50 \times K$ (en el caso más desfavorable). La misma probabilidad para el hombre en una relación monógama sería 1 x 0,80 x K. Dividiendo ésta por aquella resulta un valor entre 16-160. Lo que significa que la probabilidad de tener un hijo de **una** mujer es entre 16 y 160 veces más probable para un hombre monógamo que para un hombre promiscuo. También es cierto que es el cálculo para una sola mujer. El monógamo no tiene más. Solo esa. El promiscuo multiplica su probabilidad por cada pareja con la que copule. Si tiene 16 parejas iguala el mínimo del monógamo. Si tiene 160 iguala el máximo. ¡Tiene que copular con cerca de 200 mujeres diferentes para superar la capacidad reproductiva del monógamo! ¿Es eso probable? Creo que no. Simplemente considerando el tamaño de los grupos o bandas de humanos que convivían. Si tomamos como referencia los números de las bandas de chimpancés o de babuinos, 200 es un gran número. De esos solo 100 son hembras. Hay que descontar las niñas que no han alcanzado la edad fértil y las mujeres que están embarazadas que tampoco son fértiles... (Estudios recientes sobre un conjunto de 478 sociedades de cazadores recolectores sugieren un tamaño poblacional de los grupos locales de 30 individuos, muy por debajo de los 200 que hemos considerado.) Es muy poco probable que el hombre promiscuo superase la eficacia reproductiva del hombre monógamo en el ambiente ancestral. Y aún es peor.

Para completar el balance debemos restar de los magros beneficios de la infidelidad sexual, los costes que ésta acarrea.

El coste de ser un Don Juan

Sin ánimo de ser exhaustivo, el sentido común sugiere una serie de aspectos contrarios al éxito reproductivo de la infidelidad sexual. Mayor riesgo de enfermedades venéreas, lo que implica vida sexual más corta y difícil. Mayor riesgo de enfrentamiento violento con otros hombres, luego riesgo alto de muerte prematura. Menor capacidad de atender a la prole, luego mayor mortalidad prematura de la prole (ya comentada). Mayor riesgo de muerte o lesión grave accidental, luego menor vida reproductiva. Menor atractivo para las mujeres que buscan compromiso, luego limitación progresiva en la gama de posibles parejas, especialmente las más valiosas reproductivamente...

Si esto es así, el coste puede superar al beneficio reproductivo respecto de la monogamia (Dunbar 2010:158).

Estos dos tipos de datos que hemos comentado plantean serias dudas sobre la ventaja clave (la única ventaja realmente) que tiene la promiscuidad en los hombres: la mayor fertilidad. Considerando globalmente todos los argumentos creemos razonable al menos cuestionar seriamente la hipótesis generalmente asumida de la mayor fertilidad de los hombres promiscuos en el entorno evolutivo remoto.

Considerando globalmente todo lo discutido podemos extraer las siguientes conclusiones respecto de la evolución de la infidelidad masculina. La conducta infiel debe haber aportado alguna ventaja selectiva porque es muy ubicua. Sin embargo, como hemos demostrado, no puede ser considerada como la estrategia sexual dominante en el hombre: no es incondicionalmente la estrategia evolutiva más ventajosa. Todo lo contrario, en la mayoría de las condiciones reales, considerando el éxito reproductivo relativo y los costes soportados por la promiscuidad sexual, la monogamia estricta (la fidelidad sexual) es adaptativamente superior. De tal modo, que la evolución parece haber seleccionado una tendencia mayoritaria hacia la fidelidad sexual que "convive" con una capacidad para ser infiel en función de las circunstancias.

La "Bienpagá": la evolución de la infidelidad femenina

La conducta poligínica de los machos suscita una explicación inmediata a partir de los fundamentos evolutivos de la conducta sexual: el aumento en el número de parejas puede tener un correlato en el incremento del éxito reproductivo. Pero las copulaciones con múltiples machos, deliberadamente buscadas y promovidas por las hembras de muchas especies, no resultan tan sencillas de explicar evolutivamente. En cualquier caso, la existencia de tal conducta femenina está soportada por un gran número de evidencias en diferentes especies, lo que es una clara evidencia de que debe aportar a las hembras de dichas especies una ventaja evolutiva.

Como hemos visto, la infidelidad sexual está presente en la conducta de la mujer con una frecuencia significativa, muy por encima de lo puramente anecdótico. Más aún, hay quien sostiene que una estrategia sexual promiscua está presente también en la mujer (Hrdy 1999). Asumiendo que es correcta también esta extensión de la promiscuidad a la mujer, se necesitaría, por tanto, una explicación evolutiva general de la promiscuidad sexual para las hembras y una particular aplicable al caso humano.

Un sinfín de ventajas

Sarah Hrdy (1995,1997,1999) ha compilado las hipótesis explicativas de la promiscuidad femenina (en general, no específicamente de la mujer). Aparecen divididas en dos grupos de acuerdo con el tipo de beneficio o ventaja aportada.

En primer lugar, tenemos las hipótesis que sugieren algún presunto beneficio genético:

(1) Asegurar la fecundación contra la infertilidad masculina o contra una insuficiencia de esperma. En el caso, siempre posible, de la incapacidad total o parcial de la pareja, la cópula con muchos machos garantizaría al cien por cien la fecundación. Con este propósito se supone que ha funcionado la infidelidad sexual de la hembra de muchas especies animales. Podría ser operativa en la mujer también, pero parece poco verosímil en el caso humano, porque raramente habría sido un problema para un número significativo de mujeres como para haberse desarrollado como adaptación evolutiva.

(2) Disponer de una alternativa a una pareja genéticamente inferior. La copulación múltiple funcionaria como un banco de pruebas de machos que permitiría la elección de una alternativa superior a la pareja actual. También parece una opción funcional en el caso de la mujer.

(3) En especies en las que es posible la paternidad múltiple (el caso, por ejemplo, de los roedores que paren camadas numerosas donde los hijos pueden proceder de diferentes padres), la copulación múltiple serviría para aumentar la variabilidad genética de la progenie que es siempre un aspecto positivo, especialmente, cuando la progenie vaya a enfrentarse con un ambiente variable. Evidentemente, esta posibilidad no es de aplicación al caso de la mujer.

(4) Generar competición espermática. La hembra podría utilizar las copulaciones múltiples para generar una competición espermática. Aunque no se entiende bien qué ventaja supone para la hembra o la progenie. La competición espermática invoca la selección sexual sobre los machos que compiten, lo que desencadena una guerra de

armamentos para triunfar sobre el oponente masculino que en modo alguno aportará ninguna ventaja para la hembra y, potencialmente, puede dar lugar a adaptaciones del macho que sean perjudiciales para la hembra. (Por ejemplo, las toxinas presentes en el semen de algunas especies de *Drosophila* que matan al semen rival pero también disminuyen la supervivencia de la hembra.) Aunque, desde un punto de vista exclusivamente teórico, esta podría ser una opción operativa en la mujer, por las objeciones que hemos apuntado y otras que aportaremos más adelante, creemos que esta posibilidad no ha tenido vigencia evolutiva en el caso humano.

Respecto de las hipótesis que sugieren beneficios no genéticos tenemos:

(1) La libido de las hembras que las conducen a solicitar varios machos, pudiera ser un producto secundario de la evolución para otros propósitos de las funciones endocrinas. El incremento del nivel de esas hormonas se habría producido por convenir evolutivamente para otros propósitos, pero habría comportado, como efecto colateral, el aumento del apetito sexual de la mujer. Lo que se está implícitamente diciendo es que la actividad sexual de la mujer estaría determinada por los niveles de determinadas hormonas. Esta hipótesis es de escasa aplicación a la mujer (y a las hembras de simios en general) ya que su conducta sexual no está determinada por el balance hormonal (Sherfey 1966; Hite 1977; Symons 1979; Thornhill y Gangestad 2008; Dixson 2009 y 2012).

(2) El orgasmo tendría un efecto terapéutico y habría dado lugar a una ventaja selectiva de las mujeres con una mayor actividad sexual de ahí que tuviesen una tendencia a copular repetidamente que habría conducido a tener relaciones sexuales con diferentes parejas. El psicoanalista-marxista Wilhem Reich fue el propagandista más notorio de esta teoría, llegando a patentar en USA un artilugio (el orgasmatrón) para contribuir a la salud universal de los humanos — por un módico precio, naturalmente—. (La idea fue parodiada por Woody Allen en su película el *Dormilón.*) Personalmente, estoy persuadido de las bondades terapéuticas del orgasmo, pero encuentro muy dudoso que alcancen a tener un impacto evolutivo.

(3) Favorecer el acceso a recursos o a la protección masculina como intercambio por los favores sexuales. Esta conducta equivale,

hablando en plata, a la prostitución. La hembra intercambia favores sexuales por alimentos, hogar, nido, defensa contra las molestias de otros machos, contra depredadores, etc. Es posible y es probable que esta opción haya jugado un papel durante el curso evolutivo humano.

(4) Construir una red de posible paternidad (posibles padres) con diferentes machos, con la finalidad de promover una mayor tolerancia masculina hacia sus hijos o una disposición a protegerlos. La idea es que, la incapacidad de los machos para discriminar su paternidad, haría que los machos que hubieran copulado con una hembra respetasen (como mínimo) la prole de dicha hembra, o incluso la defendiesen contra el infanticidio por parte de otros machos, o de depredadores. Ante la duda sobre la paternidad de la prole, que puede ser de un macho en concreto, la mayoría o parte de ella (o nada), el macho que relaciona el hijo con la madre, a quien reconoce como una hembra con la que ha copulado, posiblemente, de modo repetido, se supone que la actitud del macho sería defender su (¿?) posible inversión, sus posibles hijos.

Me parece una opción poco verosímil en la especie humana porque el hombre dispone de muchísimos elementos indiciarios que, procesados por su extraordinario cerebro, le permitirían una aproximación bastante ajustada a quiénes eran sus hijos y quiénes no. Por tanto, la red de paternidad solo persuadiría a los más lerdos, mientras que los demás hombres tratarían a la mujer promiscua como una persona indeseable desde todos los puntos de vista: infiel, fuente potencial de enfermedades venéreas, mala madre, mala esposa, etc.

Estas hipótesis no son mutuamente excluyentes y cada una podría explicar la frecuencia de apareamiento de las hembras en alguna especie (Thornhill y Gangestad 2008:41). Alguna, o una combinación de varias, podrían estar en la base del mantenimiento de la infidelidad sexual de la mujer.

El coste de la infidelidad femenina

El panorama del coste impuesto por la infidelidad sexual en el caso de la mujer es aún más dramático que en el hombre, pues coinciden, los dudosos beneficios, con los muy probables costes. La actividad sexual promiscua de la mujer determina las siguientes desventajas. Aumento del riesgo de enfermedades venéreas, luego vida sexual más corta, alto riesgo de infertilidad, y alto riesgo de muerte prematura. Todo ello como consecuencia de las complicaciones derivadas de las enfermedades venéreas. Además, aumento del riesgo de enfrentamiento violento con otras hembras. Aumento del riesgo de maltrato y desconsideración por parte de los hombres. Menor atención al cuidado de la prole luego menor probabilidad de supervivencia de la prole. Disminución del aprecio social (especialmente entre los hombres) luego marginación y mal presagio futuro. Menor atractivo para los hombres comprometidos, luego pérdida de las mejores parejas sexuales… Parece improbable que la infidelidad sexual de la mujer haya sido potenciada evolutivamente.

Madre no hay más que una: paternidad vs. maternidad

Se debe notar que hay una asimetría clave, entre hombres y mujeres, en las consecuencias de la infidelidad sexual. Mientras que la **maternidad** es siempre cierta al 100%, porque una madre sabe que sus hijos son suyos porque los ha parido. El padre nunca —ni en el mejor de los casos— puede llegar a tener ese nivel de certeza, situación conocida como **paternidad incierta**. De modo que, la mujer siempre está segura de que su esfuerzo maternal se está invirtiendo en *sus* hijos. El hombre, en cambio, nunca puede tener esa certeza. De hecho, algunos hombres crían los hijos de otros en la creencia de que son suyos. Esto supone un auténtico desastre evolutivo para el engañado que despilfarra su limitado capital paterno en criar los hijos del "cuco". La infidelidad amenaza y es nociva para los intereses de ambos miembros de la pareja, de manera que, ambos, han desarrollado respuestas evolutivas defensivas. No obstante, la paternidad incierta determina un efecto mucho más devastador para el hombre y explicaría algunas respuestas adaptativas específicas de los hombres.

Los celos

Un día algunos soñadores imaginaron un mundo sin posesión sexual: una comunidad de amor libre… El sueño fue devorado por la voracidad incontenible de los celos. Otelo redivivo en cada uno de nosotros nos marca límites insoslayables a las decisiones de nuestra voluntad. Algo turbulento se agita en nuestro interior si percibimos que nuestra pareja está descaradamente "tonteando" con otro o con otra. Un sentimiento insobornable se desarrolla atropelladamente. Un cóctel explosivo combinando alerta máxima, indignación, peligro, agresividad, pánico, violencia, tristeza... nos domina. Pocas emociones tan avasalladoras como los celos. Porque en su base está una de las claves evolutivas de la vida: nuestros hijos.

Algunos hombres dicen no ser celosos. No los creo. Algunas mujeres dicen no ser celosas. Tampoco las creo. Solo concedo diferencias de grado, pero no de calidad. Los celos son una emoción universal de los seres humanos. Porque son un producto evolutivo que responde a una cuestión nuclear de la evolución humana. Sí es cierto que no todos somos igualmente sensibles a las amenazas, ni respondemos con la misma intensidad ante la emoción.

Los celos a los que estamos refiriéndonos son exclusivamente los sexuales. Se trata de una emoción muy compleja suscitada por la percepción —errónea o certera— en un miembro de la pareja, de una infidelidad sexual —efectiva o potencial— en el otro miembro de la pareja. Esta emoción, poderosa siempre, en algunos casos adquiere niveles patológicos.

La importancia de la emoción de los celos, juzgada por su impacto en la vida de las personas, es indiscutible. Las emociones, en general, guían el procesamiento de la información y, en última instancia, dirigen la conducta. La emoción de los celos frecuentemente altera el significado de la información captada, otorgándole un valor desacorde con la realidad. En muchos casos son una fuente importante de infelicidad en las relaciones maritales, y amorosas en general, por las dudas y la conflictividad que generan. De hecho, son la mayor causa de divorcio, violencia doméstica, y asesinato de la pareja (Ward y Voracek 2004).

¿Dos tipos de celos?

Hace más 50 años, mucho antes de la aplicación de la teoría evolutiva a la explicación de la conducta humana, Alfred Kinsey ya había notado que los hombres parecen estar más preocupados por los aspectos *sexuales* de la infidelidad de su pareja, mientras que las mujeres parecen más preocupadas por los aspectos *emocionales* de la infidelidad de su pareja (Wiederman y Kendall 1999). Al parecer hombres y mujeres somos diferentes en la forma en que experimentamos la emoción de los celos.

La asimetría esencial que existe entre maternidad y paternidad determina diferentes objetivos evolutivos y unos mecanismos adaptativos significativamente diferentes entre mujeres y hombres (Wilson y Daly 2009). Como hemos puesto de manifiesto, el hombre en ningún caso puede estar completamente seguro de su paternidad. Pueden ser suyos todos los hijos. O ninguno. O una parte de ellos. Todo depende de la fidelidad sexual que le guarde su pareja. La infidelidad sexual efectiva, no imaginada, de la mujer, tiene consecuencias evolutivas desastrosas para el hombre. Parte o toda la inversión paternal que haga sobre los hijos de esa pareja puede estar perdiéndose, desde un punto de vista evolutivo, en el sentido de que el hombre no está obteniendo, no va a obtener, una recompensa paralela en éxito reproductivo. Depende del grado de infidelidad sexual de su pareja. La infidelidad sexual de la mujer ataca el núcleo mismo que sostiene la estabilidad de la pareja monógama: la garantía de paternidad. Este hecho ha determinado adaptaciones psicológicas en el hombre para asegurar al máximo posible su paternidad. Una de esas adaptaciones son los celos masculinos que desempeñan la función de prevenir la infidelidad sexual —presente o futura— pudiendo provocar un abanico de respuestas posibles. Todas ellas o solo algunas.

La mujer en cambio, no tiene el problema de la incertidumbre sobre su maternidad. En el caso de la mujer, el peligro es de otra naturaleza. Está sometida al posible riesgo de que su pareja invierta sus recursos en otra pareja en detrimento de ella. La falta de aprovisionamiento de la madre y la prole puede tener efectos nefastos sobre ambas, pero muy especialmente sobre la progenie. Si el marido ha tenido una simple aventura, aunque el daño a la confianza mutua es irreparable, los hijos pueden seguir contando con toda la protección y aportación de recursos por parte del padre. No hay por tanto riesgo de desprotección de la prole ni de la propia esposa.

Cosa diferente sucede si la relación va más allá, si hay implicación emocional del hombre con la otra mujer, si existe una pretensión de compromiso futuro, si existe un vínculo de amor. En este caso, sí existe un auténtico peligro. El de la desprotección parcial o total de los hijos y de la madre. Si se divorcian, como consecuencia de la nueva relación amorosa, la mujer y sus hijos pierden todos los recursos y protección que les brindaba el hombre. En el mejor de los casos, si mantiene ambas relaciones, hay un reparto, no necesariamente equilibrado, de los recursos paternales. Los celos femeninos pretenden evitar la infidelidad sexual también, como sucedía con los celos masculinos, pero por otras razones.

Los primeros estudios sobre los celos se realizaron mediante una metodología llamada el dilema de la elección forzada (Buss 1992). Siguiendo esta metodología se instruía a hombres y mujeres para que imaginasen una situación hipotética en la que su pareja romántica había llegado a mostrarse interesada en alguien diferente y se les pedía que indicaran qué tipo de infidelidad (sexual o emocional) le causaría más disgusto. Concretamente los participantes se enfrentaban a la siguiente opción:

> *Por favor imagine una seria relación romántica comprometida que haya tenido en el pasado, que tenga actualmente o que le gustaría tener. Imagine que descubre que la persona con quien ha estado seriamente involucrada llegue a estar interesada en alguna otra persona. ¿Qué le disgustaría o le molestaría más? (por favor rodee con el círculo solamente una):*
> *Imaginar a su pareja formando un profundo lazo emocional con esa persona.*
> *Imaginar a su pareja disfrutando de una relación sexual apasionada con esa persona.*

Tanto hombres como mujeres se veían afectados negativamente en sus emociones por las dos situaciones pero, una proporción significativamente mayor de hombres (76%) que de mujeres (32%), indicaban que la infidelidad sexual le causaría el mayor disgusto (Buss et al. 1999). Ante la misma opción, un porcentaje significativamente superior de mujeres se inclinaba por la infidelidad emocional.

Después de una serie de trabajos iniciales consistentes con esta teoría, surgieron críticas que ponían en cuestión la solidez de este efecto. Concretamente, se decía que los resultados positivos procedían de muestras de estudiantes pre-graduados y que los estudios realizados con adultos reclutados en sitios públicos, no confirmaban los resultados de los primeros estudios. También se criticaba la metodología de elección forzada, dicotómica, en vez de una de variación continua cuantitativa (Green y Sabini 2006). De acuerdo con el punto de vista social cognitivo, las diferencias de comportamiento entre los sexos son debidas a la influencia de la socialización en los roles masculinos y femeninos (Ward y Voracek 2004) y no tienen nada que ver con influencias evolutivas.

En los más de 50 años transcurridos, esta idea ha recibido un soporte empírico considerable. Se ha visto que es un hecho transcultural, que se ha demostrado en diversos países (USA, Alemania, Holanda, y muchos otros), y en más de 20 muestras procedentes de Asia, América del Norte y Europa (Wiederman y Kendall 1999; Ward y Voracek 2004; Tagler 2010; Burchell y Ward 2011). Más aún, en un meta-análisis reciente (Sagarin et al. 2012) usando medidas continuas y analizando las respuestas reales de ambos sexos frente a experiencias actuales de infidelidad se ha concluido que las diferencias entre sexos son reales. Sin embargo, se debe añadir un matiz respecto a la población adulta con experiencia real de una infidelidad sexual: mujeres y hombres, previamente engañados por sus parejas, presentaban un disgusto similar frente a la infidelidad emocional (Tagler 2010).

Propiedad sexual exclusiva

Como hemos demostrado, la infidelidad sexual es corriente en la especie humana y tiene efectos evolutivos funestos para la pareja engañada. En consecuencia, hombres y mujeres desarrollaron adaptaciones para impedir o paliar las consecuencias nocivas de la infidelidad sexual de sus parejas. Una de estas adaptaciones es el sentido de la propiedad sexual que se desarrolla en ambos sexos. No obstante, parece estar más exacerbado en el hombre, probablemente porque su riesgo es mayor —refiriéndolo a la incertidumbre sobre la paternidad—. Para ese fin —asegurar al máximo posible la paternidad— el hombre necesita la **propiedad sexual exclusiva de la mujer**. El sentido de la propiedad sexual de los hombres es un sistema que ha evolucionado como parte de la mente humana. De modo que, el hombre, desde el punto de vista evolutivo, ve a la mujer como una posesión, un objeto privado, una propiedad sexual exclusiva. Para defender esa propiedad se han desarrollado una serie de adaptaciones evolutivas, todas las cuales tienen en común la pretensión de controlar la sexualidad de la mujer. Paralelamente, también vamos a ver respuestas culturales que han generado los hombres en distintas sociedades, lo que podríamos denominar por analogía, "adaptaciones culturales", para responder al mismo problema evolutivo. Esta discusión nos ilustrará sobre las relaciones que existen entre muchos productos culturales y la evolución orgánica y que son completamente ignoradas en las teorías culturales en boga.

Un conflicto por la propiedad de un objeto inanimado es mera cuestión de rivalidad entre los contendientes. Pero cuando lo que se disputa es una mujer, otra persona, además del conflicto entre las voluntades de los contendientes directos, aparece un "objeto" (la mujer) que tiene sus propias preferencias y objetivos, *sus propios intereses*. Además, cada uno de los actores de esta disputa tienen a su vez *parientes y aliados*, lo que le otorga al conflicto unas dimensiones potencialmente explosivas. Por esta y otras razones, las manifestaciones de propiedad sexual de los hombres son cultural e históricamente variables, y es fácil perderse en los detalles: devolver la dote por infertilidad, garantía de virginidad, compensación por el adulterio, etc. Pero no se debe perder de vista el fondo común de intensa preocupación por los títulos de propiedad de la sexualidad femenina y de su capacidad reproductiva.

En las sociedades tradicionales, por ejemplo, el adulterio se define universalmente como un contacto sexual ilegítimo involucrando a una mujer casada, y es universalmente considerado una ofensa contra su marido, mientras que el estatus marital del hombre adúltero es absolutamente irrelevante. Tal consistencia intercultural solo puede ser comprendida como un reflejo de motivos y emociones humanas universales.

Para defenderse del cuerno (respuestas masculinas)

El grave problema evolutivo planteado al hombre por la amenaza que la infidelidad sexual supone para su paternidad ha originado una variada gama de adaptaciones evolutivas. La mayoría van encaminadas a prevenir la infidelidad. Algunas pretenden desmotivar la infidelidad. Otras, en fin, tratan de paliar sus efectos.

Vamos a ver que hay un arsenal de ideas y artilugios para este fin. Hay artilugios mecánicos y hay tratados filosóficos. Apelaciones sutiles y medidas brutales. Geniales o toscas, muchas de las creaciones o invenciones culturales sirven a un propósito evolutivo biológico, en este caso, al servicio del interés del hombre en controlar la sexualidad de la mujer, entre otras cosas, para apuntalar la garantía de paternidad del hombre

Agresión y moralidad

Dado que los hombres tienen una visión de la sexualidad y la capacidad reproductiva de las mujeres como una propiedad, experimentan las amenazas a su/s mujer/es como amenazas a su propiedad. El que traspasa los límites de la propiedad de uno provoca, no solo una respuesta hostil hacia el intruso, sino también sentimientos *morales* de agravio, así como de *indignación*, justificando las represalias o demandando sanciones más colectivas (Wilson y Daly 2009). De manera que vemos como, del sentimiento de posesión sexual exclusiva surgen, a su vez, otras respuestas: (1) la respuesta hostil contra el intruso, llegando hasta la violencia más extrema (la muerte); (2) el sentimiento de "santa indignación", sentirse moralmente agraviado por el intruso lo que da pie a: (a) justificar las represalias que se hayan tomado o se vayan a tomar, tratando de neutralizar las reacciones de los aliados y parientes del adúltero, indicando que carecen de justificación "moral"; (b) demandar una respuesta colectiva (social) contra el intruso.

La indignación moral contra aquellos que violan los derechos de la propiedad sexual de uno es probablemente un universal humano. Aquí vemos como una tendencia evolutiva se transforma en productos "culturales": el sentimiento de propiedad sexual (adaptación evolutiva) origina, a través de nuestra fabulosa capacidad cerebral para argumentar, normas morales y legales (productos culturales) sobre violencia justificada y respuesta colectiva.

Amén de estas reacciones morales y colectivas, el control de la sexualidad femenina está detrás de otras medidas.

La medida más obvia y simple para prevenir la infidelidad es vigilar y controlar las actividades diarias de la esposa. Con este propósito se ha procurado que, en todo momento, esté la mujer acompañada de personas de la confianza del marido, vigilando discreta o groseramente las actividades de la mujer. En los grupos sociales primitivos, las suegras, cuñadas, etc., actuaban como garantes del respeto a los derechos de exclusividad sexual del marido. En todas las culturas encontramos este tipo de costumbres arraigadas —en demandas evolutivas—.

Otro tipo de medidas también habituales ha sido el confinar, encerrar, enclaustrar a la mujer en un entorno libre de hombres (un convento, un serrallo, por ejemplo) para controlar su sexualidad (por ejemplo, para asegurar su llegada virgen al matrimonio). También es una inveterada costumbre el control de la vestimenta para no "provocar" la concupiscencia del hombre: vestimenta hasta los tobillos, hombros y pechos cubiertos, yihab, burka, etc.

La institución del harén

Las evidencias antropológicas e históricas indican que, dondequiera que haya una diferencia significativa de recursos, los hombres de posición elevada han convertido su poder y su riqueza en la monopolización de esposas o concubinas, y han estado preocupados por proteger sus mujeres de rivales potenciales (Symons 1979). Solo es relativamente reciente (8.000-10.000 años), cuando las desigualdades generadas por los excedentes agrícolas y el surgimiento de sociedades complejas con papeles diferenciados, han hecho posible la poliginia extrema y el "secuestro" extremo de mujeres. En este sentido, el harén es una novedad en términos temporales evolutivos, no es un resultado de la evolución, pero proporciona pistas sobre la psicología de nuestra especie. Proporciona un testimonio sobre los apetitos que han evolucionado en el hombre. El harén no es una institución motivada por el manejo de las esposas como activos económicos, como recursos, o como bienes muebles. Como sabemos todos, las ocupantes del harén no producen nada y son muy caras de mantener. Tampoco es la motivación del harén tener variedad sexual porque la preocupación fundamental del dueño es la exclusividad sexual. Si fuese solamente por variedad sexual podría el déspota disfrutar de su posesión y dejar que otros disfrutasen de ella. El asunto en cuestión es la *propiedad exclusiva de la capacidad reproductiva de las mujeres*. El mismo que está motivando la conducta de los hombres pobres, y la de los de las clases medias:

> *"Solo los hombres más ricos y poderosos pueden tener harenes, pero millones de hombres han vigilado y restringido a sus mujeres mediante prácticas que parecen desviarse de las de los déspotas solo en cuestión de grado." (Wilson y Daly 2009:277)*

El significado de todas estas prácticas se desvela cuando uno nota que se aplican típicamente solo a las mujeres en edad reproductiva. Las niñas prepuberales y las mujeres menopáusicas a menudo disfrutan de mucha más libertad.

De lo bufo a lo brutal

Siempre animados por el mismo propósito, los hombres inventamos, dentro de los "ingenios" físicos, en el apartado de lo burdo y lo bufo, instrumentos tales como el cinturón de castidad, un invento medieval para impedir la posibilidad física de copular, que deja manifiestamente claro cuál es el objetivo perseguido: impedir la concepción de hijos que no sean del padre social.

Puestos a la obra, no se escatiman medios, ni siquiera los más brutales. En la infinita capacidad del ser humano para imaginar, también lo más cruel, en algún momento de la historia de algunos pueblos, alguien ató cabos: clítoris-placer sexual-deseo sexual-infidelidad sexual, y decidió amputar el clítoris para cortar de raíz el origen del riesgo. El disfrute sexual de la mujer es visto como una amenaza a la posesión exclusiva del hombre. Solución: eliminar la fuente del problema justificándolo con argumentos impostados e infames. Otros, por procesos deductivos análogos, optaron por coser la vulva.

La monogamia

No es sarcasmo ni ironía proponer la pareja humana monógama como una adaptación para garantizar la paternidad. Si funcionase como idealmente está concebida, cumpliría al cien por cien el objetivo. Pero, como todas las instituciones humanas y todos los productos biológicos, es falible, comete errores. Pese a todo, los datos que hemos visto ponen de manifiesto que, globalmente, funciona de manera aceptablemente correcta pues la mayoría de las parejas respetan estrictamente la fidelidad sexual. Como mínimo, la pareja humana monógama, desde el punto de vista de la garantía paterna, supone un avance extraordinario respecto de los sistemas promiscuos.

Ajuste de la inversión paterna

En otros casos, como hemos dicho, la adaptación es para paliar la infidelidad sexual en el caso de que ésta se haya producido.

Un mecanismo adaptativo de este tipo existe en el pez sol que nos sirve como ejemplo ilustrativo de este mecanismo. En esta especie, uno de los tipos de macho que existen se dedica a hacer un nido en el que la hembra desova. El macho entonces procede a fecundar los huevos y se encarga de vigilarlos hasta que eclosionan. A continuación, cuida de la prole protegiéndola de los depredadores hasta que se independizan los juveniles. Otro tipo de macho se dedica a tratar de fecundar furtivamente los huevos de un nido de otro macho, sin aportar más esfuerzo inversor. El macho "cuco" limita su esfuerzo reproductivo a eyacular, en el nido de otro macho, sobre los huevos puestos por una hembra. El otro macho, el cuidador de la prole, ha hecho y hará todo el trabajo.

El macho inversor ha desarrollado un sistema para defenderse de esta amenaza a su paternidad. En primer lugar, si detecta la presencia del otro macho durante la puesta de huevos de la hembra abandona inmediatamente dejando de cuidar a los huevos y a la prole resultante, con lo que ahorra su esfuerzo inversor y no lo dilapida en cuidar la prole de otro macho. En segundo lugar, ha desarrollado la capacidad para detectar señales olfativas liberadas por los huevos identificando los que son suyos y los que han sido fecundados por el otro macho, actuando en consecuencia (Neff 2003).

En la especie humana se han desarrollado adaptaciones con idéntica función. Puesto que la cuestión en liza es la paternidad, una de las medidas que un padre puede tomar es ajustar la inversión que hace en los hijos: dedicar su inversión únicamente a sus hijos excluyendo a los que no lo son. Se trata de un mecanismo que ajusta la inversión paternal a la percepción de la paternidad.

Se utiliza el parecido físico como pista del parentesco genético. Los hombres invierten más en los niños que perciben como más parecidos a ellos. El fenómeno se ha observado en las sociedades modernas y en las primitivas sometidas a condiciones naturales (Apicella y Marlowe

2004, 2007; Alvergne et al. 2009). Un resultado casi cómico de este mecanismo es la insistencia de las madres (canadienses, mexicanas, y norteamericanas) justo después del nacimiento subrayando *el parecido al padre del recién nacido,* mucho más que a la madre, sobre todo en presencia del padre (Apicella y Marlowe 2004), con el concurso significativo de la suegra del feliz esposo, que se suma al coro que identifica sin ninguna duda los rasgos del padre en la criatura recién nacida.

La percepción del parecido físico se demostró que es un método fiable pues los evaluadores no familiares eran capaces de detectar similitudes fenotípicas entre padres e hijos. Una pregunta que se suscita inmediatamente es, en el entorno evolutivo remoto, cuando no existían espejos, ¿cómo eran capaces los padres de reconocer sus propios rasgos físicos faciales? Quizás por su reflejo en el agua. Quizás confiando en la opinión de los parientes. Quizás haciendo uso del aspecto físico de sus parientes como una especie de plantilla de parentesco (Alvergne et al. 2009).

Ideología y propaganda

También en el terreno de la ideología y la propaganda se desarrolla la batalla. Durante miles de años —no menos de 10.000 y probablemente desde la aparición del lenguaje hablado— los hombres han utilizado su posición social dominante para elaborar toda una compleja superestructura ideológica que diera cobertura y justificara la subordinación de la mujer a los intereses de posesión sexual exclusiva del hombre. Desde esa posición de dominio absoluto, ha fabricado todas las coartadas ideológicas necesarias para mantener el *status quo* que le interesaba como sexo. Todo el discurso cultural, en todas las sociedades, ha estado siempre al servicio de los intereses sexuales masculinos. La ciencia, la religión, las leyes… Todo estaba al servicio de la agenda evolutiva masculina. Todo lo que nos interesó encontró justificación puntual y plasmación legal.

Un ejemplo de esta traslación de una exigencia evolutiva en regla morales y normas legales, la tenemos en la mitificación de la virginidad/castidad como elemento ideológico (de la superestructura, en lenguaje marxista) en defensa de la propiedad sexual de la mujer. En todas las sociedades, en todas las culturas, en todas las épocas. Desde los primeros códigos morales escritos. En todas las grandes religiones. En toda la producción cultural escrita: filosofía, novela, romances, teatro, etc. En lenguaje admonitorio o rogatorio. Toscamente facturado o bellamente escrito. En todas partes se elogia la castidad y continencia de la mujer, al tiempo que se mitifica la virginidad. Todo un gigantesco esfuerzo ideológico propulsado por la imperiosa urgencia biológica del hombre por garantizar su paternidad. El esfuerzo no es baldío pues en los EE.UU. de América, la asistencia frecuente a los servicios religiosos dominicales y la creencia en que la Biblia es la palabra de Dios, son los dos predictores más robustos de las tasas inferiores de infidelidad a la pareja (Strassmann et al. 2012).

Uno de los frentes culturales es el legal. El derecho matrimonial entre otros aspectos, desarrolla normativamente el derecho de acceso sexual exclusivo del hombre sobre su pareja, aspecto que solo tiene sentido porque hay una probabilidad real de que otros hombres tengan acceso sexual. Es un caso más de un producto cultural (en este caso una norma legal) al servicio de la protección de la paternidad masculina. Además, se da la circunstancia en este caso de la existencia de un sesgo vinculado con el sexo del actor del adulterio. En las sociedades tradicionales, se define universalmente, como un contacto sexual ilegítimo involucrando a una mujer casada, y es universalmente considerado una ofensa contra su marido, mientras que el estatus marital del macho adúltero es absolutamente irrelevante. Se procede contra la mujer adúltera pero no contra el hombre adúltero —o se hace en un tono menor—. El origen del "doble estándar" en moralidad sexual es universal y tan antiguo probablemente como el propio ser humano.

Factores predictores de la infidelidad

Como podría esperarse, la infidelidad sexual no es un producto aleatorio de la diosa Fortuna. Hay quien sostiene que la conducta infiel es una adaptación para una estrategia sexual de relaciones efímeras que estaría muy desarrollada en el hombre por los beneficios que puede obtener en términos de éxito reproductivo. También se sostiene que la mujer tiene un interés sexual estratégico en las relaciones sexuales transitorias (como medio de captar buenos genes, por ejemplo). Estos fenómenos responderían a lo que hemos dado en llamar, causa última o remota. A adaptaciones evolutivas. Pero a lo nos referimos aquí es a una relación causa-efecto de carácter más inmediato, entre algunos rasgos de la personalidad, y la probabilidad de infidelidad sexual.

El hallazgo más llamativo es, que las características de la personalidad de las esposas, los rasgos psicológicos de la personalidad eran los mejores predictores de su propia infidelidad y de la de su marido. De los cinco principales factores de la personalidad (los que los psicólogos de la personalidad llaman, *"the Big Five"*, los Cinco Grandes), la meticulosidad mostró la relación más consistente con la infidelidad. Las mujeres con baja meticulosidad eran las que se consideraban más propensas a tener relaciones fuera de la pareja. Y sus maridos eran de la misma opinión, o sea, ambos esposos, hablando coloquialmente, "las veían venir" (Buss y Shackelford 1997b). Asimismo, la personalidad narcisista era otro predictor consistente de la infidelidad anticipada. Los "Narcisos", arrobados por su propia contemplación, y las "Narcisas", encantadas de haberse conocido, estaban tan bien pagados de sí mismos que incurrían en la infidelidad sexual sin muchos remilgos morales. Así pues, hay vínculos fuertes y consistentes entre la personalidad y la susceptibilidad a la infidelidad (Buss y Shackelford 1997b).

Como no podía ser de otra manera, por lo esperable, uno de los hallazgos es el vínculo existente —y consistente— entre la insatisfacción marital general, la insatisfacción con el sexo marital, y la falta de amor y afecto en el matrimonio, de un lado, y, del otro lado, la infidelidad anticipada. Los sexos son marcadamente similares en el vínculo entre la carencia de amor y afecto dentro del matrimonio, y la susceptibilidad a aventuras extramaritales (Buss y Shackelford 1997b).

Ya me lo esperaba yo

Un resultado curioso es la coincidencia entre el juicio del hombre sobre la fidelidad de su pareja y los hechos. Se dividieron los padres en dos grupos: el de los que confiaban en la fidelidad de su pareja y el de los que no. Los primeros se equivocaban, por término medio, un 1,9% de las veces: creyendo fieles a sus mujeres, el 1,9% de los hijos eran espurios. Los que no se fiaban de sus mujeres, se equivocaban, por término medio, un 70% de las veces: creyendo infieles a sus mujeres, *solo* el 30% de los hijos eran espurios (Anderson 2006). Por un lado, hay una diferencia significativa en la proporción de espurios en uno y otro grupo, lo que indica que el hombre ha desarrollado mecanismos de detección de la infidelidad de la mujer. La otra parte es que los mecanismos desarrollados son poco precisos y muy tendentes a error. Probablemente porque la selección ha primado el error en el sentido de asegurarse más de no incurrir en criar hijos que no sean suyos, que en descartar erróneamente hijos verdaderos como si fueran falsos.

Divorcio y violencia

La causa más frecuente de conflictos graves entre una pareja suele ser la infidelidad sexual de una de las partes. En los Hadza de Tanzania la opinión sobre la reacción justificada que debería tomar la pareja agraviada era la siguiente. El 38% de los hombres y de las mujeres decían que el hombre ofendido trataría de matar al otro hombre (el ofensor). El 26% decían que una mujer traicionada pelearía con la otra mujer (la amante de su marido). El 20% decía que el hombre abandonaría a su esposa, y el 13% afirmaba que la mujer debería dejar a su marido (Marlowe 2004a). De hecho, el divorcio entre los Hadza ocurría a menudo cuando las esposas irritadas abandonaban a sus maridos infieles. Por otra parte, las mujeres casadas que tenían relaciones extramaritales corrían el riesgo de ser golpeadas o asesinadas por sus maridos (Marlowe 2004a). Vemos pues que la infidelidad provoca una fuerte reacción en contra de carácter agresivo.

Infidelidad "programada"

La escuela de psicólogos evolucionistas, especialmente David Buss y sus colaboradores, enunciaron la Teoría de las Estrategias Sexuales (TES) (Buss y Schmitt 1993) y la han desarrollado empíricamente mediante un programa sistemático de estudios enfocados a verificar determinadas hipótesis deducidas a partir de la TES. La TES sostiene que mujeres y hombres siguen cada uno de ellos una estrategia sexual dual: cambiante según persiga objetivos a corto plazo o a largo plazo. Esta teoría sostiene que la infidelidad sexual está genéticamente programada en los seres humanos, en forma de mecanismos psicológicos evolutivamente seleccionados como adaptaciones, para servir a los intereses evolutivos divergentes de hombres y mujeres. La infidelidad sexual no sería un acontecimiento aleatorio producido por la concurrencia de una serie de circunstancias sino una estrategia sexual evolutivamente seleccionada en ambos sexos.

La TES está inspirada en los siguientes comentarios de Trivers (1972):

> *Un macho sería seleccionado para distinguir entre una hembra a la que solo quiere inseminar y una hembra con la que criará hijos también. Hacia la primera mostraría más deseo por el sexo y menos discriminación en la elección de pareja sexual que la hembra hacia él, pero hacia la última sería tan discriminador como ella hacia él.*

y de Symons (1979:180):

> *La "estrategia" básica de la hembra es obtener el mejor marido posible, para ser fertilizada por el macho disponible más adaptado (siempre, por supuesto, teniendo en cuenta los riesgos), y para maximizar los retornos de los favores sexuales otorgados [...]*

De acuerdo con la TES, la mujer buscaría relaciones fuera de la pareja, breves, esencialmente buscando un padre genéticamente valioso para sus hijos, para tener hijos con buenos genes. Paralelamente, como pareja a largo plazo elegiría un hombre fiel, comprometido, con buena posición social y económica que garantizase el sostenimiento futuro suyo y de sus hijos. Dicho llanamente: un buen semental, como padre, y un cornudo dichoso, con el "riñón bien cubierto", como marido.

Por su parte, el hombre, de acuerdo con esta teoría, como pareja estable buscaría una mujer joven y guapa, como rasgos indicadores de larga vida reproductiva y buenos genes, respectivamente. Esta pareja estable, de calidad, le aseguraría un buen éxito reproductivo y una prole genéticamente valiosa. Paralelamente mantendría una actividad sexual, de escasa duración, poco selectiva, con cuanta mujer se le pusiese en el camino, para aumentar cuanto fuese posible su éxito reproductivo.

Como se puede apreciar, la TES postula la existencia en hombres y mujeres de una *tendencia para ser infiel, evolutivamente programada*. Pero no se piense que somos conscientes y responsables de un comportamiento tan vil, mezquino y taimado, no. Estamos diseñados para engañar a nuestra pareja, hasta tal punto que, para alcanzar el cenit del fingimiento, nos engañamos hasta a nosotros mismos, nos creemos nuestras propias mentiras. Estamos psicológicamente diseñados para no ser conscientes de nuestra villanía, para engañar sin tener que mentir, para, de ese modo, hacer más convincentes nuestros enredos. Mentimos con la absoluta convicción de estar diciendo la verdad. Es el sumun de una mente retorcida. Así nos describen los postulantes de la TES.

Dentro de esta línea de pensamiento, algunos parecen experimentar cierta felicidad resaltando los aspectos más oscuros de la conducta sexual humana, describiendo con los rasgos más tenebrosos el discurrir vital de la pareja humana, extremadamente complacidos con la mezquindad —cierta o presunta— de la conducta sexual humana. Véase, por ejemplo, la siguiente cita literal (Goetz y Shackelford 2009):

> *[...] aunque el emparejamiento humano es visto a menudo como una aventura cooperativa entre dos individuos de sexo opuesto con un objetivo reproductivo común, los intereses evolutivos de los machos y de las hembras humanas son ciertamente asimétricos. Una revisión de la literatura examinando las tasas de infidelidad y las tasas de discrepancia paternal mientras existe la pareja indica que los humanos no somos una especie monógama. Las tasas de infidelidad varían dependiendo de cuándo, cómo, y a quién se le pregunte, pero docenas de estudios documentan que la infidelidad es común, y las tasas de infidelidad en algunas muestras exceden el 50%. Las tasas de discrepancia paternal (también conocidas como tasas de cornudería o tasas de no paternidad) reflejan una consecuencia reproductiva clave de la infidelidad femenina (cuando los hombres inadvertidamente crían niños con los que no están genéticamente relacionados), y estas tasas —incluso con el advenimiento de la moderna contracepción— son consistentemente*

superiores a 0% y son tan altas como 30% en algunas muestras.

("Cuckoldry", literalmente es la conducta imitativa del cuco, que pone los huevos en el nido de otra ave para que los incube y los crie como si fuesen suyos. Recogiendo el espíritu del significado de la palabra la he vertido como "cornudería" (de cornudo), palabra que aprendí en la *Carta de un cornudo a otro intitulada en el siglo del cuerno*, de Quevedo, disponiendo por tanto de un antiguo crédito por un maestro de nuestra lengua.)

¡Nada menos que un 30% de hijos espurios! Eso es casi, de cada 3 hijos, 1 espurio. ¡Esas mujeres no eran infieles, probablemente estaban casadas con sus amantes respectivos y no se habían dado cuenta!… Fuera de bromas, ¿de verdad se puede uno creer que el porcentaje de hijos espurios puede ser en una muestra cualquiera del 30%? ¿No se les ha ido un poco la mano "cocinando" los datos? Los datos revisados anteriormente en este capítulo están en completo desacuerdo con esta cifra. Pero la discrepancia con la realidad llega mucho más lejos como vamos a ver inmediatamente, aquí, en este momento, y veremos en otros lugares de este libro.

La TES hace explícitamente una serie de predicciones que pueden ser comprobadas empíricamente. Veamos qué sucede con algunas predicciones sobre la infidelidad sexual en este caso.

La mujer tornadiza (replay)

Aquí debemos volver a recordar la visión que se transmite desde esta teoría sobre la conducta sexual de la mujer: cambiando de preferencias de pareja según sea el objetivo perseguido. Como pareja estable, de largo recorrido, un tipo bien situado socioeconómicamente que garantice el sostenimiento de la familia y su buena posición social, al que se le premia con cópulas no fértiles en la mayoría de las ocasiones. En ocasiones contadas, cuando surge la oportunidad, una tórrida aventura con un semental de excepcionales prestaciones genéticas reservándole los días más fértiles y los orgasmos "succión" más intensos, con la finalidad de concebir hijos con buenos genes.

De flor en flor

Comenzando por lo más liviano. La TES sostiene que el hombre ha desarrollado adaptaciones para maximizar las relaciones a corto plazo mientras que la mujer no. Esas adaptaciones harían que el hombre fuese psicológicamente más propenso a tener sexo casual o fortuito, a tenerlo con muchas mujeres y a ser poco exigente en cuanto a las características de la pareja femenina.

Pues bien, el Informe Hite sobre Sexualidad Masculina (Hite 1981), realizado con una gran muestra y respuestas anónimas libres, en donde los hombres expresaban lo que querían de forma libre, no limitados a poner una cruz en un cuadrito de una pregunta de respuesta múltiple, revelan opiniones de hombres que definen unas tendencias de conducta sexual radicalmente contrarias a las postuladas por la TES respecto de la "urgencia" por el sexo casual. Como resume Shere Hite (1981:379):

> *Aunque parezca extraño, la mayoría de los hombres solteros, casados, [...] estaban en contra del "sexo fortuito", en oposición al estereotipo que dice que los hombres deberían estar siempre dispuestos a la sexualidad en cualquier forma.*

Los experimentos diseñados específicamente para probar esta predicción no muestran ninguna diferencia entre los sexos respecto de su tendencia al sexo casual (Pedersen et al. 2011). Más aún, se ha visto que los hombres tienden a evitar tener relaciones sexuales si detectan que hay el menor riesgo de embarazo en una relación a corto plazo. Y, además, se observa que el patrón para las mujeres es similar al patrón para los hombres (Pedersen et al. 2011).

> *"inconsistentemente con el punto 3 de la teoría de las estrategias sexuales, la mayoría de los hombres no están más dispuestos a emplear proporcionalmente más esfuerzo por encontrar pareja en las relaciones a corto plazo. Ni están más dispuestos, comparados con las mujeres, a bajar sus exigencias en las relaciones a corto plazo comparadas con las a largo plazo. Más aún, en las parejas a corto plazo, la mayoría de los hombres no*

> *están más dispuestos a buscar el sexo si el embarazo es probable o se sienten, en promedio, reproductivamente limitados. Y, en cualquier caso hombres y mujeres exhiben el mismo patrón de limitación." (Pedersen et al. 2011)*

Con respecto al número de parejas sexuales, en palabras del inspirador (Symons 1979:208):

> *"Men have evolved over human evolutionary history a powerful desire for sexual access to a large number of women."*

> *[Los hombres han desarrollado a lo largo de la historia evolutiva humana un poderoso deseo de relaciones sexuales con un gran número de mujeres.]*

Esto se da casi por sentado por todo el mundo sin molestarse en demostrar su veracidad. Cuando se ha sometido a prueba (Pedersen et al. 2011) los resultados han sido los siguientes: 1) prácticamente la totalidad de los hombres (98,9%) y de las mujeres (99,2%) desean establecer una relación sexual mutuamente exclusiva y estable; y 2) el número de parejas deseadas de "una noche" está en torno a 0 (cero). Parece claro que esta predicción de la TES tampoco se cumple. Además, en varios estudios sobre este asunto concreto, la mediana y la moda consistentemente indican el deseo de una única pareja por parte del hombre (citas en Smiler 2011). Esto es indicativo de que, en la mayor parte de nuestras vidas, tras un período inicial promiscuo, de búsqueda y flirteos, cuando somos adolescentes y veinteañeros, mujeres y hombres preferimos encontrar una pareja estable (Pedersen et al. 2011). Aunque es bien cierto el refrán que reza: *"Quién no trota de potro, trota de caballo."*

Aquí se despachan cuernos[1]: competición espermática

Otro de los pronósticos de la TES es la vigencia de la competición espermática como mecanismo evolutivo en el ser humano. Como consecuencia del aumento de actividad copuladora de la mujer en torno a la ovulación, y de la tendencia del hombre a copular con cualquier mujer, se tiene que haber producido el fenómeno evolutivo de la competición espermática.

Ya hemos descrito en el Capítulo 2 en qué consiste la competición espermática como fenómeno habitual en especies con alta promiscuidad femenina. La escuela de psicólogos evolucionistas, principalmente, sostiene que este fenómeno evolutivo es relevante en la especie humana. Quiere esto decir, que los espermas de diferentes hombres, en el *entorno evolutivo remoto*, establecían competición en el interior del tracto reproductivo femenino porque la mujer, habitualmente, mantenía relaciones sexuales completas con dos o más amantes durante el periodo fértil, con suficiente cercanía temporal como para coincidir y encontrarse mezclados.

Pues bien, en un estudio importante por su tamaño muestral, llevado a cabo en Gran Bretaña, entre los años 1999 y 2001, dijeron haber tenido relaciones sexuales concurrentes con varios hombres, el 9% de las mujeres, globalmente, y el 15,2% de las más jóvenes (16-24 años) (Pound 2002), lo que apoya la idea de que se podría estar produciendo competición espermática. No obstante, el propio autor reconoce que, *"naturalmente, no todas las relaciones sexuales concurrentes tienen el potencial de producir competición espermática puesto que, para que ello ocurra, las copulaciones con hombres diferentes deben tener lugar dentro de un espacio de tiempo suficientemente corto"*.

Como apoyo a la teoría, Pound cita un trabajo anterior (Baker y Bellis 1993) en el que las mujeres británicas que habían tenido relaciones sexuales dobles, en una forma que podría dar lugar a competición espermática suponían un 17%. (Me permito llamar la atención del lector sobre que, resulta curioso, que una decena de años antes, en 1993, las mujeres británicas fuesen casi dos veces **más** promiscuas que en 2002).

En fechas tan recientes como los años 2008 y 2009 se publicaron las siguientes afirmaciones:

> *[...] una evidencia masiva sugiere que la competición espermática ha sido un rasgo recurrente e importante en la historia evolutiva humana. (Goetz et al. 2008)*

> *Esto es, ¿fueron los hombres ancestrales víctimas de la cornudería —la inadvertida inversión de recursos en una progenie no relacionada genéticamente? Incluso sin la observación directa del ambiente ancestral, la respuesta es un resonante sí. Las rampantes tasas de infidelidad y discrepancia paternal, la ubicuidad y fuerza de los celos sexuales masculinos, la sexualidad de la mujer en fase fértil que funciona "primariamente en el contexto del apareamiento fuera de la pareja", las adaptaciones asociadas con la competición espermática en humanos, etc. son todas evidencias que deja muy claro que la infidelidad femenina y la cornudería fueron rasgos recurrentes de nuestra historia evolutiva. (Goetz y Shackelford 2009)*

En otras partes de estos trabajos se afirma que la investigación ha comenzado a descubrir adaptaciones anatómicas, fisiológicas, y psicológicas asociadas con la competición espermática en el ser humano (Goetz y Shackelford 2009). Veremos lo que queda de todo este vibrante discurso cuando se contrasta con las evidencias empíricas.

Como los del caballo de Espartero

El tamaño de los testículos es un dato crucial en este tema. Según algunos el macho de la especie humana los tiene casi como los del afamado caballo de Espartero.

Si el hombre hubiera sido altamente promiscuo en nuestro pasado remoto evolutivo, claramente la teoría predice que estaría dotado de unos testículos grandes (respecto del tamaño corporal). ¿Por qué? Porque existiría una intensa competencia espermática entre los machos por conseguir fecundar al óvulo, dado que se produciría concurrencia entre el semen procedente de diferentes hombres. Las estrategias utilizadas por los machos de las especies animales en las que se produce esta situación se conocen (ver Capítulo 2). Una suele ser, aumentar el volumen del eyaculado propio para "diluir" o desplazar al semen de los machos rivales, aumentando por tanto las probabilidades de fecundar el óvulo. La adaptación para este fin consiste en aumentar el tamaño de los testículos para ser capaz de producir más volumen de semen en menos tiempo. Así, se ha demostrado en muchas especies que están sometidas a esta presión selectiva, que los testículos son más grandes cuanto mayor es la competencia (Dixson 2012:298-304).

En los primates hay varios ejemplos, uno de los cuales es el chimpancé. Como se sabe, el chimpancé común (y también el chimpancé pigmeo, el bonobo), vive en grupos mixtos formados por varios machos y varias hembras con las crías de éstas. La copulación es promiscua y extraordinariamente frecuente. Una hembra en el periodo de máxima tumefacción perineal, puede copular decenas de veces en el plazo de unas horas con prácticamente todos los machos del grupo. Pues bien, el chimpancé exhibe unos testículos de un tamaño enorme con relación al tamaño corporal. Para dar una idea comparativa digamos, que el tamaño de los testículos de un chimpancé representa más del 30% del tamaño de su cerebro mientras que, en el hombre es quizá un 3% del tamaño del cerebro adulto (Dixson 2009, 2012:629).

En el extremo opuesto se sitúa el gorila. Un macho dominante, un espalda plateada, controla un harén de hembras sin disputas frecuentes, con acceso sexual exclusivo. No está sometido a la competición espermática y eso se manifiesta en el tamaño misérrimo de sus testículos con relación a su imponente talla corporal (Dixson 2009, 2012:299-300).

De modo que, entre los primates hay quienes tienen los testículos más grandes de lo esperado con respecto a su tamaño corporal y quienes los tienen más pequeños. El chimpancé, varias especies de babuinos, varias especies de macacos, etc., que están entre los que tienen proporcionalmente más grandes los testículos, se caracterizan porque tienen sistemas de apareamiento multi-macho y multi-hembra (promiscuidad todos con todos). La selección sexual ha favorecido grandes testículos en estas especies porque las hembras comúnmente copulan con múltiples parejas durante la fase periovulatoria del ciclo. Se produce competición espermática entre los machos rivales para fecundar el óvulo dentro del tracto reproductivo femenino. Los machos con capacidad para mantener un gran número de gametos en la eyaculación pueden tener ventaja reproductiva a través de la competición espermática.

Por el contrario, las especies de primates que tienen testículos más pequeños con relación a su cuerpo, suelen ser, un tanto paradójicamente, especies poligínicas (un macho que acapara varias hembras) tales como el gorila, el gibón, etc., que no están sometidos a competición espermática (Dixson 2012:302-303).

El asunto se ha estudiado con profundidad y detalle también en seres humanos. Existen considerables diferencias en los tamaños de los testículos entre individuos y entre poblaciones humanas en todo el mundo, en las medidas publicadas en la literatura para más de 7.000 hombres en 14 países de todo el mundo (véase Dixson 2009:30). Los resultados son claros: nadie puede hacerse la ilusión de que los seres humanos tenemos unos grandes testículos con relación al tamaño corporal. Para muestra basta un botón: una especie de macaco que pesa 8 Kg, tiene unos testículos más grandes que un hombre que pesa 70 Kg (Dixson 2009:25). Pese a la evidencia, algunos colegas sostienen que el tamaño de los testículos humanos es indicativo de la competición espermática (Soler 2009:175-176). No comprendo cómo se puede seguir sosteniendo tal afirmación.

Situando en esta perspectiva el tamaño de los testículos en el hombre, queda claro que el macho humano no pertenece a un sistema de apareamiento promiscuo en los que hay un elevado nivel de exigencia reproductiva. Es muy improbable que haya estado sometido a competición espermática.

Un pene superlativo

El pene, como órgano especializado para copular y eyacular en el interior del aparato reproductor femenino, ha estado sometido desde siempre a fuertes presiones selectivas para mantenerlo como un órgano eficiente en el desempeño de su función principal: la reproducción. Esto ha hecho que las diferentes especies hayan evolutivamente adaptado el pene a las exigencias de la selección en cuanto a forma, longitud, grosor, etc. Los diferentes penes existentes en las diversas especies de primates proporcionan una abigarrada muestra de posibilidades incluyendo auténticas extravagancias (véanse las Figuras 9.4 y 9.5 de Dixson 2012:341).

Una serie de investigadores (psicólogos evolucionistas) han ponderado entusiásticamente las extraordinarias dimensiones del pene humano (¿¡!?). Dixson (2009:61-62) recoge literalmente varias opiniones en este sentido: Smith (1984) *"**extraordinario** con respecto a otros homínidos"*; Baker y Bellis, los adalides de la competición espermática en humanos, llaman la atención sobre que el pene humano *"es cerca de dos veces **más largo** y casi dos veces **más ancho** que el del chimpancé"*; Jolly (1999), afirma: *"una peculiaridad de los humanos es que el pene para el peso corporal tiene el **doble de tamaño** que el de cualquier otro primate"*; todavía más recientemente, Miller en el año 2000 afirmaba que *"los machos humanos adultos tienen **los penes más grandes, más gruesos y más flexibles** de cualquier primate vivo"*.

Investigadores posteriores de la misma escuela repiten sencillamente las afirmaciones precedentes. Así se ha escrito recientemente (Puts 2010) que *"los penes de los hombres son **más largos y gruesos** en términos relativos y absolutos que los de nuestros parientes más cercanos, chimpancés y gorilas, y podrían haber evolucionado para indicar calidad de la pareja."*

(Observando semejante arrobamiento ante el pene humano, uno mismo contempla la ruina que vegeta en su entrepierna y se siente mortificado. ¡Qué odiosa comparación! Tras años de profundo trabajo mental racionalizando la desmesura de los Príapos que "actúan" en las películas porno, como muestras extremas de una de las colas de la distribución normal del rasgo, vienen unos investigadores a confirmar una de nuestras peores pesadillas como varones: tenemos un miembro viril ridículo…)

Ante afirmaciones tan contundentes no cabe sino recurrir a los datos de la realidad para decidir la veracidad o falsedad de tales asertos. Vaya por delante que, como tantos otros caracteres cuantitativos, la variación en la longitud y grosor del pene humano es muy elevada de unos individuos a otros y de unas poblaciones a otras.

(Afortunadamente, conmocionado aún por la noticia, sigo leyendo y la información que recibo me va rescatando de la miseria moral. Las formas representadas en las estatuas del periodo clásico griego y romano, se acomodan bastante a la realidad.)

En promedio, el pene humano tiene de 15-16 cm de largo cuando está erecto. Una longitud nada extraordinaria dentro de los primates y dentro del reino animal (Dixson 2009:63). Los datos también acaban con alguna leyenda urbana (el del tamaño simpar del pene de las personas de raza negra): en un estudio de la longitud del pene en flacidez, realizado en Nigeria, entre estudiantes de medicina, la media fue 8,16 cm; la de los americanos de raza blanca es 9,65 cm en el informe Kinsey (Dixson 2009:64). Respecto del grosor del pene, la circunferencia media es de 10-12 cm en estado erecto. En el estado de flacidez, en la muestra africana de Nigeria el grosor fue 8,83 cm; en los americanos blancos era 7,9 cm (Dixson 2009:64).

La comparación de estos y otros datos con los existentes respecto a otros primates permite concluir a Dixson (2009:64):

> *"el pene humano **no** es dos veces más largo que el del chimpancé, ni es excepcionalmente largo con relación a los de otras especies de primates, especialmente cuando sus tamaños corporales son tenidos en cuenta."*

(La negrita es mía.)

Kamikazes, "killers" y otros dislates

En cualquier eyaculación humana aparecen diferentes "tipos" de espermatozoos observables fácilmente al microscopio por su diferente morfología. Baker y Bellis (1989, 1993) propusieron que los diferentes "tipos" de espermatozoides observados habitualmente en el semen humano eran producto de la selección que había diversificado los espermatozoides para desempeñar diferentes papeles en la competición espermática. Se decía que había unos espermatozoides "kamikaze", diseñados para ocupar posiciones estratégicas en el tracto reproductivo femenino y bloquear el acceso de los gametos rivales. Por el contrario, unos espermatozoides de menor tamaño estaban diseñados para fertilizar el óvulo desplazándose rápidamente hacia el oviducto. También describieron unos espermatozoides de cabeza ovalada a los que denominaron "espermatozoides asesinos" ("killers") dedicados a eliminar a los espermatozoides rivales durante la competición espermática.

La historia es llamativa periodísticamente, y alcanzó suma notoriedad en los medios de comunicación, pero un raquítico soporte científico. Toda esta historia no es toda imaginación, tiene una base real. Existen diferentes "tipos" de espermatozoides en el semen de los mamíferos y de los primates: unos son tipos normales y otros —como dice Igor, el sirviente, al Dr. Frankenstein, en la inolvidable comedia de Mel Brooks— son unos llamados "a-normales". Las formas anormales suelen quedar retenidas, no porque sean "kamikazes" especializados, sino, por la pedestre razón, de que carecen de motilidad. (¡Manías de la Física!) La presencia en el semen de gorilas y de hombres de estas formas anormales, no funcionales, que disminuyen la capacidad fecundante del semen, puede ser interpretada, con toda lógica, como una manifestación de la ausencia de presión selectiva sobre la fertilidad seminal, de la carencia de competición. Justo en sentido contrario de la competición espermática. Es decir, si no hay competencia espermática, no hay presión selectiva en contra de la aparición de gametos anormales. Por esa razón puede que persistan en gorilas y humanos y, en cambio, están ausentes en chimpancés y en bonobos, donde la competición espermática es muy intensa (Dixson 2012:311-312).

Otros rasgos de los espermatozoides

La zona intermedia de los espermatozoides, situada entre la cabeza (prácticamente un paquete de DNA) y la cola, está formada básicamente por una acumulación de mitocondrias, constituyendo algo así como una aglomeración de centrales energéticas. El papel de esta región intermedia es proporcionar la energía necesaria para el desplazamiento del espermatozoide. Medidas comparativas del esperma de primates y de otros muchos mamíferos confirman, que esta región intermedia es más grande, en las especies donde la hembra copula con varios machos y donde tiene lugar por tanto una competición espermática. Pues bien, el esperma humano tiene esta región intermedia relativamente pequeña comparada con la de muchos otros primates. Es menor a todos los otros homínidos incluso más pequeña que la del gorila y el orangután (Dixson 2012:309-310).

La lista de evidencias contrarias a la existencia de competición espermática como factor con un impacto significativo en la evolución humana es todavía más larga: la pobre calidad del semen humano, la baja eficiencia de la espermatogénesis, la cubierta muscular de los vasos deferentes, la insignificancia de las vesículas seminales, las tasas de eyaculación, y algunas más (pueden revisarse en Dixson 2009; Lovejoy 2009; Dixson 2012).

Estos datos anatomofisiológicos sugieren que la competición espermática, es improbable que haya jugado un papel significativo en la evolución humana (Dixson 2009:70). En suma, no hay datos anatomofisiológicos que justifiquen sólidamente la existencia de competición espermática en la especie humana y, en cambio, sí existen muchos indicios que la excluyen.

Nos va la "marcha"

Baker y Bellis (1989) documentaron una relación negativa entre la proporción del tiempo que una pareja ha estado junta desde su última copulación y el número de espermatozoides eyaculados en la siguiente copulación de la pareja, lo que se interpreta como una consecuencia de la existencia de competición espermática. Idéntico argumento es utilizado repetidamente por otros (Pound 2002; Goetz y Shackelford 2009). El argumento es que, cuanto más tiempo lleve separada la pareja desde su última copulación, más probabilidades hay de que la casquivana "Cleopatra" haya estado con otro que la haya podido inseminar. ¿Solución? No existe ninguna buena. Pero se recurre a poner un remiendo a la situación anegando, en lo posible, la vagina de la pareja con el semen propio (competición espermática).

Alternativamente, me atrevo a sugerir una explicación más pedestre para este hecho. Podría ser simplemente que, a mayor tiempo transcurrido sin ver a la pareja de uno, habiendo mantenido la fidelidad sexual prometida, mayor deseo sexual, y más esperma acumulado, por la simple dinámica de la fisiología de la reproducción… Pero, claro, esta es una explicación poco maquiavélica, ordinaria, carente de atractivo, frente a una explicación que resalta las malas características que han evolucionado en las mujeres, vinculadas a su taimada conducta.

En un estudio similar, inspirado en el anterior, los autores comprobaron que los hombres que llevaban mucho tiempo separados de sus parejas y, por lo tanto, con alto riesgo de que la mujer haya copulado con otro, miran a sus parejas con más deseo, las ven más guapas, y experimentan un gran disgusto cuando son rechazadas sus aproximaciones sexuales. Todo esto se interpreta de nuevo como adaptaciones psicológicas a la competición espermática: el hombre está dispuesto a inundar con su semen a su pareja en previsión de criar a los hijos de otro; por eso siente "más deseo", siente que su pareja está "más guapa", y se siente frustrado al no conseguir copular con ella. Idéntico argumento, casi literal, se emplea en diversos artículos (Pound 2002; Shackelford et al. 2002; Goetz y Shackelford 2009).

De nuevo, dentro de nuestra candidez, sugerimos una explicación alternativa más corriente: el hombre, transcurrido el tiempo de abstinencia sexual, manifiesta tener ganas de sexo con su amada y, en caso de ser rechazado, experimenta la lógica frustración del deseo insatisfecho. ¿A alguien le puede parecer rara esta conducta como para rebuscar una explicación?

Otra muestra de la creatividad de esta escuela. En muchos animales, la observación visual por parte del macho de la actividad copuladora de un rival sexual con alguna hembra provoca la excitación sexual en el macho observador. Se considera que es una respuesta lógica a la competición espermática. En este sentido se interpreta la excitación sexual en el hombre ante la contemplación de imágenes pornográficas de relaciones heterosexuales. La excitación sexual elicitada por la contemplación de las imágenes se interpreta en términos de adaptación a la competición espermática. Nos excitamos sexualmente como preparación para competir espermáticamente (Pound 2002) (¿¡!?).

Veamos detalladamente lo que esto significa. El estímulo visual (las imágenes pornográficas heterosexuales), aunque pensemos otra cosa, lo percibimos (inconscientemente) como un riesgo de paternidad objetivo, explícito, amenazador. Nuestra respuesta adaptativa es, responder al riesgo de paternidad... ¡Excitándonos sexualmente! ¿Nos va la marcha? ¡Esto es un completo disparate! ¿Cómo va a ser sexualmente excitante la percepción (inconsciente) de un riesgo de paternidad, objetivo, explícito, frente a la otra posible respuesta emocional (inconsciente) de los celos, la agresión, y la violencia? Simplemente es inconcebible que una señal de peligro extremo provoque excitación sexual. Salvo en mentes muy "especiales".

También es objetable en el estudio concreto la selección de las muestras, ya que en muchos casos se trata de aficionados a la pornografía dura (Pound 2002) que no parece que puedan ser considerados como una muestra estadísticamente representativa de la población masculina humana.

En suma…

Para entender bien la ponderación evolutiva que debe otorgarse a este fenómeno se requiere que clarifiquemos rigurosamente los detalles.

Para que haya competición espermática tienen que producirse, *frecuentemente*, las siguientes coincidencias: (1) dos o más eyaculaciones de diferentes hombres coincidiendo en un periodo de no más de 2 a 3 días en la misma mujer; (2) que las eyaculaciones hayan tenido lugar durante el periodo periovulatorio; (3) que el semen triunfante haya fecundado al óvulo; (4) que el zigoto se haya desarrollado normalmente dando lugar al nacimiento de un bebé; (5) que el bebé haya conseguido convertirse en un individuo en edad reproductiva; y (6) que este individuo efectivamente se reproduzca contribuyendo realmente a la siguiente generación. Si consideramos la probabilidad combinada de todos los sucesos independientes que tienen que concurrir, queda claro que la competición espermática como factor evolutivo relevante es un fenómeno completamente inverosímil en humanos.

Los datos que llevan a estos investigadores a defender la vigencia de la competición espermática en el ser humano se refieren a la elevada frecuencia con que acontece la infidelidad sexual *ahora*, en nuestros tiempos, en las sociedades occidentales, abiertas, liberales, que han producido una revolución sexual durante la segunda mitad del siglo XX, extrapolándolas al ambiente evolutivo remoto. Como poco, cabe objetar que esta suposición es discutible y que, como hemos comentado, el parámetro crítico no es la frecuencia de infidelidad sexual sino la tasa de hijos espurios. Los datos de sociedades más naturales que hemos revisado, establecen tasas de hijos espurios muy inferiores a los necesarios para que haya tenido incidencia la competición espermática.

Además, se establece una relación biunívoca entre ambos fenómenos: competición espermática-infidelidad sexual femenina. La existencia de uno implica la del otro y viceversa. Por tanto, se parte de que ha habido una infidelidad sexual femenina rampante en el ser humano por lo que ha existido competición espermática en el curso de la evolución humana. Y viceversa, si hay competición espermática es porque la mujer ha mantenido *frecuentemente* relaciones sexuales con varios hombres durante su fase fértil del ciclo ovulatorio. En sentido contrario, puesto que no hay evidencias que demuestren la existencia de competición espermática en el ser humano puede inferirse que el nivel de infidelidad sexual no ha sido evolutivamente significativo. (Lo que no quiere decir que emocionalmente no haya podido ser en muchos casos absolutamente insoportable y demoledor.) Lo que viene a confirmarse independientemente por los estudios sobre frecuencia de la infidelidad sexual que hemos revisado.

Capítulo 6. El lado oscuro de la masculinidad

A estas alturas del libro, seguramente nos hemos percatado ya de que la Naturaleza no produce exclusivamente frutos que podamos considerar éticamente como "buenos". Produce de todo. En este sentido, la evolución, como proceso natural, no conduce a lo "bueno" sino a lo adaptado al ambiente. De hecho, la evolución ha generado conductas en los seres humanos que nos sonrojan por su carácter grosero o antisocial. Este capítulo está dedicado específicamente a algunos aspectos de la conducta sexual masculina humana que nos provocan repugnancia y rechazo.

El infanticidio

Esta práctica es ahora muy común en todo el mundo, y hay razones para creer que prevaleció mucho más extensamente durante los primeros tiempos. (Darwin 1871:597)

El infanticidio es la eliminación de los individuos en edad juvenil o en la infancia. Habitualmente es llevado a cabo por los machos — pero no siempre—.

En animales no humanos el infanticidio era un fenómeno conocido y relativamente corriente. En los leones, por ejemplo, que viven organizados en grupos de hembras cada uno de los cuales está dominado por un macho (o a veces dos, que son hermanos), cuando se produce la derrota del líder, el macho victorioso procede de manera sistemática a matar todas las crías de las hembras. Esta conducta brutal y desalmada, desde un punto de vista antropocéntrico, tiene una explicación simple de economía evolutiva. Al nuevo macho dominante no le conviene que las hembras estén dedicando su esfuerzo maternal a la cría de los hijos del macho depuesto, ya que *no son sus hijos y no llevan sus genes*. Dejarlas criar es dilapidar los recursos en individuos que no son de su interés. Además, muchas de las hembras todavía estarán en época de lactancia, actividad que inhibe la ovulación en la hembra. Matando los hijos de las madres lactantes, provoca la terminación de la producción de leche y la reanudación inmediata del ciclo estral. La hembra volverá a ovular y a entrar en celo de modo que, el nuevo macho dominante podrá copular con ella para que crie sus propios hijos en lugar de los del macho destronado. Por tanto, el infanticidio sistemático llevado a cabo por el macho dominante consigue un doble objetivo de interés para él: no dilapidar recursos en los hijos de otro y conseguir que entren en celo las hembras que estaban amamantando.

Hasta hace unos años era poco conocida y muy discutida la existencia del infanticidio entre los primates. Aunque los infanticidios son sucesos raros que son difíciles de observar en primates de vida libre, actualmente existen observaciones directas de infanticidios para aproximadamente el 6% de todas las especies de primates (Dixson 2013). Hoy sabemos que no se trata de una conducta aberrante sino común a muchas especies de primates y a otros mamíferos (Hrdy 1997, 1999; Watts y Browse 2002; Dixson 2012). Está perfectamente documentado en diferentes especies de primates, el hecho de que cuando un macho destrona al macho dominante o lo sustituye, procede a matar a todas las crías del macho destronado sin la menor piedad, pese a contar con la oposición de la madre y de otras hembras que tratan, infructuosamente, de evitar el drama. (Existen descripciones de primates en las que se cuenta que el macho dominante insiste, una y otra vez, en atacar a las crías del macho destronado. Con la protección de algunas hembras, algunas de estas crías consiguen sobrevivir unos pocos días más. El nuevo macho dominante persevera en su actitud hasta encontrar la ocasión de culminar su macabra obra; véase Hrdy 1999:120-121).

En los chimpancés está descrito el infanticidio observado directamente en condiciones de libertad en el Parque Nacional de Kibale en Uganda (Watts y Mitani 2000). Grupos de machos patrullan frecuentemente las fronteras de su territorio produciéndose con frecuencia enfrentamientos violentos con resultado de muerte en muchos casos. El infanticidio en los chimpancés difiere del presente en otros primates en que los asesinos, normalmente, además de matar al individuo, se comen a sus víctimas. Los investigadores han documentado el canibalismo por machos, en seis sobre siete casos de infanticidio entre comunidades, y en nueve de diez infanticidios intracomunitarios (Watts y Mitani 2000). Esta es la descripción del final de la captura, muerte y canibalismo, de un grupo de chimpancés sobre una cría arrancada a la fuerza de los brazos de su madre:

> *Todos los comedores de carne comían entusiásticamente, como si estuviesen comiendo carne de colobo rojo (Procolobus badius) o de otros monos.*

El infanticidio probablemente fuese corriente dentro y entre comunidades de chimpancés en Kibale. La tasa de infanticidio es extraordinariamente elevada en especies tales como los gorilas (34%) y los langures (64%) (Opie et al. 2013a).

En los seres humanos, en pueblos primitivos, se da también el infanticidio, como tal, o en forma encubierta (por ejemplo, prestándole a las crías menores atenciones, menos alimentos y menos protección). El *infanticidio encubierto*, provocado indirectamente, puede ser tan efectivo como el provocado directamente. Piénsese que, simplemente provocando un nivel moderado de desnutrición en un niño, se le coloca en camino hacia la muerte. La desnutrición provoca, entre otros efectos perniciosos, una depresión del sistema inmune que hace al niño más sensible a enfermedades infecciosas sin importancia en una persona de salud normal, con buena nutrición. Muchos de estos niños terminan muriendo, aparentemente de muerte natural, pero, indirectamente, se trata de un caso de infanticidio.

De acuerdo con lo que sugieren los datos proporcionados por poblaciones actuales que viven en condiciones primitivas, el infanticidio es una realidad en las sociedades humanas. Entre los Aché del Paraguay, por ejemplo, un hombre que toma a una mujer como esposa por la muerte o desaparición del anterior marido frecuentemente matará la prole de ella con la justificación explícita de que él no está dispuesto a pagar el coste de criar los hijos de otro hombre (Hill y Kaplan 1988, citado en Dunbar 2010:161). Hasta tal punto esto es así que se ha estimado en aproximadamente un 50% la tasa de mortalidad de los niños criados sin padre o con padre adoptivo en estas culturas. Muy por encima del 19% estimado entre los criados bajo la protección y cuidados del padre biológico.

El infanticidio puede ser documentado virtualmente en todas las poblaciones humanas, aunque con frecuencias muy variables, desde cerca de 0% hasta el 40% de los nacimientos vivos. Las principales clases de infanticidio que han sido descritas en animales no humanos, todas pueden ser documentadas entre los humanos. Sin embargo, el patrón de infanticidio en los humanos es considerablemente diferente. Por ejemplo, en otros primates los machos no relacionados genéticamente, los que no tienen parentesco con las crías, son los perpetradores más probables del infanticidio. Mientras que, en el caso humano, suelen ser personas del círculo íntimo de la madre, en contacto frecuente con los niños (Hrdy 1992).

Significado evolutivo

La hipótesis más extendida es la de la selección sexual (los machos matan a las crías no relacionadas con ellos para provocar que las madres comiencen de nuevo a ovular y poder aparearse con ellas). No obstante, Alan Dixson, un primatólogo de prestigio, discute lo que, en su opinión, es una exagerada importancia de un fenómeno relativamente raro y escasamente documentado (Dixson 2012:97). Aunque admite que la especie humana es de las pocas especies de primates en las que el tema del infanticidio parece tener importancia.

Además de las razones ya apuntadas, que se basan en los beneficios conseguidos por el macho, paradójicamente, las hembras que no se resisten al infanticidio podrían estar favorecidas evolutivamente de acuerdo con el razonamiento siguiente:

> *"Genetic competition between females also handicaps the resisters in another way. If infanticide really is advantageous behavior for males, and if it is (as I believe) an inherited tendency, any female who sexually boycotted infanticidal males would do so to the detriment of her own male progeny. Her sons would inevitably suffer in the ruthless competition with the sons of less discriminating mothers." (Hrdy 1999:93)*

> *[La competición genética entre las hembras es también un hándicap para las resistentes de otra manera. Si el infanticidio realmente es ventajoso para los machos, y si es (como creo) una tendencia*

hereditaria, cualquier hembra que renuncie a copular con machos infanticidas lo haría en detrimento de su propia progenie masculina. Sus hijos sufrirían inevitablemente en la competición implacable con los hijos de las madres menos discriminadoras.]

Aunque, como vemos, existen teorías convincentes para explicar el infanticidio, pese a ello, el significado evolutivo del infanticidio humano no está del todo claro. Se ha hecho notar que algunos primatólogos invocan el infanticidio masculino para explicar la evolución de toda clase de cosas (por ejemplo, fases foliculares largas, el apareamiento durante el embarazo, la tumefacción sexual de la piel en las hembras, y el apareamiento con múltiples parejas). Así como la hipótesis de la selección sexual, hay actualmente otras muchas explicaciones adaptativas para la evolución de la conducta infanticida (Dixson 2012, 2013).

La explicación de estos hechos desde un punto de vista evolutivo, se basa en la falta de parentesco del padrastro o figura similar, con la prole de la mujer. Evolutivamente hablando, gastar recursos de todo tipo en la cría de hijos que no son suyos, es un despilfarro para la nueva pareja de la mujer. No existe ninguna ganancia evolutiva en mantener una actitud generosa respecto de los hijos de otro y, por tanto, se supone que se ha seleccionado una conducta de rechazo o negativa a invertir en la cría de los hijos de otro. Aparentemente la teoría parece clara y las evidencias son sólidas.

Desde los primeros estudios se hizo notar la desmesurada incidencia que tenían los padrastros sobre el infanticidio. En los EE.UU. la presencia de un padrastro en el hogar incrementaba el riesgo de infanticidio por un factor de 100, y en Canadá se multiplicaba el riesgo por 40 (Friedman et al. 2012).

Los resultados de un estudio en Suecia también son coherentes con la teoría. Los homicidios de los niños a cargo de sus padrastros son sensiblemente mayores (57,1%) que los llevados a cabo por sus padres genéticos (19,0%) (Nordlund y Temrin 2007). El 21% de los asesinatos de niños fueron cometidos por padrastros cuando, para ese mismo periodo de tiempo estudiado, los padrastros eran el 7% de la población sueca.

Sin embargo, un estudio reciente en Suecia, (en el que curiosamente es primer autor uno de los coautores del que antes hemos comentado), contradice por completo las predicciones evolutivas (Temrin et al. 2000). Los investigadores analizaron los datos de todos los niños de 0 a 15 años de edad asesinados en Suecia en un periodo de 21 años (1975-1995) y usaron estos datos para probar la generalidad de las hipótesis sociobiológicas (Temrin et al. 2000). Comparativamente, los resultados del análisis mostraban una frecuencia mucho más elevada de agresores entre los padres sin relación genética en Canadá (29%) que en Suecia (7%). Esta notable diferencia se interpretaba como que podría deberse a que la frecuencia de nacimientos no deseados es muy baja en Suecia, ya que Suecia tiene una larga historia de abortos legales. En Canadá, la frecuencia de nacimientos no deseados es groseramente el doble que en Suecia. Estos nacimientos no deseados pueden incrementar el riesgo de que los niños sean maltratados y son probablemente comunes entre madres jóvenes que probablemente mantienen una relación inestable en la que intervienen padrastros. En cualquier caso, los resultados de este estudio no daban soporte a la teoría de que los padres "prestados" son el factor de riesgo más importante para los homicidios de niños en las familias (Temrin et al. 2000).

Infanticidio realizado por la madre

Curiosamente, también se han visto casos de infanticidio protagonizados por hembras de primates. Al menos en tres ocasiones, miembros del equipo de la famosa primatóloga Jane Goodall, observando la conducta de los chimpancés en la Gombe Stream Reserve, vieron hembras de un linaje de elevada jerarquía asesinar la descendencia de otras hembras. En todos los casos las madres víctimas del infanticidio eran hembras de jerarquía inferior limitadas en su capacidad de defensa por alguna discapacidad física (Hrdy 1999:108). En todos los casos, además, las hembras asesinas se comieron a las crías que habían matado sin que se haya encontrado una razón convincente de esta conducta. No se sabe si es por pura depredación o para eliminar futuros competidores por los recursos (Hrdy 1999:109).

Aunque bastante más raro, existe también un infanticidio llevado a cabo por la mujer con el propósito de controlar su natalidad. Hasta muy recientemente era el único método al alcance de las mujeres del pueblo !Kung para espaciar sus hijos (Harris 2006). Una mujer puede tomar una decisión de no criar un recién nacido, bien antes del nacimiento o bien después. La razón usual para tomar esta decisión por adelantado es la inconveniencia temporal: el niño anterior aún no ha dejado la lactancia, los tiempos son duros y el alimento escaso, o la madre carece de una pareja que pudiera ayudarle a alimentar al niño. Cuando la decisión se toma después del nacimiento, es usualmente una reacción al propio recién nacido. El niño podría ser del sexo indeseado, o parecer débil y enfermo, etc. (Harris 2006).

La coerción sexual

Como hemos visto repetidamente, el éxito reproductivo masculino está limitado principalmente por el acceso a hembras fecundas y temporalmente escasas. Las hembras, además de ser un recurso escaso, pueden ejercer su voluntad de elegir pareja resistiéndose a las pretensiones sexuales de un macho. Una observación relativamente antigua demostraba, que los machos de una serie de especies de primates, parecían utilizar la fuerza, o la amenaza de la fuerza, para obligar a copular con ellos a las hembras que no estaban dispuestas (Smuts 1995). Conductas de este tipo constituyen lo que se denomina *coerción sexual*.

La coerción sexual consiste en una serie de conductas desarrolladas por los machos para coartar la elección de pareja por parte de las hembras. Estas conductas oscilan desde la simple amenaza hasta la violencia a veces extrema.

Aunque la violencia física dentro de las uniones de pareja no es, ni exclusiva de los humanos, ni de un sexo específicamente, la táctica concreta de uno y otro sexo es lo que varía en función de la diferente capacidad física para dominar al otro. El hombre normalmente hace uso de su poderío físico mientras que la mujer rehúye un terreno que no le es propio. Probablemente también contribuye a ello el hecho de que el hombre tiene la agresividad como una adaptación que sirve a diversos propósitos, mientras que la mujer parece estar adaptada a no ser tan agresiva físicamente por los riesgos que supone para ella y para su prole. La derrota o incluso la muerte de un macho en un enfrentamiento físico, principalmente afecta solo al individuo, pero no a su progenie. En el caso de la mujer, el enfrentamiento físico arrastra con ella a su prole.

Hay dos formas básicas de coerción. La coerción directa, que usa la fuerza o la amenaza para *imponerse sobre la resistencia femenina al apareamiento*. Y la coerción indirecta, que comprende acciones encaminadas a *impedir el apareamiento de una hembra con otros machos*.

Impedir las relaciones sexuales con otros

La coerción indirecta comprende acciones encaminadas a impedir las relaciones sexuales de la mujer con otros hombres (Muller et al. 2009). Dentro de esta categoría vamos a distinguir y a discutir las siguientes acciones en orden creciente de violencia: 1) la **vigilancia**, 2) la **retención**, 3) la **represalia**, 4) la **violencia**, y 5) el **asesinato**. No obstante, debemos tener en cuenta que estas acciones no son alternativas excluyentes, sino más bien diferentes posibilidades que pueden llevarse a cabo individualmente o varias de ellas en conjunto.

Vigilancia

La vigilancia consiste simplemente en observar las relaciones que mantiene la mujer. Desde este punto de vista, la vigilancia sería una actitud de observación que desencadenaría otras acciones en función de la información obtenida.

Retención

Las conductas de retención de la pareja puestas en marcha por los hombres es otro ejemplo de los resultados conductuales de la paternidad incierta. Se trata de formas indirectas de coerción sexual que, como hemos dicho, se presentan como respuestas conductuales de violencia creciente. En este sentido, conductas de retención de la pareja que parecen gestos románticos inocuos pueden ser heraldos de violencia futura. Puede haber una jerarquía temporal de conductas que conducen a la violencia, iniciada por la sospecha de infidelidad, seguida por las conductas de retención de la pareja, no violentas, y terminando con la violencia de los hombres contra sus parejas (Goetz et al. 2008).

Represalia

En un estudio llevado a cabo por Francisco Valera (investigador de la Estación Experimental de Zonas Áridas de Almería, dependiente del Consejo Superior de Investigaciones Científicas) en el pájaro *Lanius minor*, socialmente monógamo, se vio que ambos miembros de la pareja se alternaban en el nido con una periodicidad notable. Los investigadores aprovechaban las salidas de las hembras para capturarlas y retenerlas, prolongando artificialmente la ausencia del nido, antes de liberarlas para que volvieran a sus nidos. La demora de la hembra en volver al nido provocaba la agresión del macho. Esta conducta agresiva solo se manifestaba frente a la pareja femenina y no contra otras hembras. También se observó que se producía solo durante el periodo fértil de la hembra. Paralelamente se comprobó que no había ningún caso de polluelo fruto de un apareamiento con un macho diferente de la pareja estable. Esto ponía de manifiesto que las estrategias de represalia se desencadenaban ante circunstancias (ausencia prolongada del nido) que provocaban sospecha de infidelidad (riesgo de paternidad) y además que estas represalias eran efectivas en la prevención de la conducta de copulación fuera de la pareja (Valera et al. 2003). Conductas similares a ésta están presentes en el comportamiento del hombre probablemente como adaptaciones con idéntico propósito.

Violencia

Dentro de una escala creciente de actividades orientadas a controlar y coartar las actividades sexuales de la mujer fuera de la pareja, un grado más respecto del anterior es el ejercicio de la violencia psíquica y física contra la mujer sospechosa de infidelidad. Hay toda una escala de violencia creciente que, incluso en nuestras civilizadas sociedades occidentales, alcanza el extremo de la brutalidad extrema: el asesinato de la pareja. No previene la infidelidad, no garantiza la paternidad, pero es la desgraciada consecuencia en muchos casos de la falta de control de la violencia física desatada.

La violencia (sin llegar al asesinato), siendo una conducta injustificable y rechazable desde los valores democráticos, debemos reconocer que parece ser que funcionó desde el punto de vista evolutivo. En idéntico sentido de lo que hemos comentado en el pájaro

Lanius *minor*, se ha visto que la infidelidad de las mujeres es más frecuente donde la agresividad masculina es inferior. Parece ser que la elevada agresividad masculina puede limitar la infidelidad femenina mediante la amenaza a las propias esposas y a otros hombres (Marlowe 2000).

Asesinato

Como hemos comentado, la respuesta masculina se produce dentro de una escala creciente de agresividad. La respuesta más extrema es el asesinato de la pareja. Frecuentemente en tales casos, el asesino suele declarar explícitamente "Si no quiere ser mía, no va a ser de nadie". Las mujeres de alto valor reproductivo son especialmente propensas a ser asesinadas. Los estudios ponen de manifiesto que la tasa de asesinatos a manos de sus maridos disminuye monotónicamente en función de la edad de la esposa (Wilson y Daly 2009).

Desde un punto de vista lógico, racional, si, como se piensa, la motivación de esta conducta es detener la infidelidad o retener a la esposa, se entienden (tienen sentido lógico) las respuestas de coacción y violencia, excepto el asesinato. Porque el asesino, al matar a la esposa, suprime cualquier posibilidad, por remota que fuese, de conseguir sus fines. Además de un comportamiento salvaje es una conducta absolutamente estúpida. Eventualmente coronada con un escalón más de estupidez, cuando el asesino además se suicida.

El desastre generado es completo porque el asesinato priva a los hijos del soporte fundamental que es su madre. Por consiguiente, esta conducta es absolutamente disfuncional e inadaptativa.

> *"Tristemente, la elección femenina puede ser en sí misma una fuerza que haya ayudado a mantener la violencia de la pareja en nuestra especie. [...] Por ejemplo, donde las mujeres corren el riesgo de ser raptadas, como entre los Yanomamo, o incluso donde el acoso y la agresión sexual prevalecen, un marido con una reputación fiera puede ser un recurso social." (Wilson y Daly 2009:288)*

La pregunta que cabe plantearse es hacia donde nos estamos moviendo. Los resultados de algunas encuestas a los jóvenes actuales inducen preocupación respecto de su actitud frente a la pareja femenina porque se aprecian actitudes posesivas y violentas. Sin embargo, hay otras evidencias sólidas que contribuyen a la esperanza. Concretamente, contrariamente a lo que pudiéramos pensar, las tasas de asesinato de la esposa han disminuido en las últimas décadas en general en los países occidentales (Wilson y Daly 2009).

Forzar las relaciones sexuales

"Husbands believe that they have the right to have sexual intercourse with their wives whenever they want to, and many women complain "bitterly that however tired they were they received little consideration, and that if they refused or resisted they were usually beaten into submission." (Symons 1979)

[Los maridos creen que tienen el derecho a copular con sus esposas siempre que lo deseen, y muchas mujeres se quejan amargamente de que estén lo cansadas que estén reciben poca consideración, y que si rechazan o se resisten normalmente son golpeadas hasta que se someten.]

Dentro de las conductas masculinas tendentes a forzar las relaciones sexuales, se ha sugerido la distinción de tres categorías de coerción sexual directa en orden de violencia creciente: 1) la **intimidación**, 2) el **hostigamiento** o **acoso sexual**, y 3) la **copulación forzada** (lo que llamamos **violación** en la literatura humana) (Muller et al. 2009). En realidad, puede verse como un continuo que va, desde la mera exhibición de la violencia, hasta el uso brutal de ésta para conseguir forzar la voluntad femenina.

La intimidación o amenaza

El hombre hace exhibición de su agresividad y de su disposición a usarla. Frecuentemente, es suficiente esta forma somera de coerción sexual para conseguir el objetivo en entornos íntimos. Es imaginable que será tanto más efectiva cuanto más haya experimentado la victima (la mujer) la inutilidad de resistir porque ya sepa, por propia experiencia, que a esta primera expresión de fuerza sigue una escalada hasta llegar a las formas más violentas.

El hostigamiento o acoso sexual

El siguiente nivel, en el sentido de una coerción creciente, es acosar a la mujer con propuestas constantes acompañadas de formas de violencia suaves (por ejemplo, bofetadas). En muchos primates son corrientes en este sentido, los golpes ocasionales no muy violentos, los bocados en el cuello, etc. Generalmente, también suele ser efectivo este nivel de coerción sexual.

La copulación forzada (violación)

La copulación forzada es la forma más extrema que puede adoptar la coerción sexual. La copulación forzada, cuando hablamos de humanos, es lo que comúnmente llamamos violación y, como se ha planteado, teóricamente, puede ser un producto de la evolución, una adaptación (Palmer 1991; Thompson 2009; Apostolou 2013).

Un estudio antropológico estándar (no específico sobre violación) en 95 sociedades, encontró que en el 18% de ellas la violación era práctica corriente o aceptada, y estaba presente con alguna frecuencia en un 35% adicional (Sanday 1981, cita en Thompson 2009). El resto de las sociedades (47%) aparecen como libres de violación. Esto probablemente es irreal, simplemente el resultado de unos informes genéricos que no estaban diseñados para asuntos sexuales. Dado que la violación es una conducta frecuentemente ocultada por los etnógrafos y que en muchas sociedades las víctimas carecen de derecho legal, la ausencia de violación hay que considerarla con cautela (Thompson 2009).

A la hora de analizar el fenómeno de la violación es importante tener en cuenta algunos datos. En la violación aparecen una serie de constantes, es decir, detalles o aspectos que acontecen en todos o casi todos los casos. En especial, hay dos tendencias que emergen de las estadísticas sobre la violación: las víctimas tienden a ser *jóvenes* (entre 16 y 24 años) (Palmer 1991; Thompson 2009) y la mayoría son atacadas por *conocidos*, incluso por la propia pareja con la que convive (Goetz et al. 2008; Thompson 2009).

En cambio, la identidad del victimario (el violador) carece de homogeneidad.

Frecuentemente se tiende a considerar a los violadores como personas con alguna anomalía psíquica. El contraste entre diversos estudios pone de manifiesto que, aunque la psicopatía puede ser un factor de riesgo presente en algunos violadores, no es generalizable a todos. El término único de violador acoge un conjunto heterogéneo de conductas y rasgos psicológicos que van, desde los que se limitan al objetivo de forzar el coito, hasta los que se complacen sádicamente en la humillación y en la violencia gratuita contra la víctima (Miller 2014). Curiosamente, muchos de los violadores presentan características psicológicas completamente normales (Thompson 2009; Miller 2014).

La violación como adaptación evolutiva

Puntualicemos inmediatamente que por muy desagradable que sea la idea de que la violación pueda ser una adaptación, como hipótesis científica tiene que ser tomada en consideración y discutida seriamente como cualquier otra. De ello no se deduce que los estudiosos del asunto sean favorables o defensores de la violación. La consideración de una hipótesis científica de la violación no significa en modo alguno justificación de una conducta tan moralmente repugnante. Como se ha argumentado por analogía, tomar en consideración una hipótesis evolutiva sobre el origen de un determinado tipo de "cáncer" y llevar a cabo investigaciones sobre esa hipótesis, no significa que se esté a favor del "cáncer".

La violación ha sido propuesta como un resultado del proceso evolutivo en el hombre, es decir, como una "adaptación" conductual que, al menos en el entorno remoto, confirió a los violadores alguna ventaja selectiva frente a los no violadores. El hombre actual sería, evolutivamente hablando, un violador potencial, un individuo dotado de la tendencia a forzar sexualmente a una mujer en determinadas circunstancias.

Hipótesis de Thornhill y Palmer

La teoría de la coerción sexual que hemos expuesto explica que uno de los resultados extremos puede ser la violación. La hipótesis de la violación en los seres humanos como una adaptación evolutiva fue ruidosamente publicitada en un libro *A Natural History of Rape* (Historia natural de la violación) (Thornhill y Palmer 2000, citado en Thompson 2009). Partiendo de la conducta de un insecto (la mosca escorpión) en el que el macho ha desarrollado un apéndice con el único propósito aparente de permitir la retención de la hembra y forzarla a copular, Randy Thornhill, el líder de la proposición, trasladó la explicación a la especie humana. En esta hipótesis se sostiene que *los hombres incurren en la coerción sexual extrema (la violación) cuando carecen de la oportunidad, la destreza, o el estatus para conseguir copular por los medios normales.* Algunos suponen que los machos humanos poseen esta adaptación psicológica especializada para cometer violaciones. Literalmente: *"en ausencia de alternativas, los beneficios reproductivos de la violación para los hombres siempre excederán a los costes asociados con la conducta"* (Thornhill y Thornhill 1992). Nótese que se establece una condición: la ausencia de alternativas, la carencia completa de pareja, la desesperación... La violación sería realizada por individuos con escaso valor reproductivo que serían rechazados por las mujeres por no reunir caracteres atractivos como pareja. Estos individuos, enfrentados a la perspectiva de no conseguir pareja por los medios normales, recurrirían a la violación como medio de forzar la elección femenina. Sería la solución de los machos incapaces de competir con los otros machos para atraer y conquistar a las hembras.

Para que esta hipótesis funcione evolutivamente se requiere que los "desesperados" hayan sido mayoría en la población. Para que evolucione un mecanismo especial para la violación, la violación tendría que haber sido **frecuentemente** adaptativa para una gran proporción de la población masculina (Smith et al. 2001). No existen evidencias que apoyen esta situación. Todo lo contrario.

Por otra parte, tampoco se sostiene la "carencia de alternativas". La hipótesis de que los violadores son machos frustrados que ven en la fuerza la única vía de conseguir oportunidades reproductivas está en clara contradicción con los hechos. La mayoría de los violadores tienen muchas alternativas reproductoras. Muchos están casados, tienen una vida sexual aparentemente normal (con sus citas, sus novias, etc.), incluso parece que los más severos violadores suelen ser hombres con actividad sexual muy intensa (Palmer 1991). La categoría más abundante de violadores (los conocidos de la víctima) típicamente tienen vidas sexuales activas y a menudo están casados. De hecho, es más bien lo contrario: individuos que tienen un éxito sexual relativamente elevado, tienden a responder agresivamente a los rechazos. Los hombres que son relativamente narcisistas tienen una tendencia superior hacia la agresión sexual, expresan menos empatía por sus víctimas, y muy probablemente suscriben el mito de la violación que carga la vergüenza sobre la víctima (Thompson 2009).

Hipótesis de Palmer

Hay una segunda hipótesis evolutiva sobre la violación patrocinada por Craig Palmer, coautor del libro antes citado, aunque originalmente fue propuesta por Donald Symons (1979).

Se argumenta que, comparados con las mujeres, los hombres han desarrollado evolutivamente una susceptibilidad incrementada a la excitación visual, un impulso sexual superior, y la disponibilidad mayor para involucrarse en actividades sexuales oportunistas. Bajo las condiciones apropiadas, esta serie de tendencias sexuales puede conducir a la coerción sexual de la mujer. Adicionalmente, podría contribuir la existencia de una predisposición psicológica en el hombre a malinterpretar las señales de proceptividad y receptividad sexuales, entendiendo como una invitación a la cópula señales carentes de ese significado.

Hipótesis coercitiva

Hay una tercera hipótesis evolutiva que parte de la observación de que existe una gama amplia de conductas agresivas de los machos contra las hembras en los primates. Algunas de estas conductas facilitan claramente oportunidades inmediatas de apareamiento, mientras que otras formas de agresión sirven en cambio para incrementar la probabilidad del macho de reproducirse con esa hembra en el futuro. No funcionan como exigencia inmediata sino como un mecanismo intimidatorio que recuerda a la víctima que debe someterse al macho si no quiere ser maltratada. Como una forma generalizada de agresión macho-hembra, muchos ejemplos de violación humana pueden caber en esta estrategia reproductiva a largo plazo. Lo que se sugiere es que las tácticas coercitivas (incluyendo la violación) pueden ser medios utilizados por los machos humanos para asegurarse el acceso sexual, no inmediato sino a largo plazo a las hembras. La hipótesis coercitiva implica o supone un cierto grado de debilidad femenina y una falta de control sobre su propia sexualidad, así como una tendencia a admitir la coerción masculina o ser obligada por las tácticas coercitivas masculinas.

Esta posición de inferioridad femenina en el entorno evolutivo remoto parece bastante verosímil. En las relaciones directas uno contra uno, físicamente la mujer es más débil que el hombre y es menos agresiva. Asimismo, el sistema habitual de matrimonio generalmente ha supuesto el abandono de la mujer de su grupo social para integrarse en el de su marido, con lo que la mujer quedaba sin el apoyo directo de sus parientes, en una posición de debilidad.

Por otra parte, la vulnerabilidad femenina frente a la coerción masculina es sensible al contexto en que se desenvuelve la mujer, de tal modo que varía con el estatus social. La susceptibilidad a la coerción se ve reducida cuando se dan alguna o varias de las siguientes situaciones: hay alianzas femeninas fuertes; las hembras tienen soporte de sus parientes; el control de los recursos es de la mujer; las alianzas masculinas son relativamente débiles; y la variación entre machos en estatus es mínima (Thompson 2009).

Hipótesis de Apostolou

Recientemente, se propuso una variación sobre la hipótesis que hemos enunciado en primer lugar (Apostolou 2013). Esta variante propone que la violación ha evolucionado para permitir a los hombres de escaso valor reproductivo sortear la elección femenina y la *elección de los padres*. Se basa en la suposición de que en la evolución humana el factor determinante del emparejamiento de la mujer ha sido la elección paterna: los padres han controlado y decidido con quién se apareaba su hija. Se argumenta que, en las primeras sociedades humanas, la decisión sobre el apareamiento de las mujeres no la tomaban las propias mujeres sino sus padres. Los padres tomaban su decisión en función de sus propios intereses que podían entrar en conflicto con los de las hijas. A favor de esta hipótesis se argumenta que los matrimonios arreglados son el mecanismo común en las sociedades aún restantes de cazadores-recolectores y en las de agricultores.

Esta teoría suscita las mismas objeciones que la primera: no parece que los "parias del sexo" sea una situación tan frecuente como para haber tenido impacto evolutivo; los violadores no se caracterizan por carecer de alternativas de apareamiento; y los violadores no son en su mayoría hombres de escaso valor reproductivo. A éstas, sumaría una objeción de consistencia lógica: violar es forzar sexualmente a la mujer, no a los padres. Los padres pueden ser contrarios a "Romeo", pero si "Julieta" quiere, habrá relaciones sexuales sin necesidad de violación. Y una objeción de base: no está demostrado que los matrimonios fuesen arreglados en las sociedades primarias de cazadores-recolectores y no se aportan evidencias sólidas en ese sentido.

Un término, varios contenidos

Un aspecto crítico en esta discusión es reconocer que puede ser inapropiado hablar de la violación como una entidad única. Existen suficientes razones para suponer que bajo el término violación estamos considerando al menos dos categorías cualitativamente diferentes: la violación por conocidos y la violación por extraños. Incluso se sugiere una tercera categoría que sería la violación durante guerras o conflictos sociales.

Violación por conocidos

A efectos de buscar un significado evolutivo debemos distinguir la violación de la pareja con la que el violador mantiene una larga relación, de la violación de una mujer cualquiera (conocida o desconocida) que no está emparejada con el violador.

La violación por conocidos constituye la gran mayoría de las violaciones. En los Estados Unidos de América, la estimación varía entre los estudios, pero siempre por encima del 50% de las violaciones son por conocidos (Thompson 2009). Los estudios llevados a cabo en otros países y poblaciones proporcionan cifras similares. Un meta-análisis de 48 estudios basados en poblaciones realizados por la Organización Mundial de la Salud (OMS), encontró que entre el 10% y el 69% de las mujeres habían sido físicamente asaltadas por sus parejas íntimas (Krug et al. 2002, cita en Thompson 2009). Entre el 10 y el 26% de las mujeres experimentan la violación en el matrimonio. La violación también ocurre entre parejas no casadas. El

7,3% de los hombres admite haber violado a su pareja actual al menos una vez, y el 9,1% de las mujeres informa de que han experimentado al menos una violación por su pareja actual (Goetz et al. 2008).

De modo que las relaciones sexuales normales aparecen trufadas de sexo forzado. Lo que provoca que nos interroguemos sobre por qué, hombres normales, en relaciones normales, recurren con tanta frecuencia a la fuerza para conseguir el acceso sexual.

Las víctimas de la violación por conocidos en su mayoría no experimentan maltrato físico. Prácticamente todos los violadores de este tipo tratan de usar una serie de estrategias de persuasión no violenta antes de recurrir a la fuerza física y la gran mayoría de las violaciones están precedidas de ¡contacto íntimo mutuamente consentido! Más aún, prácticamente todas las violaciones por conocido no suponen la ruptura del contacto social, y las víctimas, en muchos casos, manifiestan preocupación porque la situación provoque un daño en la relación (Thompson 2009). (Esto me recuerda la anécdota, verídica, de la gitana que increpaba al guardia civil que llevaba detenido a su esposo maltratador, con las siguientes palabras: "Déjalo que me pegue. ¿Pues no es mi marido?")

La hipótesis coercitiva podría explicar este tipo de violación. Moralmente es penoso admitir que puede tener recompensa evolutiva una conducta tan sumamente miserable y cobarde. Sin embargo, no debemos entender que las mujeres sienten atracción sexual por sus atacantes y su comportamiento violento, sino simplemente, que el coste de admitir la violación es inferior al coste de la resistencia. En las condiciones sociales en las que viven esas mujeres: dependencia económica y violencia física machista, probablemente escogen el menor de los males.

Violación por extraño

La violación por extraño o desconocido es completamente diferente. En la violación, normalmente, además del aspecto de la relación sexual forzada, suele darse conjuntamente una violencia innecesaria, una insensibilidad hacia el sufrimiento que se está provocando e, incluso, el disfrute sádico por el sufrimiento causado. Habitualmente implica un elevado grado de violencia física, maltrato de la víctima, y, desgraciadamente, con demasiada frecuencia, llegando hasta el asesinato de la víctima. Este tipo de violación tampoco tiene disculpa. Ni admite una explicación evolutiva. Los datos actuales sobre las características psicosociales de este tipo de violadores sostienen que se trata de individuos con un comportamiento patológico (Thompson 2009).

Violación en guerra y en conflictos violentos

Finalmente tenemos la violación durante conflictos violentos. Esta violación, en términos del número absoluto de casos, verdaderamente puede que sea la forma más generalizada de atropello sexual. En la mayoría de los casos la violación en este contexto no es sino un arma utilizada para humillar, herir, y aterrorizar al bando de las víctimas. En contextos más naturales, probablemente tenía otro significado como una forma de conseguir mujeres/esposas para la tribu, como se conoce sucede en los Yanomamo de Venezuela. En este caso en concreto, un 40% de los hombres yanomami se dice que han participado al menos en un asesinato con la finalidad de quedarse con la mujer. Los asesinos yanomami, se dice, *tienen más del doble de esposas y el triple de hijos que los que no matado nunca"* (Soler 2009:102) sugiriendo que esta conducta es adaptativa y confiere mayor éxito reproductivo. De acuerdo con esta argumentación, las sociedades humanas deberían de estar compuestas por cuadrillas de asesinos.

La asociación entre sadismo y violación se produce históricamente durante las guerras modernas. Durante la llamada "violación de Nanking", en la II Guerra Mundial, después de la conquista de la ciudad china de Nanking por las tropas japonesas, éstas violaron sistemáticamente a las mujeres chinas que encontraron. Muchas de las 20.000 víctimas de violación fueron asesinadas y mutiladas después del acto. (Existe una película que narra los hechos con bastante objetividad.) Después de la toma de Berlín, los soldados del Ejército Rojo violaron brutalmente a las mujeres alemanas (como documenta el historiador Antony Beevor, en *La batalla de Berlín*, y refleja fielmente en su novela, *La caída de los gigantes*, Ken Follet). En la guerra civil de Ruanda, las mujeres que eran violadas, a menudo eran sexualmente mutiladas y posteriormente asesinadas. En la guerra de la antigua Yugoslavia, la violación de las mujeres bosnias por los hombres serbios solía consistir en una amalgama de maltratos, tortura, violación y asesinato.

El sadismo parece ser un rasgo específico de la guerra moderna, porque las guerras en las sociedades pre-estatales típicamente comprendían la captura de las mujeres fértiles, para servir de esposas y concubinas, pero sin producir ensañamiento sádico.

Conclusión sobre el origen de la violación

Cuando se plantea la violación como una estrategia evolutiva la clave es, como hemos mantenido siempre a lo largo de este libro, determinar si aporta alguna ventaja desde el punto de vista del éxito reproductivo. En este sentido, surgen de manera inmediata dos preguntas que apuntan en contra de que la violación sea una adaptación. Primera cuestión, ¿cómo podría la selección haber actuado sobre una conducta que tiene tan pocas probabilidades de conducir a un embarazo? Segunda cuestión, ¿cómo podría un hombre tratar de incrementar su éxito reproductivo a través de la violación si con ella inflige un daño a la madre potencial? Finalmente, como siempre en cuestiones de evolución, procede hacer la pregunta más simple: ¿realmente proporciona la violación un incremento en el éxito reproductivo? Porque esta es siempre la clave de toda conducta supuestamente adaptativa: debe aportar una ventaja reproductiva al practicante de dicha conducta.

Pues bien, estos son los datos reales.

Entre el 0% y el 19% de las víctimas de violación se quedan preñadas según diferentes estudios (citados en Palmer 1991). De estos embarazos la probabilidad de resultar descendencia superviviente se ha estimado menor que 0,2% (Palmer 1991). Lo que se convierte en una evidencia sólida contra el punto de vista de que la violación es una adaptación evolutiva.

Se sugiere, como una explicación más plausible de la violación, considerarla como una conducta condicional dependiente de la situación, de las circunstancias concretas. La idea parte de considerar como un hecho, que los machos tienen un fuerte deseo sexual y, al mismo tiempo, también tienen la capacidad para reconocer cuándo la coerción puede ser usada para obtener un objetivo deseado. Lo que dicen es que, *"pudiera ser muy bien que la violación fuese adaptativa a menudo cuando es cometida, pero esto no implica que exista una 'adaptación para la violación' porque probablemente durante la mayor parte del tiempo la violación no sea rentable evolutivamente hablando"* (Smith et al. 2001).

Propensión masculina a la violación

Implícita, y a veces explícitamente, todas las teorías evolutivas sobre la violación indican que todos los hombres somos potenciales violadores. Como si todo dependiera de encontrar la ocasión apropiada (Vandermassen 2011). La insidia sugiere que, es una "distancia" muy corta la que existe entre el hombre de libido desmesurada y promiscuo (como somos descritos por los psicólogos evolucionistas), y el violador. Para pasar de uno a otro solo se necesita una buena oportunidad. Una situación en la que calculemos una elevada probabilidad de impunidad. Hay versiones mucho más "benignas" con los hombres que proponen que la violación tiene, además del componente sexual, otro componente, de dominación y odio hacia el sexo femenino. Solamente cuando se reúnen en una misma persona los dos componentes, aparece el violador.

Comparativamente, en la mayoría de las especies la violación (como copulación forzada) no parece estar confinada a los machos de estatus inferior o carentes de recursos. Dentro de la especie humana, tampoco se sostiene la sugerencia de que la mayoría de las violaciones son cometidas por individuos de baja extracción social. La violación es aparentemente cometida tanto por ricos como por pobres. Lo que resulta especialmente de manifiesto en las violaciones masivas en tiempos de guerra (Palmer 1991).

Conducta injustificable

Evidentemente, sea real o no, la existencia de una propensión psicológica de origen remoto evolutivo hacia la violencia sexual en general y hacia la violación en particular, en modo alguno puede servir como justificación ni eximente de un comportamiento execrable. Aunque se demostrase que la violación fuese una adaptación evolutiva surgida por selección sexual en el ambiente remoto, no la haría ni más aceptable, ni más justificable.

Lo cierto es que, incluso en medio de las feroces guerras que hemos mencionado, que garantizaban prácticamente la impunidad, se conocen los casos ejemplares de hombres que rechazaron de plano tomar parte en tales prácticas. Esos también eran machos humanos y no se comportaron como salvajes cobardes amparados en la masa y la impunidad. Es un caso más que demuestra, lo que venimos sosteniendo en distintas partes de este libro: podemos estar impelidos por nuestras pulsiones, pero no estamos gobernados por ellas.

Se debe remarcar una vez más que el ser humano ha evolucionado para ser plenamente consciente de lo que hace. Su cerebro computa siempre en toda actividad el balance coste/beneficio y adecúa su conducta al saldo de dicho balance. No existe una conducta humana que esté biológicamente urgida, insoslayable, irresistible, inevitable. Nuestra conducta puede tener una potente motivación emocional, pero, sobre esa pulsión animal procedente de las partes más primitivas de nuestro sistema nervioso, imperan las áreas más modernas que deciden finalmente qué hacer. Somos libres, luego responsables.

Efectos evolutivos perversos de la coerción sexual

La evolución conducida bajo estas condiciones puede tener resultados perversos. Las hembras que resisten el apareamiento con machos sexualmente coercitivos están ejerciendo una preferencia negativa para dicho carácter, por lo tanto, están incrementando sus posibilidades de aparearse con los machos preferidos (sexualmente no violentos). Sus hijos heredarán el carácter no coercitivo del padre y serán probablemente menos capaces de reproducirse. Sin embargo, si la capacidad coercitiva del padre puede ser transmitida al hijo, la mujer que terminase finalmente cediendo a la violencia sexual del hombre *podría* beneficiarse indirectamente (en términos de éxito reproductivo) porque sus hijos tendrían también esa capacidad de sobreponerse a la resistencia femenina dejando presumiblemente más hijos en la siguiente generación (Watson-Capps 2009). Si la resistencia femenina tiene éxito, actuará como una preferencia negativa contra los machos sexualmente violentos. Si la resistencia femenina es rota por la imposición del macho, la selección favorecerá los machos sexualmente coercitivos (Watson-Capps 2009). En estas condiciones la selección puede favorecer caracteres masculinos que se impongan sobre las preferencias femeninas. El resultado es una carrera de armas evolutiva entre los sexos, en la cual estrategias y contra-estrategias van siendo seleccionadas para minimizar los costes impuestos por el sexo opuesto (Muller et al. 2009).

Contramedidas femeninas contra la coerción sexual

Las hembras de todas las especies, también la mujer, han desarrollado evolutivamente contramedidas para defenderse de la coerción sexual masculina. Comentaremos las que tienen vigencia en la mujer.

Coaliciones de hembras

En los macacos Rhesus, las hembras forman fuertes lazos con sus parientes femeninas para toda la vida y cooperan para protegerse mutuamente contra la agresión masculina (Smuts 1995). Esta conducta es común en muchos monos del Viejo Mundo. Las bandas de hembras actúan juntas contra los machos, especialmente en defensa de los hijos contra machos agresivos. Las hembras impiden que ciertos machos se unan a sus grupos y algunas veces expulsan a los machos, ocasionalmente hiriéndolos o incluso matándolos (Smuts 1995).

No se conocen asociaciones de similar vigor entre las mujeres. Aparentemente, hay una cierta incapacidad evolutiva de la mujer para formar coaliciones sólidas de intereses frente a la violencia de los hombres. La mayoría de las sociedades humanas tradicionales tienen residencia viril ocal o patrilocal, es decir, las hembras abandonan su grupo de origen (y por tanto todos sus familiares) para incorporarse al grupo de su pareja masculina, donde ella no tiene parientes. Las coaliciones entre hembras humanas son generalmente débiles comparadas con las formadas por las hembras de otras especies de primates. Y tampoco puede contar con el apoyo de sus parientes porque no están. Estas circunstancias reducen la capacidad de las mujeres para resistir la agresión masculina (Smuts 1995).

Por el contrario, los machos humanos han desarrollado alianzas masculinas cada vez más potentes. Estas alianzas han funcionado para aumentar el poder y controlar los recursos necesitados por las mujeres.

Durante la evolución humana los hombres han desarrollado la capacidad para controlar la competición intra-masculina, para formar coaliciones de intereses muy sólidas. Probablemente porque fuera un rasgo adaptativo en los grupos de cazadores, en la defensa del grupo frente a otros grupos, en la defensa frente a grandes depredadores, en la deposición de los déspotas y tiranos, etc. Pero también ha servido para incrementar su capacidad de controlar a las mujeres (Smuts 1995).

Existen muchos ejemplos de cooperación masculina contra las mujeres: el rapto y la violación, la violación en grupo, normas culturales para controlar la sexualidad femenina, la justificación de la violencia contra la esposa por adulterio, etc. Sin embargo, en muchos casos los hombres no tienen ni siquiera que recurrir a la violencia porque controlan los recursos que la mujer necesita para ella y para criar a su prole (Smuts 1995). Así sucedió, y desde entonces ha venido sucediendo, con el surgimiento de las sociedades de agricultores, en las que los hombres controlaban y controlan todos los recursos que necesita la mujer.

Como reconocen algunas biólogas feministas, la incapacidad de las mujeres para formar este tipo de coaliciones, es parte de su incapacidad evolutiva para defenderse frente a la violencia masculina. Solo la toma de conciencia sociopolítica de las mujeres (evolución cultural) está contribuyendo a tomar medidas en este sentido en las sociedades desarrolladas.

Relaciones de amistad con machos

Algunas hembras de primates también reducen su vulnerabilidad a la agresión masculina formando relaciones amistosas a largo plazo con machos particulares. Concretamente en algunos babuinos, se ha visto este tipo de "amistad" con uno o dos de los dieciocho machos adultos del grupo. Los amigos viajan juntos, comen juntos, y duermen juntos en la noche. Frecuentemente también interaccionan amistosamente, por ejemplo, despiojándose mutuamente. El macho protege a su amiga y a su hijo contra la agresión de otros elementos de la tropa de babuinos. La hembra a cambio, a menudo, muestra una marcada preferencia por aparearse con sus "amigos" (Smuts 1995).

Sistemas similares funcionan en la especie humana donde, el hombre de la pareja humana defiende a su mujer —y a su derecho de propiedad sexual exclusiva—. En esta batalla no está solo, cuenta además con el reconocimiento del grupo respecto de sus derechos sexuales, lo que le otorga un argumento moral contra el agresor —un transgresor de las "normas" del grupo— que puede eventualmente reclutar el apoyo de todo el grupo para la causa del ofendido. Así mismo está apoyado en una red de parientes, que blindan a la esposa frente a los asaltos por otros hombres.

Capítulo 7. La idiosincrasia de la sexualidad femenina

"Diría que la mayoría de las mujeres (mejor para ellas) no están nada preocupadas con ningún tipo de sensación sexual." Willian Acton (1857) Functions and Disorders of the Reproductive Organs in Youth, in Adult Age, and in Advanced Life.

La sexualidad femenina que, pese a opiniones como la anterior, existe, es real, tiene aspectos muy especiales, característicos de ella. Este capítulo va dedicado a revisar algunos aspectos que me parecen especialmente característicos de la idiosincrasia de la sexualidad femenina.

El clítoris

El clítoris es un órgano exclusivo femenino cuya única función conocida es provocar la excitación sexual y producir placer. Se trata del único órgano de todos los existentes en los organismos superiores cuya *misión exclusiva es producir placer sexual*. Todos los demás cumplen misiones más o menos vitales como, depurar la sangre de toxinas (los riñones), oxigenar la sangre (los pulmones), etc. El pene de los machos, tiene al menos tres funciones: orinar, copular, y también producir placer sexual. El clítoris no tiene más misión que la excitación sexual (Sherfey 1966; Symons 1979; Abramson y Pinkerton 1995; Hrdy 1995; Lloyd 2005).

El clítoris está presente en todos los mamíferos y, por supuesto, en todos los primates. Aunque presenta bastantes variaciones morfológicas de unas especies a otras. El clítoris es absoluta y relativamente más grande en los monos antropoides que en la mujer, estando especialmente desarrollado en las hembras de chimpancé (Dixson 2012). Se trata pues de un órgano común a las hembras de muchas especies, no una estructura exclusiva de las hembras humanas, lo que deja claro su origen evolutivo. En lo que no existe acuerdo entre los investigadores es con respecto a su carácter adaptativo o meramente circunstancial.

Muchos sostienen que el clítoris es un producto secundario de la evolución, en la jerga evolutiva un "by-product", una consecuencia colateral de un proceso evolutivo principal dirigido por la selección. En este caso se sugiere que el clítoris surge en las hembras como un resultado colateral de la evolución del pene en el macho. En esta explicación, el pene masculino ha evolucionado como un órgano adaptado al servicio de la reproducción fundamentalmente mientras que el clítoris aparecería en las mujeres como una consecuencia colateral de la selección positiva sobre el pene en los machos. Se argumenta que el proceso evolutivo seguido por el clítoris sería similar al que explica la presencia de dos mamas en los hombres. Es indiscutible que las mamas típicas de las hembras de los mamíferos son órganos perfectamente adaptados para cumplir la función de amamantar a las crías durante la lactancia. Las mamas del hombre están dotadas de areola y pezón, como las de la mujer, pero son completamente afuncionales desde el punto de vista de la producción de leche y de la lactancia de los hijos. Las mamas masculinas han surgido como consecuencia de la selección de las estructuras mamarias en las hembras, como órganos adaptados a la lactancia de la descendencia.

En sentido contrario, otros defienden que el clítoris es un órgano crítico de la sexualidad femenina, que habría evolucionado como órgano fundamental de estimulación sexual y de generación del orgasmo femenino. No hay duda alguna respecto de que cumple una función, proporcionar placer y excitar sexualmente a la mujer, sirviendo como motivador de la actividad sexual femenina. En este sentido, caben pocas dudas de que puede haber sido adaptativo en el pasado remoto como lo es actualmente. No se trata de un órgano afuncional (como las mamas masculinas) sino que desempeña una función bien conocida como órgano femenino específico de estimulación sexual. Debemos precisar en este momento que, aunque el clítoris está directamente vinculado con el orgasmo femenino, evolutivamente, no deben confundirse el uno con el otro. Podemos estar razonablemente convencidos de la función como órgano adaptativo del clítoris y en cambio desconfiar del origen adaptativo del orgasmo femenino.

A favor de su papel adaptativo está el hecho de que la evolución del pene y el clítoris en los primates han seguido rutas divergentes en las diversas especies (Dixson 2012). En el caso humano, el pene ha evolucionado para convertirse en una estructura relativamente grande comparado con el tamaño corporal mientras que el clítoris ha evolucionado hacia una estructura de pequeño tamaño comparado con, por ejemplo, la voluminosa estructura existente en las hembras de chimpancé pigmeo o bonobo, de la que hacen uso intensivo en sus relaciones hetero- y homo-sexuales. Por tanto, parece evidente que la selección ha actuado de manera diferente en machos que en hembras. Lo que quiere decir que el clítoris es un órgano adaptativo.

Un conocimiento arcaico

Aunque los occidentales hemos acreditado históricamente una pertinaz ignorancia en materia de sexualidad femenina, desde muy antiguo, en la cultura "occidental" se tenía un conocimiento empírico del funcionamiento del clítoris bastante acertado. (Indudablemente muchas personas, ajenas a que los hechos deberían ajustarse a una "teoría superior", habían constatado, en el terreno práctico, "causas y efectos".) Fue muy común hasta bien entrado el siglo XX, la histeria como enfermedad crónica típicamente femenina (de hecho, creo recordar que la primera publicación de Freud fue un estudio sobre la histeria). (Llamo la atención del lector inadvertido que el significado de "histeria" en este contexto es muy diferente al popular hoy día.) En un tratado médico del año 1.653 se proponía el siguiente tratamiento de la "histeria" femenina (copiado literalmente de Marines 1999:175):

> *"Cuando estos síntomas se indican, consideramos necesario pedir a una partera que ayude, de modo que pueda masajear los genitales con un dedo adentro, utilizando aceite de lirios, raíz de almizcle, azafrán, o semejante. Y de esta manera la mujer afligida puede ser excitada hasta el **paroxismo**. Este tipo de estimulación con el dedo es recomendado por Galeno y Avicena, entre otros, en especial para viudas, para quienes viven vidas castas y para mujeres religiosas, como propone*

Gradus; se recomienda con menor frecuencia para mujeres muy jóvenes, mujeres públicas o mujeres casadas, para quienes es mejor remedio realizar el coito con sus cónyuges."

(La negrita es mía.) Como al atento lector no se le habrá escapado, el tratamiento prescrito a la paciente "histérica" es simplemente una masturbación (del clítoris y zonas aledañas) y el resultado obtenido, el orgasmo (el paroxismo).

Como acredita Rachel P. Maines, citando cada una de las fuentes, el remedio viene recogido desde los tiempos de Hipócrates, varios siglos antes de Cristo, hasta la actualidad, en numerosos tratados médicos (Celso, Galeno, Avicena, Paracelso, etc.) (Maines 1999). Quiere decir, que se sabía perfectamente cómo estimular adecuadamente a la mujer para producirle el orgasmo.

No es menos cierto que, pese a su "insignificancia" anatómica, no había escapado su "peligrosa actividad" al severo escrutinio de los hombres en su afán de controlar la sexualidad femenina. Como es desgraciadamente notorio, en muchos países africanos es "costumbre" practicar la ablación del clítoris en las niñas, en una mutilación bestial que pone en riesgo la vida de la niña y, en cualquier caso, arruina para siempre sus posibilidades de conocer el placer asociado con dicho órgano. Tales tendencias culturales bárbaras tienen un origen evolutivo. El hombre percibe como un peligro la sexualidad de la mujer. El marido, porque es una potencial amenaza a la certeza de su paternidad. El padre o el hermano, porque una mujer "ligera" puede amenazar el prestigio social y la honorabilidad de la familia. Esta vena es la que explica otras actitudes "culturales" como el invento de enfermedades ficticias con las que justificar lo injustificable.

La justificación de la brutalidad

Al igual que hoy está de moda la estupidez de practicar manipulaciones "estéticas" en los genitales femeninos externos, por mor de no sé qué bondades, a mediados del siglo XIX se popularizó la clitoridectomía en Londres para tratar "enfermedades femeninas" muy peculiares.

Isaac Baker Brown, reputado cirujano de la época, en Londres, se convirtió en el máximo defensor de las bondades de dicha técnica. La técnica, cual bálsamo de Fierabrás, curaba enfermedades reales e imaginarias. En una ocasión, llevó a cabo una clitoridectomía en una mujer de 20 años para curarla de la siguiente "enfermedad": la joven era *"desobediente a los deseos de su madre, enviaba tarjetas de visita a los hombres que le gustaban y dedicaba mucho tiempo a lecturas serias"* (cita tomada de Studd y Schwenkhagen 2009). ¿Qué "enfermedad" estaba tratando?: el derecho de la mujer a una vida propia, incluida una vida sexual propia. La brutalidad justificada en el pavor social a una mujer sujeto de su propio destino, dueña de su vida y de su sexualidad.

Aunque la práctica de esta atrocidad médica fue abandonada en el Reino Unido, después de un tremendo escándalo, siguió practicándose en otras partes de Europa.

En París, en 1882, terminando el siglo XIX, el médico que lleva a cabo la intervención la describe detalladamente. Las pacientes son dos niñas hermanas de ¡seis y diez años!, con "problemas psicológicos" debidos a la masturbación. El tratamiento fue draconiano: ¡cauterización del clítoris sin ayuda de anestesia! El procedimiento, de manera habitual, se llevaba a cabo eléctricamente, o de modo más efectivo mediante un hierro al rojo vivo aplicado al clítoris, al orificio de la vulva repetidamente, y "en una ocasión al trasero como castigo". El verdugo, reputado de médico, concluía que "no había que dudar en recurrir al procedimiento" (Studd y Schwenkhagen 2009).

Es evidente que tras estas "meditadas" intervenciones no estaba ningún propósito curativo sino la vena sexual represiva de los tiempos, la ignorancia feroz, y el miedo/deseo de los hombres de controlar la sexualidad femenina.

El orgasmo femenino

El orgasmo femenino es el cenit de la respuesta placentera a la estimulación sexual. Desgraciadamente, muchas mujeres han pasado por el mundo sin conocerlo ni disfrutarlo. En muchos casos, fruto de la represión brutal que se ha ejercido sobre la sexualidad en general y, muy en particular, sobre la sexualidad femenina. En otros muchos, como consecuencia de la ignorancia sobre la sexualidad femenina que ha dado lugar a sociedades humanas en las que las mujeres prácticamente no han conocido el orgasmo. Concurrentemente, en sinergia, ha actuado también la consideración (desconsideración) de la mujer. Las mujeres, como seres postergados, no suscitaban preocupación alguna respecto de sus gustos sexuales. Es más, muchos suponían que ni siquiera los tenían, que eran incapaces de disfrutar del sexo y que no lo deseaban (véase la cita inicial). Dentro de esta indigencia cultural sexual, los hombres no se planteaban qué necesitaban, qué querían, qué les gustaba sexualmente a las mujeres. Hay una tercera razón para no haber conocido el orgasmo, de la que nadie es culpable porque es un asunto completamente natural: hay un porcentaje notable de mujeres en todos los estudios que son anorgásmicas sin causa anatomofisiológica ni de otro tipo aparente. Al parecer, simplemente son así. Aunque recientemente se ha sugerido la existencia de un sustrato anatómico que sería responsable de estos casos de anorgasmia (Levin 2015).

Historia del orgasmo femenino

En el mundo real, la aceptación de la importancia de la satisfacción sexual de la mujer a través del orgasmo, ha sido un proceso largo y lento.

En 1918 Marie Stopes publicó un libro llamado *Amor matrimonial* que tuvo el mérito para su tiempo de plantear por primera vez el derecho de la mujer casada a la satisfacción sexual (Studd y Schwenkhagen 2009). Alfred Kinsey y colaboradores en 1953, rompieron el tabú respecto del tratamiento científico de asuntos tales como el orgasmo, la masturbación, etc. Masters y Johnson en 1965 publicaron los resultados de sus estudios fisiológicos sobre la copulación humana basada en observaciones experimentales con sujetos humanos en condiciones reales. Aunque sus experimentos generaron un revuelo considerable en la sociedad norteamericana, terminaron por convertir el sexo en un asunto abordable mediante procedimientos experimentales rigurosamente científicos. (Curiosamente, pese a la minuciosa descripción de la fisiología del orgasmo femenino realizada por Willians Masters y Virginia Johnson, 50 años después, como veremos, todavía nos encontramos discutiendo en qué consiste el orgasmo femenino). Y culminamos el fin del siglo XX con una revolución sexual que, al menos en la teoría, ha sentado las bases de la libertad sexual y el derecho a vivirla.

Permitido el uso de las manos

Una de las cosas que llama poderosamente la atención cuando se estudia el orgasmo femenino es descubrir la enorme variabilidad de la experiencia orgásmica en las mujeres. Variabilidad individual, porque una misma mujer experimenta diferentes sensaciones en diferentes momentos, lo que no parece sorprendente. En cambio, sí sorprende el hecho de que haya sociedades humanas donde la práctica totalidad de las mujeres son orgásmicas y muchas multi-orgásmicas (por ejemplo, los Mangaian de la Polinesia), frente a otras sociedades en que las mujeres ni siquiera conocen qué es un orgasmo (por ejemplo, las irlandesas de Innis Beag) (Abramson y Pinkerton 1995).

En el Informe Hite (1977), ya se ponía de manifiesto la gran heterogeneidad de las mujeres respecto del orgasmo. Mientras algunas mujeres eran capaces de experimentar múltiples orgasmos durante una relación sexual continuada, otras mujeres no eran capaces de experimentarlo en absoluto. Sin que existieran aparentemente causas objetivas anatómicas o fisiológicas que lo impidieran. Además, era una minoría la que alcanzaba el clímax habitualmente durante el coito por la penetración y estimulación vaginal producida por el pene, mientras que, la mayoría de las mujeres solo conseguían el orgasmo mediante estimulación del clítoris, sin que fuese necesario el coito.

El estándar de normalidad sexual establecía, desde el principio, que *el orgasmo femenino debería ser como el masculino, estar al servicio de la reproducción y producirse durante el coito*. Todavía habrá quién sea de esta opinión. Los datos del Informe Hite (1977) en cambio, revelaban, que el 70% de las mujeres eran incapaces de conseguir el orgasmo simplemente mediante el coito. En consecuencia, de acuerdo con el estándar de normalidad impuesto, la *inmensa mayoría de las mujeres eran sexualmente anormales*. En una situación que se da con relativa frecuencia, nos encontramos con que, los hechos, la realidad, es lo *anormal*, lo erróneo, lo disfuncional (así lo llamaban Masters y Johnson), pero la *teoría es correcta*. Las mujeres estaban *enfermas*, la *teoría estaba sana*. Sin embargo, el 82% de las mujeres se masturbaban y, de éstas, hasta el 95% alcanzaban el orgasmo habitualmente (Hite 1977).

En una encuesta de ámbito nacional en el Reino Unido, realizada en 1988 sobre una muestra de 3.679 mujeres, se destacaban los siguientes datos. Siendo todavía vírgenes, el 81% de las mujeres había experimentado un orgasmo sin copular. Solo un 7% experimentó el orgasmo en su primera cópula. Las mujeres sexualmente experimentadas (después de 50 cópulas), habían tenido algún orgasmo en alguna ocasión el 92%, pero solo el 53% lo había alcanzado durante el coito (Baker y Bellis 1993). En la Encuesta de Salud Nacional y Vida Social en los EE.UU. de América, durante el año 1993, el 29% de las mujeres decían que experimentaban siempre el orgasmo con su pareja (Bancroft y Graham 2011). En un estudio de 300 mujeres (citado en Studd y Schwenkhagen 2009), solo el 39% alcanzaban siempre o casi siempre el orgasmo durante el coito. De éstas, el 80% necesitaban "un tirón final" de estimulación manual del clítoris para llegar al orgasmo. En un estudio más reciente, solamente el 20% de las mujeres experimentan el orgasmo durante el coito con penetración. El 75% no lo experimentan durante el coito, solo con estimulación vaginal, requiriendo estimulación adicional del clítoris (Wallen 2006). Elisabeth Lloyd (2005) recoge en la Tabla 1 de su libro, *Case of the Female Orgasm: Bias in the Science of Evolution*, (El caso del orgasmo femenino: sesgo en la ciencia de la evolución), varias decenas de estudios sobre el orgasmo femenino durante el coito. Restringiéndonos solo a estudios con más de 1.000 individuos, el porcentaje de mujeres que "siempre" alcanzaban el orgasmo durante el coito era 24% (Chesser 1956), 26% (Hite 1976), 39% (Kinsey et al. 1953), 34% (Kopp 1934), 29% (Laumann et al. 1994), 26% (Schnabl 1980), 18% (Stanley 1995), y 15% (Tavris y Sadd 1977).

Conclusión abrumadoramente probada: una minoría de mujeres alcanza normalmente el orgasmo simplemente por el coito con penetración vaginal. La mayoría lo consigue por estimulación del clítoris.

En un amplio estudio con 9.000 mujeres con edades entre 40-80 años, la prevalencia de la incapacidad para alcanzar el orgasmo osciló entre el 18% (en el norte de Europa) hasta el 41% (en el sudeste asiático) (Bancroft y Graham 2011). En suma, transcurridos 30 años, apurada hasta sus últimos términos la revolución sexual en los países occidentales, sigue produciéndose el hecho de que hay mujeres anorgásmicas. (La ausencia de represión sexual parece ser una condición necesaria pero no suficiente para la ocurrencia de un orgasmo femenino regular durante las relaciones sexuales.)

Dentro de la enorme discrepancia de los diferentes valores estimados, en parte debida a las diversas metodologías empleadas, hay algunas conclusiones que extraer de la revisión de lo publicado. La primera es la extraordinaria variación en la experiencia orgásmica entre mujeres, y entre sociedades (basta revisar la Tabla 1 de Lloyd 2005). En segundo lugar, que la evaluación de la sexualidad femenina no puede hacerse tomando como referencia de normalidad su respuesta durante el coito. Hay un consenso amplio en que *el coito no es la forma más adecuada para proporcionar estimulación sexual a la mujer, ni la más eficiente para conseguir el orgasmo* (Sherfey 1966; Hite 1977; Lloyd 2005). *El orgasmo femenino no es el resultado natural del coito.* Tercero, en los diversos estudios llevados a cabo mediante entrevistas o autoinformes, se detecta que hay un sesgo en las respuestas inclinándose hacia lo aceptado socialmente. Por tanto, se tiende a ser socialmente correcto, lo que se traduce en que está sobreestimada la proporción de orgasmos obtenidos por el coito e infraestimada la proporción de orgasmos obtenidos por masturbación (Hite 1977). Por último, los estudios revisados no distinguen orgasmos durante el coito con ayuda o sin ayuda (con o sin estimulación adicional del clítoris). Se debe sospechar que el número de orgasmos sin ayuda es menor todavía de lo reportado (Hite 1977; Lloyd 2005).

En suma, actualmente, la evidencia es abrumadora indicando que la mayoría de las mujeres requieren estimulación clitoriana para alcanzar el orgasmo durante el coito (Hite 1977; Symons 1979; Lloyd 2005; Bancroft y Graham 2011). A este respecto son pertinentes las palabras de una psicóloga, Carole Wade: *"El sexo no es un partido de fútbol. El uso de las manos está permitido."*

Orgasmo vaginal vs. clitoriano

Durante mucho tiempo, siguiendo la profunda influencia del psicoanálisis, se consideró que existían dos tipos de orgasmo femenino: el clitoriano (obtenido mediante la estimulación del clítoris) y el vaginal (obtenido por la estimulación de la vagina).Freud hablaba de que el desarrollo psicosexual femenino suponía la transferencia desde la zona erotogénica infantil (el clítoris) a la zona erotogénica madura (la vagina).Se consideraba dentro de esta teoría que el orgasmo propio de una mujer psicológicamente "madura" —el orgasmo "normal"— era el vaginal, aquel que se producía durante la actividad sexual "normal", durante el coito. La persistencia de una fijación femenina en el clítoris era, como poco, un signo de inmadurez psicológica. La mujer madura debía de conseguir el clímax sexual mediante el coito. Como acontecía en el hombre. El hombre era "la medida de todas las cosas" (Nietzsche) y también de la "normalidad" orgásmica. Dado que lo normal era igual a vaginal, lo anormal era igual a clitoriano.

Parte de la responsabilidad de esta situación es imputable también a la obcecación en mantener un modelo de la heterosexualidad sana y normal basado en la penetración de la vagina por el pene. Los hombres hacían la ciencia, luego el modelo del orgasmo femenino tenía que ser forzosamente… ¡El orgasmo masculino! La constante, desde Hipócrates hasta Freud, es que el coito es la forma "normal", "natural", de alcanzar el orgasmo, y por consiguiente, las mujeres que no alcanzan el orgasmo solo mediante la penetración están enfermas o tienen algún defecto (Maines 1999).

Sherfey (1966) señaló algunas objeciones a esta teoría basadas en cuatro observaciones: la infrecuencia de los orgasmos "vaginales"; la ausencia de un nervio sensorial terminando en el cuerpo principal de la vagina; la facilidad con que las mujeres pueden confundir un orgasmo vaginal con uno clitoriano; y la aparente ausencia de orgasmos vaginales en todos los animales no humanos. Además, era un conocimiento médico común la relativa insensibilidad de la vagina (Koedt 2010):

> *"On savait aussi que, durant les interventions chirurgicales à l'intérieur du vagin, l'anesthésie n'était pas nécessaire, ce qui montre bien qu'en vérité le vagin n'est pas une région hautement sensitive."*
> *[También se sabía que, durante las intervenciones quirúrgicas en el interior de la vagina, la anestesia no era necesaria, lo que mostraba bien claro que la vagina no es una región altamente sensible.]*

Con una lógica aplastante Anne Koedt (2010) hace notar:

> *"Plutôt que de partir de ce que les femmes devaint ressentir, il eût été plus logique de partir des faits anatomiques concernant le clitoris et le vagin."*
> *[En vez de partir de lo que las mujeres debían sentir, habría sido más lógico partir de los hechos anatómicos concernientes al clítoris y la vagina.]*

En este terreno, el conocimiento se construía al revés de lo establecido y sensato. En lugar de ajustar y deducir la teoría de los hechos, primero se establecía la teoría, y los hechos que no se adaptaban a la teoría eran reputados de anormales. La teoría del orgasmo vaginal era correcta, porque así lo establecía la tradición secular (creada por los hombres) y así lo decía Freud, y la mayoría de las mujeres estaban enfermas por no atenerse a la teoría…

Las opiniones verbales aportadas por las miles de mujeres recogidas en el Informe Hite (1977), los datos de numerosos estudios y la opinión mayoritaria de los expertos (Sherfey 1966; Symons 1979; Lloyd 2005; Levin 2011, 2015) apoyan la existencia de un único tipo de orgasmo de origen clitoriano.

Las mujeres han estado algo preocupadas durante algunos años porque se las había convencido de que, lo que ellas *realmente sentían, no era lo que deberían sentir*. El paso del tiempo, y la aportación de mucha información al respecto, han demostrado que las mujeres estaban sanas y la teoría era errónea.

La reedición del orgasmo vaginal

No obstante, recientemente (Brody et al. 2011), se ha vuelto a sostener la existencia de dos tipos de orgasmo femenino **psicológica y fisiológicamente diferentes**.

De acuerdo con Stuart Brody, un médico australiano, y sus colaboradores, el orgasmo vaginal se produce por la estimulación del cuello del útero y de la vagina y se transmite a través del nervio vago. El orgasmo clitoriano se produce por la estimulación del clítoris y se trasmite por el nervio pudendo (Brody et al. 2011). Se sostiene que en mujeres con lesión espinal que afecta a la mitad inferior del cuerpo, no se produce orgasmo por excitación clitoriana (porque no hay transmisión a través del nervio pudendo) y sí se produce orgasmo vaginal a través del nervio vago, cuya conexión con el sistema nervioso central no está afectada por la lesión espinal. Sería la demostración empírica de la existencia de dos vías diferentes anatómica y fisiológicamente.

Como soporte en esta hipótesis se referencia un estudio en el que, al parecer, mujeres diagnosticadas de ruptura completa de médula espinal afectando a los nervios sensitivos genitoespinales han demostrado percibir y responder con orgasmos a la estimulación artificial vaginal o cervical, apuntando todas las evidencias a que la transmisión se produce a través del nervio vago sorteando la médula espinal (Komisaruk et al. 2004) y referencias dentro de esta cita). (De acuerdo con esto, las mujeres clitoridectomizadas deberían de poder experimentar al menos orgasmos vaginales y, hasta donde yo sé, no hay noticias en este sentido.)

No solo eso. Al mismo tiempo, se afirma la superioridad fisiológica y psicológica del orgasmo vaginal. Éste parece asociado a un gran número de efectos psicológicos positivos. Mientras que, por el contrario, el orgasmo clitoriano es considerado —en riguroso seguimiento de la tradición psicoanalítica— como una forma inmadura, fisiológica y psicológicamente, que verdaderamente aparece asociado a una serie de disfunciones psicológicas, hasta el punto de considerarlo como un fenómeno nocivo para la salud (Brody et al. 2011; Klapilová et al. 2015).

La discusión a fondo de este asunto nos llevaría a tener que desarrollar numerosos detalles anatómicos y fisiológicos de la respuesta sexual femenina que escapan del ámbito de este libro. Remito al lector interesado de modo especial en este tema a la excelente revisión, muy actualizada, escrita por Levin (2015). Para nuestros propósitos utilizaremos los argumentos principales de esta revisión.

Primero, como se ha puesto de manifiesto por las investigaciones de los últimos años, el número de sitios en la región pélvica y genital femenina susceptibles de inducir excitación sexual y eventualmente producir orgasmo, se aproximan a la decena. Por tanto, de partida, la apelación a un orgasmo vaginal debido a la introducción del pene es absolutamente imprecisa, porque la penetración puede producir estimulación de un gran número diferente de sitios. Describir un orgasmo durante una penetración vaginal con el pene como puramente vaginal es claramente incorrecto. En este sentido se propone denominar a este tipo de orgasmos como "genitales" desde el momento en que involucran diferentes áreas genitales (Levin 2015).

Segundo, el experimento de Komisaruk y colaboradores está pendiente de ser replicado y, además, se discute su validez por cuanto se estima que la metodología empleada no reproduce fielmente las condiciones naturales (Levin 2015).

Tercero, se argumenta también, que si la estimulación del clítoris produce un orgasmo de un tipo que resulta ser tan "nocivo" para la mujer, y tratándose de un órgano, el clítoris, que no tiene ninguna otra función que la de producir placer sexual, ¿cómo es que no ha sido selectivamente eliminado? (Levin 2015).

Por último, los resultados de Brody y colaboradores se obtienen a partir de estudios correlacionales. Como cualquier usuario medio del análisis de correlación sabe —y como el propio Brody reconoce— la correlación entre dos factores no puede utilizarse como *causalidad*, que es lo que hacen Brody y colaboradores (Levin 2015).

La realidad es que, primero, el orgasmo —de cualquier origen— no es un requisito crítico para la reproducción humana. Como miles de mujeres podrían atestiguar, se quedaron embarazadas sin haber tenido un orgasmo. Y, segundo, existe una evidencia masiva de que el orgasmo inducido vaginalmente no facilita la fertilización y no aumenta la eficacia reproductiva (Levin 2011).

Por otro lado, se puede argumentar, desde un punto de vista racional, que, si la estimulación vaginal y su orgasmo asociado fuesen tan fundamentales para asegurar **mujeres que sean física y mentalmente sanas**, es de suponer que tal situación se habría debido producir durante los miles de años de evolución previos. Por consiguiente, la selección natural debería haber seleccionado las mujeres capaces de tener orgasmos vaginales con sus beneficios anexos. La objeción (Levin 2011), en forma de pregunta, es entonces, ¿por qué son mayoría precisamente aquellas mujeres incapaces de participar de sus beneficios? ¿Cómo es posible que no se hayan favorecido selectivamente las mujeres "vaginales"? La respuesta es obvia: porque no existe ninguna ventaja evolutiva en las mujeres con orgasmo "vaginal".

Con relación a la excitación sexual femenina, la estimulación del clítoris y la vagina, cuando se llevan a cabo simultáneamente, se afirma que activan un estado placentero erótico superior y más satisfactorio sexualmente que cuando se estimulan separadamente. La vagina y el clítoris tienen sitios de representación separados en el cerebro (Levin 2011), parece, por tanto, bastante lógico que la estimulación simultánea de las dos áreas cerebrales sea más satisfactoria sexualmente que la estimulación de solo una de ellas.

Estoy persuadido a aceptar que puede ser cierta la existencia de otra ruta anatomofisiológica para la generación y transmisión del orgasmo vaginal. Es una mera cuestión anatomofisiológica de demostrar si existe o no tal ruta. Ya se han encontrado evidencias fisológicas a favor por medio de fMRI del sistema nervioso a partir del estudio de mujeres con lesión completa de médula espinal comprometiendo las inervaciones genitoespinales (Komisaruk et al. 2004), aunque este trabajo ha sido colocado en entredicho por falta de una replicación experimental independiente (Levin 2015). Pero estoy absolutamente convencido de que la presunta ventaja y madurez del orgasmo "vaginal" es una patraña. Mi convencimiento surge del argumento lógico evolutivo que antes hemos planteado. Como un firme defensor del rigor científico de la teoría evolutiva, una hipótesis incompatible con la evolución es, simplemente, falsa. No puede haberse mantenido un orgasmo "nocivo", el clitoriano, frente a la selección natural. Habría desaparecido totalmente a favor del "vaginal". Además, como hemos comentado, no existe un orgasmo "vaginal" sino "genital".

¿Adaptación o producto secundario?

Independientemente de los tipos de orgasmo femenino que puedan existir, un problema diferente es su origen evolutivo, su función adaptativa o no, si ha surgido como respuesta adaptativa a una demanda evolutiva o es un producto secundario sin función específica. A este respecto es pertinente indagar si las mujeres orgásmicas tienen un éxito reproductivo superior. En este sentido escribe Elisabeth A. Lloyd (2005:60)

> "we have no evidence that females with orgasm had relatively greater reproductive success than females without it"
> [no tenemos ninguna evidencia de que las hembras con orgasmo tengan un éxito reproductivo relativamente mayor que las hembras sin él]0

La mayoría de los expertos (expertas incluidas, por ejemplo Elisabeth Ann Lloyd que ha escrito un libro íntegramente dedicado al asunto) sostienen que el orgasmo femenino es un resultado secundario ("by-product") de la selección a favor del orgasmo masculino. El orgasmo masculino tiene una función adaptativa clara: favorecer la reproducción a través de la asociación orgasmo-eyaculación. El orgasmo femenino, sin función adaptativa obvia, se dice que sería meramente resultado o consecuencia de la evolución del orgasmo masculino.

La mayoría de los mamíferos se aparean muy rápidamente, siendo generalmente adaptativo para los machos eyacular tan pronto como sea posible, después de penetrar, porque cuanto antes se eyacule antes se podrá producir la fecundación. De hecho, una de las diferencias más notorias entre el hombre y los machos de otros simios está en la duración de la cópula. En humanos es cosa de minutos y en simios cuestión de segundos. Por ejemplo, en los chimpancés la cópula viene a durar unos 7 segundos, en los bonobos unos 13 segundos, y en el ser humano unos 10 minutos. (Digamos, de pasada, que esto puede interpretarse como que la eyaculación precoz es una vieja adaptación, no una anomalía.)

No hay ninguna evidencia, en cambio de que las hembras de los mamíferos tengan orgasmo durante la copulación heterosexual (Symons 1980). Aunque parece ser bastante verosímil por las analogías anatómicas y las respuestas conductuales que exhiben las hembras durante el coito.

Los orgasmos humanos femeninos son normales entre algunos pueblos y desconocidos entre otros pueblos. En las pocas sociedades en las cuales todas las hembras se dice que tienen orgasmos, ocurre una estimulación sustancial del clítoris. Entre los pueblos occidentales, algunas mujeres tienen orgasmo cada vez que hacen el amor, otras nunca, y la mayoría caen en alguna parte entre estos extremos (Symons 1980; Lloyd 2005).

Lloyd (2005) revisa también los pocos estudios sobre el orgasmo en algunos primates. Con relación al orgasmo producido durante el coito heterosexual llega a establecer fiablemente los siguientes hechos: 1) es un acontecimiento raro en la mayoría de las hembras, especialmente en libertad; 2) es muy variable individualmente, unas los experimentan, otras no; y, 3) no está relacionado con la reproducción.

En este sentido, el argumento fundamental esgrimido por quienes sostienen la carencia de función adaptativa del orgasmo femenino es la extraordinaria variabilidad con que se presenta en las poblaciones humanas. Como se ha visto, algunas mujeres son fácilmente multiorgásmicas, algunas no lo son en absoluto y, en medio, la gran mayoría es capaz de experimentarlo, pero habitualmente requieren estimulación adicional del clítoris. Parece razonable que, si el orgasmo femenino fuese adaptativo sería lógico que la frecuencia de respuesta durante el coito fuese considerablemente superior. Por el contrario, lo que sucede es que, **de todas las formas mediante las cuales se puede producir el orgasmo femenino, el coito es la más ineficaz**. No se trata solo de que se produzca el orgasmo por otros métodos sino que los otros métodos son mucho más eficaces. Si consideramos la eficiencia un indicativo de la función adaptativa —como establece la ortodoxia evolutiva— el orgasmo femenino tendríamos que concluir que es una adaptación a la estimulación manual u oral del clítoris (Wallen 2006).

La respuesta orgásmica es en cambio muy eficaz a la estimulación directa del clítoris, lo que conduce a pensar que la disposición anatómica femenina no está "diseñada" para favorecer el orgasmo durante el coito. Dicho de otro modo, la selección no ha dirigido la evolución de la ubicación del clítoris en la mujer con vistas a favorecer su estimulación durante el coito. Comparativamente con las hembras de los primates no humanos se ve que en éstas el clítoris está dispuesto más cerca de la apertura de la vagina favoreciendo su estimulación durante el coito (Lloyd 2005).

Finalmente, en el nivel teórico evolutivo distal, la pregunta que surge por encima de todas es que, si el orgasmo femenino tuviese cualquier consecuencia real sobre la eficacia reproductiva, ¿por qué solo como máximo del 40-50% de las mujeres tienen orgasmos solo por estimulación mediante el coito? Las mujeres que tuvieran tales orgasmos serían mejores reproductoras y aquellas capaces también de seleccionar machos con genes buenos en términos evolutivos superarían a las que carecen de estas ventajas.

Esta postura no supone que el orgasmo femenino no tenga de hecho ninguna función sino que no evolucionó en tiempos remotos para cumplir ninguna función, no fue objeto de la selección porque aportase a la mujer ninguna ventaja reproductiva (causa última o remota). Pero después de aparecer como un efecto evolutivo colateral del orgasmo masculino, el orgasmo femenino sirve a algunos propósitos actualmente (causa inmediata). En esta línea se sugiere que, como elemento de gratificación sexual, sirve como refuerzo de la unión de la pareja monógama (Symons 1980).

Explicaciones adaptativas del orgasmo femenino

Entre los defensores del orgasmo femenino como adaptación evolutiva se manejan teorías diversas como explicación.

Las feministas son en general firmes defensoras de que el orgasmo femenino es un producto de la evolución adaptativa. Entre ellas, la primatóloga Sarah Blaffer Hrdy, sostiene que el orgasmo femenino (en su multiplicidad) es una adaptación antigua que evolucionó en un contexto de predominio masculino donde funcionaba para motivar a las hembras a continuar solicitando varios machos (Hrdy 1995). Esta hipótesis, como la propia autora admite, es muy difícil que pueda ser sometida a prueba y por tanto casi imposible verificarla o refutarla. Pertenece más bien al ámbito especulativo que al científico. En contra está el hecho de la relativa rareza del orgasmo durante la cópula.

La mayoría de las reacciones de muchas feministas contra la tesis de que el orgasmo femenino es un producto secundario de la selección a favor del orgasmo masculino se basa en la conocida falacia de considerar que lo **importante** es lo que se ha **seleccionado naturalmente**. Como si el ser un producto directo de la selección otorgase un plus de valía objetiva. Para ilustrar lo extraordinariamente pueril de esta idea basta enumerar algunos otros rasgos humanos que no han sido producto de la selección directa: la capacidad para sentir y componer música, para cualquier actividad artística, para hacer ciencia, para filosofar, para hablar un idioma y leer, etc. Las funciones más elevadas y magníficas del ser humano son "by-products" de la selección para un cerebro maquiavélico. En cualquier caso, sea cual sea su origen evolutivo, lo importante es que existe y que puede ser disfrutado por un gran número de mujeres. ¡Qué más da el origen evolutivo desde una perspectiva puramente práctica!

Aunque se decanta por la idea de que el orgasmo femenino es un producto colateral no adaptativo, Donald Symons también sugiere alguna posibilidad adaptativa. Los seres humanos son básicamente monógamos, la relación entre esposa y marido puede ser descrita como unión de pareja, y el orgasmo femenino es una de las adaptaciones cuya función sería potenciar la unión de pareja, haciendo la vida familiar más gratificante (Symons 1980).

Hay un buen número de teorías adaptativas sobre el orgasmo femenino que son minuciosamente desmontadas por Lloyd (2005:44-106). Curiosamente, la totalidad pueden ser rechazadas de plano por ignorar completamente el más elemental conocimiento sexológico femenino: el coito no es ni eficaz ni eficiente produciendo orgasmos. Pues bien, casi todas parten de la suposición —falsa— de que el coito lleva implícito el orgasmo femenino. Solo una parte de las mujeres experimentan el orgasmo durante el coito, luego, en el mejor de los casos, solo servirían de explicación para esas mujeres. Con lo que no dan una explicación evolutiva general de lo que pretenden explicar: el orgasmo femenino.

El efecto "succión" del orgasmo femenino

Baker y Bellis publicaron unos trabajos (Baker y Bellis 1989, 1993; Bellis y Baker 1990) que consiguieron un eco extraordinario, incluso en los medios de comunicación de masas, en los que defendían lo que podemos llamar la hipótesis "succión" ("upsuck"). La hipótesis proviene originalmente de Fox et al. (1970) y viene a decir, que la función del orgasmo femenino es favorecer la fecundación dado que, concurrentemente con el orgasmo, se produce una actividad muscular en el tracto reproductivo interno femenino, una especie de peristaltismo inverso, que provoca el transporte del semen hacia el óvulo. Dicho de otro modo, el orgasmo femenino produce un efecto de succión del semen que lo transporta rápidamente hacia las trompas de Falopio aumentando las probabilidades de que se produzca la fecundación. Por consiguiente, dando por cierto este hecho, el orgasmo femenino tiene un significado evolutivo claro, una función adaptativa, y sería un producto directo de la evolución por selección.

La hipótesis succión ha tenido una acogida excepcional entre los psicólogos evolucionistas que la han convertido en pilar básico de sus teorías. Como vamos a ver, nada sólido se puede construir sobre una base tan endeble.

Como puntualiza Lloyd (2005:183), el trabajo de Fox et al. (1970) estudia la existencia de *cambios de presión* en el útero y en la vagina durante la actividad sexual y el orgasmo, pero no ensaya para nada la existencia del efecto succionador. Luego, desde un punto de vista estrictamente científico, es ilegítimo usarlo como fuente de evidencia sobre el efecto succión del orgasmo femenino. Simplemente porque no investiga dicho asunto, sino que se limita a sugerirlo como explicación de sus experimentos (véase Fox et al. 1970).

Lloyd (2005) llevó a cabo una minuciosa revisión del asunto de la evolución del orgasmo femenino. Como pone de manifiesto, el trabajo de Fox et al. (1970) (el trabajo que sirve de base para todo lo desarrollado por Baker & Bellis), se basa ¡en una pareja casada! **¡solo una mujer!** para un total de ¡cuatro experimentos, cuatro! Dos midiendo en la vagina y dos midiendo en el útero, los cambios de presión durante el coito y el orgasmo. Es más que dudosa la fiabilidad de los resultados experimentales obtenidos a partir de una única mujer. Máxime, habida cuenta de la enorme variabilidad en la manifestación del orgasmo que se da entre las diferentes mujeres. Esto provoca el siguiente comentario de Lloyd (2005: 193) sobre la teoría del orgasmo succión:

> *"So it seems especially inappropriate to initiate entire theories of the evolution of female orgasm on the basis of results generated by one woman."*
> *[Así pues parece especialmente inapropiado iniciar teorías completas de la evolución del orgasmo femenino a partir de los resultados generados por una mujer.]*

Además, en la discusión del trabajo se recogen una serie de seis trabajos (el último de 1966, realizado por Masters y Johnson) que contradicen los resultados de Fox et al. (1970). El libro de Lloyd (2005) da noticia de muchos otros experimentos posteriores, todos con resultados que rechazan la hipótesis succión. Estos trabajos que contradicen la hipótesis succión no fueron tomados en cuenta por Baker y Bellis —ni por todos los que han venido después—. Así pues, no hay ninguna evidencia hasta la fecha de que el esperma ascienda el canal cervical por ningún otro mecanismo que no sea su propia motilidad (Lloyd 2005).

Por otra parte, falla el requisito fundamental para que el orgasmo femenino sea una adaptación evolutiva. Si fuese una adaptación esperaríamos que su ocurrencia durante el coito fuese mayoritaria y que los coitos con orgasmo fuesen más fértiles que los anorgásmicos. **No existe ninguna evidencia de que las mujeres con orgasmo tengan relativamente mayor fertilidad que las que no lo alcanzan** (Lloyd 2005:17). En el propio trabajo de Fox et al. (1970) se reconoce, específicamente, que *"es bien sabido que el orgasmo femenino no es esencial para la fertilización, y por tanto para el transporte efectivo del esperma"*. Luego no existe ninguna relación entre orgasmo y fertilidad.

No obstante, las clínicas de fertilidad recomiendan por sistema a sus pacientes que practiquen la masturbación hasta el orgasmo, después del tratamiento de inseminación artificial, suponiendo un efecto positivo del orgasmo sobre la fertilidad para el que no existe evidencia alguna (Lloyd 2005:191). Con idéntica justificación y mismo efecto, podrían aconsejar una imposición de manos por una curandera o recitar un mantra todas las mañanas al alba.

Finalmente, aunque se demostrase que el orgasmo femenino aumenta la fertilidad, no sería suficiente porque lo que debería incrementar es el éxito reproductivo. En los seres humanos, como en otros animales con un gran lapso de tiempo entre embarazos sucesivos, y partos normalmente de un solo hijo por embarazo, el aumento de éxito reproductivo no depende de la fertilidad sino de los cuidados y protección durante la crianza para aumentar la supervivencia de los hijos (Lloyd 2005:192). El orgasmo obviamente no aporta nada en este sentido, lo que contribuye a hacer más inverosímil la hipótesis del orgasmo como adaptación en general.

Todo lo cual lleva a la siguiente conclusión (Lloyd 2005:192):

> *"The evidence connecting uterine upsuck to orgasm is inconclusive at best, the evidence linking uterine upsuck to fertility is nonexistent, and the evidence concerning birth spacing and reproductive investment seems to cast doubt on the expectation*

*that a general increase in fertility would be linked
to higher reproductive success."*

*[La evidencia conectando la succión uterina con el
orgasmo es en el mejor de los casos no probatoria,
la evidencia vinculando la succión uterina con la
fertilidad es inexistente, y la evidencia relativa al
intervalo entre partos y la inversión reproductiva
parece generar dudas sobre la expectativa de que
un incremento general en fertilidad daría lugar a
un éxito reproductivo superior.]*

Algunos ironizan con la hipótesis succión denominándola *"concepto
zombie porque a pesar de las críticas repetidas y la evidencia en
contra, una serie de autores continúan teniéndolo en su lista de
deseos"* como si tuviera detrás una evidencia sólida que lo sostuviera
(Levin 2011). La "succión" (como el mismo orgasmo femenino) es
perfectamente innecesaria para que la fecundación tenga lugar. Como
muchas mujeres pueden atestiguar, la ausencia de sus orgasmos no ha
impedido sus embarazos (Levin 2011).

En conclusión. No existe ninguna evidencia empírica incontrovertida
de que el orgasmo femenino humano tenga ningún papel significativo
en facilitar la subida del esperma potenciando su velocidad de
transporte o la cantidad transportada o ambas cosas en un coito natural
(sin tratamiento con oxitocina).

Valor otorgado al orgasmo por la mujer

Sea cual sea su devenir evolutivo, el orgasmo femenino es una
realidad para un gran número de mujeres y debemos considerar la
valoración subjetiva que la mujer concede a la experiencia orgásmica.
Es cierto que, en lo que yo llamo "efecto péndulo", la postura de la
sociedad frente a un asunto concreto frecuentemente oscila entre una
valoración y su extremo opuesto. También en materia de placer sexual
o de sexo. Hemos pasado desde la represión sexual a la "obligación"
de practicar el sexo compulsivamente (Hirch 2008). El efecto
"péndulo" parece estar presente también en la consideración de la
experiencia del orgasmo femenino, donde hemos pasado, de la
desconsideración absoluta hacia la satisfacción sexual de la mujer, a
la frustración absoluta si en una experiencia sexual concreta ella no
alcanza el orgasmo. El "péndulo" ha oscilado con rapidez.

Cuando apareció el Informe Hite sobre la sexualidad femenina (1976 en la edición original en inglés; 1977 la primera edición en español), en plena revolución sexual en occidente, las opiniones de las mujeres sobre la ausencia del orgasmo en unas relaciones sexuales eran muy matizada y serena. Venían a decir que lo más importante era la actitud de la pareja, su afecto, su consideración hacia ella, su dedicación a tratar de satisfacerla, su devoción sexual. Si esa actitud culminaba en un orgasmo, fantástico, pero si no, ya habría otra ocasión.

En muchos medios de comunicación de masas hoy día el orgasmo se ha convertido en un mito, un icono sexual, una entelequia, una pasarela al Séptimo Cielo, un derecho inalienable, un objetivo insoslayable, la llave de la felicidad… No es raro entonces que, en el probable caso de no alcanzar ella el orgasmo, en una ocasión puntual, el asunto se convierta en causa de frustración si no de conflicto abierto. El péndulo.

Afortunadamente, el impacto real de los medios de comunicación de masas es bastante inferior de lo que creemos. También en el orgasmo. Prima la Naturaleza Humana.

La expectativa del orgasmo (o sea, de la gratificación sexual) se supone que es el mecanismo biológico proximal que impele a hombres y mujeres a desear tener relaciones sexuales (Eschler 2004). Yo creo, más bien, que el impulso sexual, el deseo de copular con una pareja del otro sexo, es previo e incondicional. Está presente a partir de nuestra adolescencia antes de alcanzar el "premio" del orgasmo. Evolutivamente estamos diseñados para desear aparearnos, haya o no, placer. El objetivo es la reproducción a toda costa, como ya hemos comentado tantas veces. El placer durante las relaciones sexuales, culminado habitualmente con la guinda del orgasmo, no hace sino gratificar y hacer aún más deseable realizar una función biológica crítica. El orgasmo en el hombre desempeña primariamente la función de fecundar a la mujer, pues no es circunstancial la sincronía entre orgasmo y eyaculación. Como hemos discutido con cierta amplitud, la significación evolutiva del orgasmo femenino no es tan obvia.

Está bien comprobado que la experiencia del orgasmo está significativamente relacionada con la satisfacción sexual en las mujeres (Waterman y Chiauzzi 1982). De acuerdo con Eschler (2004), para el 76% de las mujeres es muy importante o algo importante alcanzar el orgasmo con su pareja sexual. En cuanto al nivel percibido de disfrute de las relaciones sexuales sin orgasmo, el 54% de las mujeres consideran esta situación como algo o muy insatisfactoria (Eschler 2004). O sea, nos da noticia de una evidencia completamente esperada: que el orgasmo femenino juega un papel importante en la motivación de las mujeres para tener sexo (Waterman y Chiauzzi 1982).

Sigamos atando cabos.

Por otra parte, sabemos que la gran mayoría de las mujeres (75%) no puede conseguir el orgasmo a partir solo de la estimulación vaginal (Hite 1977; Eschler 2004). Se requiere un compañero estable y entrenado en los detalles íntimos de **su** pareja. Solo ante ese compañero se siente ella completamente dispuesta a confesar sus necesidades más íntimas (Eschler 2004). Hay confianza.   Hay complicidad. Hay cariño. Hay pasión.

Esto puede sugerir que la dinámica del orgasmo femenino pudiera ser un mecanismo que evolucionara de modo que las mujeres no buscaran el coito vaginal indiscriminadamente. Las aventuras de una noche no permiten el grado de complicidad necesario para comunicar abiertamente sus necesidades. De manera que, contra lo pronosticado y defendido por David Buss y seguidores, la mujer es más propensa a tener orgasmos con su pareja habitual (dando por supuesto que se mantiene un nivel adecuado de afecto y respeto).

Además, estaría en coherencia con la teoría evolutiva. Un hombre que está dispuesto a tomarse su tiempo para aprender cómo satisfacer a una mujer puede ser indicativo de la disposición del hombre para invertir y comprometerse, y podría no ser esperado entonces de una pareja de una noche. Todo esto estaría en coherencia con los hallazgos de una encuesta de 1994 de la universidad de Chicago que revelaba que el 75% de las mujeres casadas reportaban alcanzar siempre el orgasmo durante el sexo, comparado con menos del 50% de las mujeres solteras. También proporciona evidencia para soportar la afirmación de que el orgasmo femenino era un importante componente de las relaciones monógamas estables (Eschler 2004). Parece claro que solo mediante una relación duradera, la pareja madura sexualmente, hasta alcanzar el conocimiento y la habilidad necesarias para conseguir regularmente que la pareja femenina obtenga el orgasmo. Sería como un premio "especial" (aunque su encaje como adaptación parece muy dudoso).

Disponibilidad sexual permanente: la ocultación de la ovulación y la ausencia del celo

La idiosincrasia de la sexualidad femenina viene especialmente definida por dos rasgos, la "ocultación" de la ovulación y la ausencia del celo, que son independientes, pero que están funcionalmente relacionados.

Se dice que la ovulación de la mujer es *oculta* o *críptica* ("concealed" en inglés) porque no se manifiesta con ningún tipo de signo o señal identificable. En las hembras de los mamíferos y en las de los primates no humanos, se anuncia el momento de la ovulación de manera patente y, en muchos casos, llamativamente, como un policromado anuncio de televisión. Por el contrario, en la mujer, no se detecta la ovulación por ningún signo externo, hasta el punto de que los expertos tienen verdaderos problemas en identificar el preciso instante de la ovulación incluso con refinados procedimientos analíticos. A lo sumo, se aprecia cierto aumento en el volumen de los pechos como consecuencia de un aumento de retención de agua en los tejidos, malestar inconcreto, etc. Nada que permita saber con certeza que se está produciendo la ovulación. Es decir, en la hembra de la especie humana, se ha producido el fenómeno evolutivo que ha conducido a la *ocultación* de la ovulación.

Paralelamente, se ha suprimido el celo. En las hembras de los mamíferos es usual la existencia de uno o varios periodos concretos del año en los que se desarrolla *exclusivamente* toda la actividad copuladora. Se dice que la hembra está en celo o que está "caliente" (en inglés se usa un término con el mismo significado, "heat"). En la mujer no existe un periodo específico destinado a la copulación sino que puede copular y lo hace en cualquier momento del ciclo ovulatorio, incluso durante el embarazo y la menopausia. Por tanto, se dice que en la mujer no existe un periodo de estro o celo, ha desaparecido, ha sido suprimido evolutivamente.

El concepto de celo o estro

El estro, como fue definido originalmente en 1900 por Walter Heape, denota un *periodo de actividad sexual incrementada* en las hembras de los mamíferos, *asociado con la probabilidad de que la ovulación ocurra* y que el apareamiento resulte en concepción. Se debe notar que *es durante el estro, y solamente durante ese periodo, cuando la hembra está dispuesta a copular*. Fuera de él la hembra rechaza todo intento de cópula. Este es el uso que hace del término el primatólogo australiano Allan Dixson (2009, 2012) a cuya autoridad científica nos vamos a acoger una vez más. Dixson pues, restringe el concepto del estro a un periodo de tiempo limitado para copular, *fuera del cual no tiene lugar ninguna cópula*.

Las hembras en celo de los mamíferos (a punto de ovular u ovulando de hecho) exhiben signos evidentes de su situación, visuales y de otros tipos. En muchos casos hay llamativas modificaciones en diversas partes del cuerpo, especialmente en torno a los genitales externos (a veces extremadas, como la inflamación y la coloración llamativa en la región perianal de las hembras de algunos simios). Pero también se manifiesta el celo en alteraciones conductuales: la hembra suele mostrarse dispuesta a copular (receptividad) y reclama la atención sexual de los machos (proceptividad). Todas esas manifestaciones pregonan el celo y la ovulación de manera explícita y manifiesta.

En las especies animales en las que el celo existe, éste coincide con la ovulación. Por tanto, **la ovulación se anuncia** escandalosamente y todo el organismo femenino se prepara para la reproducción. De este modo, coordinando la disposición sexual con el momento de la máxima fertilidad, se favorece la probabilidad de concebir. Las hembras experimentan, en torno al momento de la ovulación, un "síndrome de fertilidad" (el celo o estro). Fisiológica y conductualmente, la hembra está en su momento óptimo para ser fecundada y da claras señales de ello.

El fenómeno del celo se produce, bien anualmente, en una época concreta del año, para provocar que el nacimiento de la progenie se produzca en la época más favorable del año, o bien, periódicamente también, pero varias veces durante el año.

Contrariamente, en la mujer, cuando se revisa la información disponible sobre los cambios a lo largo del ciclo menstrual se observa que *todo el proceso del ciclo menstrual ha sido sometido evolutivamente a un proceso de ocultación: se oculta la ovulación, la predisposición sexual, los cambios fisiológicos son sutiles* (ligero aumento de los pechos, por ejemplo), etc., de tal modo que el macho no puede estar seguro de cuando es el momento oportuno para la fecundación. Por tanto, lo que se ha ocultado evolutivamente no es solo la ovulación sino todo lo relacionado con ella, incluido el celo.

El hombre, como macho, está muy interesado, evolutivamente hablando, en conocer cuál es el momento de máxima fertilidad de la mujer para actuar en consecuencia. La mujer por su parte parece tener buenas razones (que discutiremos más adelante) para ocultar todo el proceso. La lógica indica que en esta guerra evolutiva de intereses han prevalecido los de la mujer (Symons 1980; Marlowe 2004b).

Desaparición del celo en primates

Las hembras adultas de todas las especies de monos y simios del Viejo Mundo exhiben ciclos menstruales que son fisiológicamente homólogos al ciclo menstrual humano. Aunque los babuinos, los macacos, y otros monos tienden a tener actividad sexual más frecuentemente durante la primera mitad del ciclo menstrual (fase folicular), incluyendo el periodo periovulatorio (Dixson 2009), está claro que no hay ciclos estrales, dado que las hembras están listas para aceptar los avances de los machos en todo momento, mientras que las hembras de los otros mamíferos se cruzarán, como regla general, solo en los intervalos aislados en los que ellas están en el estado fisiológico "caliente" (Dixson 2009). Pero en la mayoría de los primates, sobre todo en los antropoides (los monos evolutivamente más estrechamente relacionados con nosotros), no hay una restricción temporal a la copulación, sino que ésta tiene lugar tanto en el periodo preovulatorio, como en el periovulatorio y en el postovulatorio (fase luteal). Incluso se mantienen relaciones sexuales durante la preñez. Por tanto, la aceptación del macho no está restringida a un periodo específico de tiempo en el cual la hembra está "caliente". **Esto no es equivalente al celo, porque la hembra está dispuesta a mantener relaciones sexuales en cualquier momento.**

La propensión de las hembras de monos y simios a mostrar receptividad sexual en momentos diferentes del de la ovulación está muy extendida (Dixson 2009). Por tanto, en rigor, no se puede decir que el celo se ha perdido en el linaje humano, ya que se había atrofiado mucho antes en la evolución de los antropoides (Dixson 2009, 2012:638). Por consiguiente, vemos que la desaparición del celo no es exclusiva de nuestra especie sino que las hembras de otras especies de primates también carecen del celo. O sea, la ausencia o pérdida del estro es un fenómeno muy anterior a la evolución de los homínidos.

La causa inmediata, fisiológica, del celo se sabe que radica en las hormonas sexuales. Esto se explica porque la mujer, como muchas otras hembras primates, no está estrictamente condicionada por las fluctuaciones hormonales durante el ciclo menstrual. Lo que no quiere decir que sea inmune a ellas, ni que no le afecten para nada. Lo que sí es cierto es que, como otras hembras primates, la mujer desarrolla una conducta sexual dependiente del contexto, donde *las circunstancias del momento son más determinantes que el balance hormonal*. Los seres humanos hemos heredado la capacidad de los antropoides para disociar la conducta sexual femenina de un control rígido por las hormonas ováricas. Sin embargo, esta afirmación no debería ser malinterpretada y tomada como que el ciclo menstrual no tiene ninguna influencia sobre la conducta sexual humana (Dixson 2009). El ciclo menstrual está asociado con cambios en los sentimientos de bienestar y de malestar (físicos y psicológicos) que son muy pronunciados en algunas mujeres. Dado que un número significativo de mujeres experimentan aumento de su interés sexual durante la fase folicular y, especialmente, a medio ciclo, no sería sorprendente que también informarán de una mayor sensibilidad de respuesta a rasgos sexualmente atractivos de las parejas masculinas (o parejas potenciales) en esos momentos (Dixson 2009).

El atractivo mutuo es un determinante importante de la frecuencia copuladora y de su patrón cíclico. El hecho de que la copulación sea dependiente de la situación, y no simplemente dependiente del estado hormonal de la hembra, ha sido ampliamente demostrado por estudios de monos y simios. Tales observaciones indican que los cambios cíclicos en los efectos de las hormonas ováricas sobre el cerebro y la conducta sexual, ciertamente ocurren en los antropoides, pero son sutiles, dependientes de la situación, y más influenciados por variaciones en el atractivo mutuo entre los sexos (Dixson 2009).Por lo tanto el término estro no es más apropiado cuando se aplica a la descripción de la conducta sexual de las hembras de los simios de lo que sería en la descripción de la sexualidad femenina humana (Dixson 2009).

En términos evolutivos, parece que una relajación del rígido control hormonal de la conducta sexual femenina es un rasgo compartido por los antropoides en general y habría estado presente en el ancestro común de los antropoides presentes actualmente en el Nuevo Mundo y en el Viejo Mundo (Dixson 2009).

Otro concepto del celo

Por el contrario, otros hacen una interpretación más lasa del concepto de celo refiriéndolo simplemente a un periodo de tiempo en que las hembras aumentan la frecuencia de copulación en concurrencia con el momento de la ovulación. Fuera del celo, la hembra copula, o puede hacerlo, con una frecuencia sensiblemente menor.

Sarah Hrdy, una prestigiosa primatóloga norteamericana, asume este concepto más amplio del celo. Hrdy afirma que, una serie de estudios, involucrando mujeres heterosexuales y homosexuales, viviendo en países occidentales y en sociedades tribales, tanto en relaciones estables como no, documentan un pico en la libido alrededor de la mitad del ciclo (Hrdy 1999:139). Las fantasías eróticas, el sentimiento de agotamiento, la probabilidad de autoestimulación sexual (masturbación), y la probabilidad de que la conducta sexual termine en orgasmo, todo esto aumenta alrededor de la mitad del ciclo (Hrdy 1997). Estos hechos se encontraron en sociedades humanas tan diferentes como entre estudiantes de un "college" en Conneticut y entre los San, cazadores-recolectores del desierto del Kalahari. En las mujeres San parece ser que hay un incremento de libido en mitad del ciclo que coincide con un incremento de la probabilidad de tener cópulas extra-maritales y con la de tener orgasmos (Hrdy 1995). La conjunción de hechos sugiere que todo funciona para favorecer tener hijos de otro hombre distinto del marido o pareja habitual. A partir de este tipo de hechos Hrdy llega a la siguiente conclusión:

> *"La mujer no ha perdido el celo sino que ha cambiado a una receptividad sexual dependiente del contexto" (Hrdy 1995)*

Pero lo que está diciendo Hrdy no es diferente de lo que hemos expresado antes, salvo que ella ha modificado el concepto de celo. Cuando admite que la mujer tiene una receptividad sexual dependiente del contexto está afirmando lo mismo que estamos diciendo aquí: que la actividad sexual de la mujer no está restringida a un periodo de tiempo concreto vinculado con la fertilidad (que no hay celo, en el concepto original del término). La existencia de picos de actividad sexual —si es que los hay— no es equivalente al celo.

Mujeres con un celo sutil

Pero hay quienes sostienen que también las mujeres experimentan el celo. Solo que de manera más sutil. No anunciado con fanfarrias. A despecho de la carencia de signos ostensibles de disponibilidad sexual. Lógicamente, aportan sus razones sobre la existencia del celo y su significado evolutivo. En su libro, *The Evolutionary Biology of Human Female Sexuality* (Biología evolutiva de la sexualidad de la hembra humana), Thornhill y Gangestad (2008) dedican nada menos que dos capítulos completos al asunto.

Para empezar, en vez de quedarse con el significado común del término estro, proceden a redefinirlo a su conveniencia: *"**Nosotros** aplicamos el término estro al estado fértil de todas las hembras de vertebrados en sus ciclos reproductivos."* (Thornhill y Gangestad 2008:186). Lo que se parece, como un huevo a una castaña, al significado común. Para volver a un concepto más reconocible unas páginas más adelante: *"El concepto de estro, hemos argumentado, debería aplicarse al estado de motivación sexual selectiva y a las actividades relacionadas de las hembras en la fase fértil del ciclo reproductivo,"* (Thornhill y Gangestad 2008:190).

De nuevo, como en Hrdy, hay una diferencia evidente de concepto sobre el celo o estro. En el concepto original está explícitamente contemplado que la actividad sexual de la hembra se restringe a un periodo temporal concreto. En el que manejan Thornhill y Gangestad (y Hrdy) el celo se vincula a un **aumento** de actividad sexual de la hembra durante la fase fértil del ciclo reproductivo. Pero se admite que la actividad sexual de la mujer está desvinculada del tiempo y se produce en cualquier momento del ciclo ovárico. Esta diferencia, aparentemente menor, se vincula con la capacidad del hombre y de la mujer para detectar la ovulación (de modo inconsciente) y para "ajustar" su conducta sexual según convenga al éxito reproductivo. Lo que significa, implícitamente, que la ovulación no está completamente oculta ni el celo ha desaparecido en la mujer. De "alguna manera desconocida" la mujer entra en celo específicamente durante la fase fértil del ciclo ovulatorio.

La hipótesis que sostienen Thornhill y Gangestad es que el celo *no está destinado a asegurar la concepción*, que se da por asegurada, sino que *su finalidad sería conseguir buenos genes para su progenie*. Se argumenta que las hembras disponen de suficientes machos dispuestos a fecundarlas y no necesitarían llamar su atención. Por el contrario, La elección femenina de la pareja durante el celo le permite seleccionar un buen padre para sus hijos. En definitiva, lo que se está sugiriendo es que la mujer elige un tipo de pareja de excepcional calidad genética durante la fase fértil y aumenta selectivamente su frecuencia copuladora (el estro o celo), y escoge su pareja ordinaria cuando está en la fase infértil. No obstante, reconocen lo siguiente:

> *"[...] en un sentido muy circunscrito, entonces, se puede pensar que las mujeres han perdido el estro conductual (caliente), dado que la proceptividad, receptividad, y atractividad abierta de las mujeres, sospechamos, no varía grandemente a lo largo del ciclo." (Thornhill y Gangestad 2008:204)*

Lo que está en franca contradicción con la teoría propuesta. Para conciliar estas contradicciones, lo que vienen a afirmar es que el estro humano no se ha perdido evolutivamente, permanece. Lo que ha sucedido es que se ha ocultado, es subrepticio, sutil (Thornhill y Gangestad 2008:206). Es la mejor forma de que te encaje la ropa: encargar un traje a la medida.

Frenesí sexual en primates

Hay una evidencia amplia ahora sobre la copulación de las hembras con varias parejas durante un único ciclo ovárico en muchos primates que viven en sociedades de varios machos y varias hembras (el tipo de sociedad de los chimpancés). Las hembras individuales copulan un gran número de veces durante el celo (mucho más de lo estrictamente necesario para ser fecundada) con diferentes machos. Por ejemplo, en el lémur de cola anillada se registró, que una hembra se había apareado con 5 machos y había recibido 27 eyaculaciones, durante las 4 horas en las cuales permanecía sexualmente receptiva. Se calcula que las hembras de los monos Rhesus de Cayo Santiago pueden copular hasta 90 veces durante un periodo de 14 días que incluye el día de la ovulación. Las hembras de chimpancé de mediana edad en las montañas de Mahale de Tanzania, normalmente muestran tres ciclos de tumescencia sexual y copulan aproximadamente 135 veces antes de cada concepción (Dixson 2012:51).

Como acabamos de decir, las hembras de los monos Rhesus copulan con una gran intensidad durante el periodo periovulatorio, pero las cópulas se extienden sobre períodos temporales mucho mayores, no limitándose al período del celo como en los primates pro-simios. Asimismo, en la actividad copuladora intervienen otros factores como el rango del macho y la elección de pareja por parte de la hembra (Dixson 2012).

Los chimpancés no muestran una reproducción estacional. Las hembras pueden entrar en celo, desarrollar la tumescencia y el color llamativo de la piel perianal, ovular, y concebir, *en cualquier época del año*. Aunque en la práctica, tales acontecimientos son raros porque las hembras emplean la mayor parte de sus vidas adultas bien preñadas o dando de mamar. Algo muy similar ocurre con las hembras de los bonobos (Dixson 2012).

Todos estos hechos ponen de manifiesto la existencia de un pico de frecuencia copuladora en muchos primates que daría soporte a la existencia de un celo en su concepción más amplia.

¿Qué podemos decir, a este respecto, de lo que sucede en la mujer?

No hay señalización de la ovulación

En la mujer, salvo cambios sutiles no existen señales claras que marquen el momento de la ovulación. Todos los signos ostensibles de fertilidad han sido suprimidos. El hombre desconoce por completo qué momento es el más apropiado para concebir. No observa (no le envían) señales indicándole el momento óptimo para fecundar. Ni siquiera la propia mujer sabe con certeza cuándo ovula. La ovulación se ha ocultado para ambos sexos. La ovulación es oculta o críptica. Ni el hombre ni la mujer pueden tomar decisiones en función de una información de la que no disponen.

Se podría pensar que esta incapacidad es consecuencia de la falta de naturalidad de las sociedades modernas, que alteran substancialmente las posibles pistas para detectar la ovulación, por ejemplo, señales olfativas. Se sabe que muchas hembras de mamíferos emiten olores que señalizan la ovulación/el celo (feromonas), que son secretados en la orina, en el sudor, o en otros flujos corporales. Se especula con que algo similar podría suceder en el ser humano solo que, en nuestro caso, los hábitos culturales (higiene corporal, perfumes, etc.) habrían alterado substancialmente el "olor natural" de la "hembra ovulando". No se habría perdido, ni la señal indicadora de la ovulación, ni la capacidad olfativa para detectar la ovulación a través de las feromonas, solo se habría entorpecido su captación. En este sentido, se hizo un estudio en una sociedad de cazadores-recolectores, los Hadza de Tanzania, que viven en condiciones más naturales. Se encuestó a los Hadza sobre su creencia respecto del momento en que la mujer era fértil. Los resultados eran concluyentes: de las mujeres, un 20% dijo que la concepción ocurría durante la menstruación comparado con solo el 5% de los hombres. Entre los hombres, el 66% dijo que la concepción ocurre inmediatamente después de la menstruación comparado con el 47% de las mujeres. Hubo solo un 13% de hombres y un 10% de mujeres que decían que la concepción sucede a mitad del ciclo (Marlowe 2004b). Por tanto, la ovulación está oculta también para los Hadza. Queda claro que las poblaciones en estado más natural tampoco son capaces de detectar el momento de la máxima fertilidad.

No hay pico copulador

Pese a todo, podría suceder que los seres humanos fuésemos capaces de detectar la ovulación inconscientemente mediante la interpretación de señales subliminales recibidas. En ese caso, se esperaría un mayor nivel de actividad sexual en torno al momento fértil del ciclo ovulatorio como respuesta a la percepción subliminal de la ovulación.

Se han hecho numerosos estudios sobre la frecuencia de la copulación con respecto a las fases del ciclo menstrual. Algunos estudios han encontrado un pequeño pico alrededor de la ovulación, algunos justo antes de la menstruación, pero la mayoría han encontrado *el pico más potente justo después de la menstruación* (Marlowe 2004b). Esto tiene sentido, tras pasar el periodo de abstinencia durante los días de la menstruación, en los que muchas parejas suelen evitar tener relaciones sexuales, por un sentimiento casi atávico de impureza o suciedad durante la menstruación, es lógico que se produzca un aumento de la actividad copuladora, por el deseo acumulado.

Uno de los resultados del Informe Hite (1977) es que 374 mujeres de un total de 571, notaban un aumento de su deseo sexual antes, durante o después de la menstruación. Solo 62/571 manifestaban un aumento del deseo sexual durante la ovulación. Lo que lleva al siguiente comentario de Shere Hite (1977:483):

> *"Es interesante notar que las mujeres se sienten generalmente más atraídas por el sexo durante ciertas épocas del mes cuando no son fértiles. Esto parece coincidir con otros investigadores sexólogos. Kinsey descubrió que aproximadamente el 90% de sus encuestadas preferían el sexo durante la fase premenstrual, y Master y Johnson han demostrado que las mujeres en tal época producen una mayor lubricación."*

Aunque se discrepe de las autorizadas opiniones de Albert Kinsey, Willian Master, Virginia Johnson, y Shere Hite, en cualquier caso, todos los picos de actividad copuladora son mayoritariamente no significativos estadísticamente. Si, realmente, hombres y mujeres perciben el momento de máxima fertilidad femenina, lo realmente sorprendente es que no se produzca un aumento extraordinario de la frecuencia copuladora en el momento de máxima fertilidad (Marlowe 2004b).

Para concluir. Toda esta discusión tiene sentido bajo el supuesto de la existencia de un pico de actividad copuladora en torno al día de la ovulación. No se puede hacer tal suposición porque el pico no existe (Harris y Vitzthum 2013). En un estudio del ciclo menstrual y la actividad copuladora en una muestra de 14.093 mujeres de 13 naciones, con edades entre 18 y 40 años, se demostró la inexistencia de un pico de actividad sexual. Las cópulas se distribuyen aleatoriamente a todo lo largo del ciclo menstrual (Marlowe y Berbesque 2012). Las mujeres copulan en todas las fases del ciclo hormonal (Small 1992).

De este modo, resume Dixson (2009) su discusión con las teorías de los psicólogos evolucionistas acerca de la presencia del celo en la hembra humana.

> *"Las hembras humanas son sexualmente receptivas continuamente y no muestran esencialmente ningún ciclo estral externamente reconocible; la aproximación del macho puede ser considerada igualmente estable. La copulación muestra poca o ninguna sincronización con la ovulación."*
>
> *"Claramente, las mujeres no se ponen calientes; ni muestran un periodo restringido de interés sexual y receptividad cuando la ovulación es más probable que ocurra. La conducta sexual humana difiere de manera importante de la conducta que ocurre durante los periodos de estro de ratas, ovejas, y perras."*

Puede que haya un pequeño incremento de copulación pero en ningún caso, en ningún tiempo ni sociedad humana, la mujer "en celo" se ha puesto a copular indiscriminadamente como las hembras de muchas especies de mamíferos que experimentan el celo.

Función evolutiva de la ocultación de la ovulación y de la supresión del celo

Schroder (1993) enumeró y describió unas cuantas hipótesis barajadas como explicación de la pérdida del estro, todas las cuales están aquí. Además, hemos reunido otras presentadas más dispersamente. Hay más de una docena de hipótesis diferentes para explicar la pérdida del celo (revisadas en Symons 1979; Hrdy 1995, 1999). Pocos aspectos de la sexualidad humana han suscitado tantas teorías sobre presuntas funciones evolutivas. Lo que es una indicación indirecta de la falta de una hipótesis sólida que haya recibido suficiente apoyo empírico.

Reforzar la unión de la pareja

Esta es la hipótesis más extendida. De acuerdo con ella, las mujeres habrían perdido el estro para reforzar la unión de la pareja monógama. La disminución gradual del celo y la concurrente receptividad sexual continua facilitaría unas relaciones sociales ordenadas, libres de periodos de agresividad extrema y competencia entre los machos, provocadas por el celo de las hembras. Paralelamente, habría un reforzamiento de la confianza de la paternidad. La mayor frecuencia de las relaciones sexuales ayudaría a la confianza del hombre en la paternidad de los hijos (Dixson 2009).

En contra de esta hipótesis estaría la existencia previa de la monogamia. Según esta idea, la ocultación de la ovulación se produjo dentro ya de una relación monógama previamente establecida evolutivamente (Hrdy 1995). Es decir, *la monogamia aparece después de la ocultación de la ovulación*, luego no puede servir para reforzar la monogamia que ya está presente (Hrdy 1995). La ocultación de la ovulación ya se había producido en el ancestro de simios y homínidos. De hecho, parece haber acuerdo en que las estridentes señales sexuales de ovulación que están presentes solo en dos de las ramas evolutivas (chimpancés y bonobos), procedentes de la línea que condujo también a los humanos, serían nuevas adiciones, nuevos rasgos aparecidos solo en esas ramas pero no en las demás (orangután, gorila y hombre) (Hrdy 1995; Dixson 2009).

Sarah Hrdy (1995) resume bien cuál sería la situación real:

> *"aunque creo que es indiscutible que la receptividad sexual prolongada funciona actualmente para cementar las uniones de pareja humanas, y que las relaciones sexuales son parte integral de todas las definiciones del matrimonio humano, la ovulación oculta, la receptividad continua, y el orgasmo femenino no evolucionaron con el fin de llevar a cabo esta función de unión de pareja."*

Admite que el papel actual que desempeña es fortalecer la unión de pareja pero, dentro de su teoría general sobre la evolución de la sexualidad humana, el origen evolutivo es completamente diferente. Dixson (2009), después de revisar un buen número de argumentos, igualmente rechaza esta hipótesis como explicación de la pérdida del celo y ocultación de la ovulación.

Reducir el infanticidio

Sarah Hrdy formuló una hipótesis explicativa de la sexualidad femenina en primates que ha sostenido persistentemente a lo largo de los años. Lo que viene a decir es, que la sexualidad femenina de los primates está diseñada evolutivamente para copular con diferentes machos. Es decir, las hembras primates son evolutivamente promiscuas, tienen una sexualidad que promueve la búsqueda activa de diferentes machos para copular con ellos. Esta conducta sexual promiscua de las hembras tendría como finalidad provocar una confusión de la paternidad que sirva como escudo de protección de su prole frente al infanticidio.

El argumento es el siguiente. Los machos que han copulado con una hembra no son capaces de distinguir, dentro de los hijos de esa hembra en concreto, cuáles son suyos y cuáles no (paternidad confusa), porque los machos no tienen elementos de referencia para hacer una estimación de su paternidad. Por dos motivos: uno, porque desconocen si la hembra estaba ovulando cuando copularon (ovulación oculta); y dos, porque tampoco tienen como referencia el celo porque no hay limitación temporal para copular (celo confuso). Se supone que, al ser incapaces los machos de eliminar selectivamente los hijos de otros machos, por no distinguir los hijos propios de los ajenos, se vería reducida la conducta infanticida. Los diferentes consortes de la hembra actuarían positivamente sobre la supervivencia de la prole de la hembra por dos vías: impidiendo el infanticidio de los que (el macho) cree pueden ser "sus" hijos frente a machos extraños y no ejerciendo una actitud infanticida contra "sus propios" hijos. En el fondo de esta explicación se encuentra la idea de Hrdy de que el infanticidio en los primates ha sido un factor evolutivo clave, a la par o por encima de la necesidad de ayuda parental:

> *"La necesidad de suscitar la inversión masculina en la progenie ha sido una presión selectiva crítica moldeando la evolución de las estrategias reproductivas femeninas entre los primates. Pero incluso más importante quizá, ha sido la necesidad de las hembras de detener la agresión contra sus hijos por machos no relacionados" (Hrdy 1995)*

Este mecanismo estaría operando igualmente en la mujer (como hembra del orden Primates) solo que reprimido por la coacción ejercida por el hombre sobre la sexualidad femenina. En la actualidad, con el desarrollo de los derechos democráticos de las mujeres, estaría aflorando esta tendencia conductual femenina hacia una mayor promiscuidad sexual.

No obstante, la propia Sarah Hrdy reconoce, casi al final, que la hipótesis de la receptividad sexual ampliada hacia muchos machos con el fin de evitar el infanticidio es metodológicamente difícil de demostrar.

Facilitar la cornudería

Otros sugieren que la ovulación fue ocultada después de que la monogamia se convirtió en el sistema de apareamiento del *Homo erectus*. En esta situación, las mujeres desarrollaron evolutivamente la ovulación oculta como una adaptación para facilitar la cornudería, con el propósito de promover los cruzamientos con machos que fuesen de mejor calidad genética que sus parejas originales (Benshoof y Thornhill 1979). Al no ser patente la ovulación las parejas masculinas no pueden controlar los ciclos reproductivos de su compañera femenina y no pueden guardarla durante la ovulación (tendrían que vigilarla permanentemente). En la forma contemplada por Symons (1979), la mujer no habría podido escoger el marido (el padre social) pero, ocultando la ovulación y confundiendo el celo, favorecería la posibilidad de escoger el padre biológico de sus hijos.

Favorecer la copulación clandestina

La mayoría de las hipótesis anteriores están basadas en la suposición de que los primitivos homínidos vivían en bandas promiscuas con múltiples machos cuando evolucionó la ocultación de la ovulación. En esta hipótesis nueva se asume que los primitivos homínidos no vivían en bandas de múltiples machos sino en grupos de un único macho (Schröeder 1993). Esta hipótesis se basa principalmente en dos argumentos: hay evidencia fósil de que los primitivos homínidos (australopitecinos) mostraban un dimorfismo sexual marcado en el tamaño corporal, indicando muy probablemente una intensa competición entre machos para controlar el acceso a las hembras en vez de una competición espermática. En segundo lugar, el sistema de apareamiento de los humanos modernos puede ser contemplado como poliginia moderada, pero ciertamente no como promiscuo. Más cercano a un tipo parecido al gorila que al sistema reproductivo del chimpancé (Schröeder 1993). Además, esta hipótesis nueva incorpora un aspecto que la conducta sexual humana que habitualmente no es tenido en consideración. Nos referimos a la búsqueda de intimidad y privacidad para llevar a cabo las actividades sexuales. La cópula normalmente tiene lugar en privado, lejos de la mirada de otros seres humanos (Schröeder 1993).

Basado en estas premisas se sugirió una nueva hipótesis. Se supone que la transición hacia la monogamia fue iniciada por machos subdominantes que emplearon una nueva estrategia para incrementar sus oportunidades reproductivas. En vez de abandonar su familia natal y correr un alto riesgo de resultar fracasado en términos reproductivos, los machos adultos (normalmente parientes del macho dominante) permanecerían en su grupo y tratarían de aparearse con las hembras lejos de la vista del macho líder y de otros miembros del grupo (Schröeder 1993). El éxito de esta nueva estrategia depende considerablemente de la inclinación de las hembras a unirse en copulación clandestina con un macho diferente de su pareja original. Los siguientes motivos para esta disposición de las hembras pueden ser supuestos.

La copulación clandestina mejora las oportunidades de elección femenina. El apareamiento secreto funcionaba en interés mutuo de los amantes. Probablemente tenía más éxito si un macho mantenía sus relaciones secretas con solo unas pocas hembras (o solo una). Los contactos sexuales frecuentes con una o dos hembras podía asegurar su éxito reproductivo mejor que las copulaciones irregulares con tantas hembras como fuese posible. Confinando su actividad sexual a unas pocas hembras, aumentaba su posibilidad de procrear y disminuía el riesgo de detección (Schröder 1993). En el marco de esta hipótesis, la contribución femenina al engaño perfecto fue la eliminación de las señales del celo.

Obtener recompensas a cambio de sexo

Algunos parten de la suposición de que los homínidos vivían en bandas con múltiples machos similares a las de los actuales chimpancés. Sugieren que los hombres cazadores proporcionaban carne y otros recursos tangibles a las mujeres como intercambio por el sexo. De modo que las mujeres habrían ocultado la ovulación para poder simular el celo como una disposición sexual no dependiente del tiempo ni circunscrita a unas señales concretas. Ofrecerían más sexo con el fin de obtener más recursos de los cazadores.

La ventaja del hombre en este caso no es una alta confianza en su paternidad, que se convierte en cuestión puramente probabilística, sino aumentar su éxito reproductivo a base de aumentar las oportunidades para copular. Esta hipótesis se parece bastante a la prostitución. Symons (1979) hablaba de intercambio de sexo por regalos sugiriendo explícitamente como ejemplo la prostitución. La duda que siempre he tenido al respecto es, dicho crudamente, ¿qué ventaja reproductiva obtiene la mujer de dedicarse a puta?

Sin embargo, hay quien lo ha planteado desde un ángulo muy diferente. La proliferación de los intercambios de sexo por alimentos podría haber estado en la base del cambio evolutivo conductual de los primeros homínidos (*Ardipithecus*). Este intercambio beneficiaba a ambas partes: el macho conseguía aparearse sin necesidad de competir físicamente y la hembra obtenía recursos nutritivos necesarios para sobrevivir (Lovejoy 2009).

La principal objeción que se hace a esta hipótesis es que estarían muy sometida al riesgo de la cornudería durante los periodos de ausencia del macho buscando alimento. Pero la ovulación en las hembras de los homínidos sería un suceso excepcionalmente raro, que probablemente acontecería después de tres o cuatro años de ausencia de ciclo ovulatorio debido a la inhibición por lactancia, lo que haría muy improbable la cópula con una pareja extraña. El macho paciente y aprovisionador, copulando regularmente con su pareja, probablemente estaría en el momento preciso para fecundar a la hembra. El aprovisionamiento repetido de su pareja femenina aceleraría la reinstauración de la ovulación restaurando las reservas de grasa depauperadas por la lactancia. También, en el caso bastante probable de muerte accidental de la prole de su pareja, tendría todas las probabilidades de aparearse con ella en cuanto se reanudase la ovulación (Lovejoy 2009). La hembra, por su parte, habría desarrollado evolutivamente adaptaciones para favorecer al macho proveedor. Una de ellas sería el desarrollo de unos pechos voluminosos permanentes, que podrían señalizar una hembra que estaba amamantando, disuadiendo de ese modo a otros machos. Otra adaptación sería la ocultación total del estado reproductivo (ausencia de celo y ovulación oculta) de modo que los machos de alrededor nunca percibieran el momento en que era fértil (Lovejoy 2009).

Incrementar la inversión paternal

Varias hipótesis están basadas en la asunción de que en el curso de la evolución humana las mujeres requirieron de manera creciente la ayuda masculina para criar a la prole. En este sentido, la ovulación oculta estaría al servicio de una estrategia para obtener la ayuda masculina en el cuidado de los niños (Schroder 1993). De algún modo, la ovulación oculta obligaría a los hombres deseables a implicarse en relaciones lo suficientemente largas, como para cortar la posibilidad de que tuviesen éxito en asegurar su relación con otra pareja. Desde el momento en que el padre ha perdido la certeza en su paternidad, la única forma de aumentar su confianza en su paternidad es aumentar la disposición a invertir en su progenie, permaneciendo cerca de su pareja, y vigilando su actividad sexual.

Una versión ligeramente diferente, postula que la ovulación oculta, con la consiguiente receptividad sexual continua, es una forma de provocar la progresiva implicación del macho en la pareja, aportando progresivamente más alimentos para ella y su progenie, con la finalidad de asegurar lo más posible sus derechos sexuales y su paternidad. En esta descripción la pérdida del celo es una causa que precipita la evolución del matrimonio y la familia (Symons 1979).

Aunque estas hipótesis difieren, tienen dos suposiciones en común: una, que los homínidos vivían en bandas promiscuas con múltiples machos y, dos, que la formación de una relación duradera funcionaba en beneficio de las mujeres.

Reforzar la unión social

De acuerdo con esta hipótesis, la pérdida progresiva del celo con el consiguiente aumento de la receptividad sexual continua, en la mujer, facilitaba el mantenimiento de unas relaciones sociales ordenadas, sin interferencias periódicas por la agresividad y la competición generadas por las hembras en celo.

Esta hipótesis es rechazable desde un razonamiento puramente teórico por suponer que la selección actúa a nivel de grupo, lo que es falso, en vez de a nivel individual, que es lo correcto. También Symons (1979) la rechazó porque supone que la sexualidad no reproductiva tiene como función cimentar las relaciones sociales, cuando el objetivo último por el cual la selección moldea la conducta es el éxito reproductivo y no la integración social como implícitamente se sugiere en esta hipótesis.

Evitar la contracepción de la mujer

Una hipótesis radicalmente diferente es la que propone que la ocultación de la ovulación habría sido una solución para impedir a las mujeres evitar el apareamiento durante el periodo fértil. Se argumenta que las mujeres tendrían una gran motivación para evitar los embarazos no deseados y reducir los costes fisiológicos (extremadamente grandes) provocados por el embarazo, el nacimiento, y los cuidados postnatales. El embarazo suponía un verdadero reto biológico para la mujer en el entorno evolutivo remoto, plagado de peligros ciertos que harían muy indeseable la preñez. Burley (1979) propuso, que la ocultación de la ovulación para la propia mujer, servía para impedir que la mujer evitase deliberadamente tener relaciones sexuales cuando hubiese "peligro" de embarazo. Se supone que, si la mujer fuese capaz de controlar perfectamente cuándo es fértil, evitaría tener relaciones sexuales durante ese periodo para impedir quedarse embarazada, evitando de ese modo las muchas cargas que supone el embarazo. La evolución, al ocultar la ovulación, impide que la mujer controle el proceso. Los genes que determinan esa situación (la ocultación de la ovulación) favorecen por tanto la reproducción y pasarían en mayor número a la descendencia, manteniendo, por consiguiente, esta situación a lo largo de la evolución (cita en Dixon 2009).

La negación de todo

Finalmente, todas las hipótesis anteriores podrían ser completamente superfluas si, como parece cierto, no se produjo ninguna ocultación de la ovulación en la línea evolutiva humana, lisa y llanamente, porque tal proceso evolutivo se había producido previamente. Nuestros ancestros homínidos no habrían exhibido nunca señales ostensibles de ovulación. Por el contrario, como sucede en orangutanes, gorilas y los seres humanos modernos, no habrían tenido una ovulación "anunciada". De modo que, el punto de partida de la evolución de los antropoides (monos y humanos) habría sido una especie carente de celo y con la ovulación ocultada. La inflamación y el enrojecimiento de las zonas perigenitales presentes durante la ovulación en chimpancés y bonobos, habría sido una nueva adquisición evolutiva específica de estas ramas (Hrdy 1995). No se habría producido ocultación evolutiva de la ovulación en el linaje humano porque el ancestro de simios y homínidos ya sería poseedor de tal rasgo.

El impulso sexual femenino

El impulso sexual femenino, el deseo sexual o la libido, que de todas estas formas es denominado, es el último de los aspectos que incluimos en lo que hemos considerado como la idiosincrasia de la sexualidad femenina.

La visión de la sexualidad femenina, tanto la popular como la científica, tanto la histórica como la actual, se presenta muy heterogénea y en muchos casos contradictoria. Los hombres han tenido siempre una actitud dual frente al otro sexo: deseado/rechazado, admirado/denostado, la encarnación de la virtud frente a la encarnación del mal, la pureza/la suciedad... Dado que, durante siglos han sido mayoritariamente los hombres los que han escrito la historia, la ciencia, las leyes, etc., toda la cultura está animada de esa visión esquizofrénica. Existen actualmente un número suficiente de estudios sobre el impulso sexual femenino, o como lo queramos llamar, que permiten hacer un análisis crítico y alcanzar alguna conclusión.

¿Mujer pasiva o insaciable?

Darwin y sus contemporáneos, por ejemplo, la mayor parte de las veces se sitúan en una posición de superioridad, displicente, paternalista y perdonavidas (léase la cita de un libro casi coetáneo del *Origen de las Especies*, que hemos puesto al principio de este capítulo). Aparentemente observan a la mujer como una persona de inferior categoría:

> *La principal distinción en las capacidades intelectuales de los dos sexos se pone de manifiesto en la superior eminencia alcanzada por el hombre, en todo lo que ha acometido que pueda hacerlo la mujer, si requiere profundidad de pensamiento, razón, o imaginación, o simplemente el uso de los sentidos y las manos. Si se hacen dos listas de los hombres y mujeres más eminentes en poesía, pintura, escultura, música (incluyendo composición y ejecución), historia, ciencia, y filosofía, con media docena de nombres debajo de cada asunto, las dos listas no tendrían comparación. (Darwin 1871:566-567)*

y como un ser humano desprovisto casi completamente del demonio sexual que se agita dentro de cada hombre. Sexualmente la mujer es tímida, vergonzosa, pasiva, carente de deseo sexual. Por lo menos así son las mujeres de la buena sociedad. No importa que de cuando en cuando surja algún pendón que ponga en solfa toda la mojigatería hipócrita victoriana. Es solo una excepción.

Al mismo tiempo, a veces los mismos personajes, dibujan la sexualidad femenina con trazos radicalmente opuestos. El sexo femenino aparece entonces como un peligroso demonio, atrevido, desvergonzado, tentador y libidinoso. Un sexo con una capacidad genésica desaforada capaz de volver loco al más sensato varón y conducirlo a la ruina moral y económica.

No todos los dislates provienen del sexo masculino. Hay ejemplos notorios de mujeres que han contribuido eficazmente a una imagen desmesurada de las personas de su sexo. Basta para ello las siguientes citas de Mary Jane Sherfey (1966):

> *"[...] la supresión por las fuerzas culturales del impulso sexual y la capacidad orgásmica desmesuradamente elevada de las mujeres debe haber sido un importante prerrequisito para la evolución de las sociedades humanas modernas y ha continuado siendo, por necesidad, una preocupación mayor de prácticamente cualquier civilización. [...]. La hembra humana es*

sexualmente insaciable en presencia de los mayores niveles de saciedad sexual."

"[...] todos los datos relevantes del periodo de 12.000 a 8.000 años antes de Cristo indican que la mujer precivilizada disfrutó de una libertad sexual total y a menudo era totalmente incapaz de controlar su impulso sexual. [...] el ingobernable impulso sexual cíclico de las mujeres."

Provocando la ironía de Donald Symons que puntualiza que la visión de la sexualidad femenina expuesta por Sherfey solo existe en la imaginación de las feministas extremas, y en los sueños de los adolescentes masculinos.

La mujer taimada

Comentario aparte merece la contribución de los psicólogos evolucionistas a la imagen de la sexualidad femenina. La mujer, aparece como un ser humano taimado y ladino. La estrategia sexual evolutiva de la mujer es, según esta escuela, dotarse de una pareja estable, comprometida en la crianza de los hijos, y bien situada socialmente, que contribuya a la crianza de los hijos de ella. Si además de todo lo anterior, este hombre resulta ser un ejemplar genéticamente excelente de la especie, significa que la suerte ha tocado a esa mujer. Pero de no ser así, como es probable, no importa que el solícito esposo no dé la talla de la excelencia genética. Para eso está el plan alternativo: buscar hombres de excelente factura genética como amantes, reservarle los días más fértiles del ciclo menstrual, y los mejores orgasmos "succión". De este modo, la mujer consigue tener hijos con buenos genes (del amante-semental) y criarlos sanos gracias a la contribución paternal (del marido cornudo). Sarcasmo aparte, la descripción que acabo de hacer no es una exageración, sino que recoge fielmente la teoría desarrollada en varias décadas por esta escuela psicológica. Basta leer los trabajos de David Buss y colaboradores y el libro de Thornhill y Gangestad *The Evolutionary Biology of Human Female Sexuality* de 2008.

Los cambios de humor sexual con el ciclo menstrual ya los discutimos en el Capítulo 3, demostrando que no había evidencias a favor y sí en contra. La refutación del orgasmo- "succión" la hemos hecho en este mismo capítulo en la sección anterior, de manera que poco o nada queda de la mujer tornadiza o taimada.

Seguramente la verdad de la sexualidad femenina está en algún punto entre la tímida y vergonzosa mujer victoriana y la insaciable hembra descrita por Mary Jane Sherfey. Con toda probabilidad, muy lejos de la mujer taimada y ladina de los psicólogos evolucionistas. Para encontrar ese punto, para definir sus rasgos, para aproximarnos a una visión científica objetiva, como siempre, deberemos de recurrir a los datos de la realidad.

Nunca tienen ganas

Diferentes estudios proporcionan unos resultados que sugieren que el impulso sexual femenino es inferior en intensidad al masculino. Esto se ve plasmado en diferentes aspectos de la sexualidad humana.

Es casi un recurso tópico de los hombres la insatisfacción masculina con la cantidad de sexo que disfrutan con sus parejas. La queja generalizada de los hombres sobre las mujeres en materia sexual, como revelaba el *Informe Hite sobre Sexualidad Masculina* (Hite 1981:553, 652-653) era la escasa frecuencia del sexo y la falta de iniciativa (de insinuación de deseo) por la parte femenina de la pareja. Tradicionalmente, se ha atribuido esta situación a que la mujer tiene una libido menor que el hombre. Existen otros muchos detalles que apoyan esta idea, que hemos resumido en los siguientes.

Las mujeres admiten tener menor interés sexual y más problemas sexuales que los hombres. Esto se reflejó, por ejemplo, en la National Health and Social Life Survey (Encuesta Nacional de Salud y Vida Social) de 1994, realizada en los EE.UU., sobre una muestra de 3.000 hombres y mujeres con edades comprendidas entre 18 y 59 años, se encontró que el 43% de las mujeres frente al 31% de los hombres manifestaban tener problemas sexuales (Leiblum 2002). Más significativo, una de cada tres mujeres dijo que no estaba interesada en el sexo, comparado con uno de cada seis hombres; y una de cada cinco mujeres decían que el sexo le proporcionaba poco placer, comparado con uno de cada diez hombres (Leiblum 2002; Meana 2010). Las mujeres, generalmente, dicen encontrarse satisfechas con la cantidad de sexo que tienen en su matrimonio mientras que los hombres habitualmente desearían alrededor de un 50% más de sexo

(De La Garza-Mercer 2006). Bastantes más hombres (54%) que mujeres (19%) piensan diariamente en el sexo (Baldwin y Baldwin 1997; Leiblum 2002). El hombre joven modal experimenta excitación sexual espontánea varias veces diariamente, mientras que la mujer joven modal lo experimenta solo un par de veces a la semana (Leiblum 2002). En parejas que han estado casadas durante 20 años, se encontró que los maridos querían tener sexo más que las esposas. Los hombres deseaban un aumento del 50% de intercambio sexual mientras que las mujeres estaban satisfechas con la cantidad de sexo que ya tenían. Incluso al comienzo de la relación, los hombres tienden a tener más deseo de relaciones sexuales que las mujeres (Leiblum 2002). En cualquier edad estudiada, los hombres se masturban más frecuentemente que las mujeres y comienzan a hacerlo a una edad más temprana. Por ejemplo, un estudio de la población británica general (11.161 encuestados) produjo los siguientes resultados: el 29% de las mujeres frente al 5% de los hombres, nunca se habían masturbado; el 73% de los hombres y el 37% de las mujeres, se habían masturbado en las cuatro semanas previas a la entrevista (Regresa et al. 2008). Las mujeres son capaces de pasar grandes periodos de tiempo sin acordarse del sexo. Los hombres son frecuentemente los que buscan la ocasión e inician el sexo. En numerosos estudios, se ha encontrado que las mujeres tienen actitudes menos positivas y menos permisivas hacia el sexo que los hombres (todos estos aspectos pueden consultarse en Leiblum 2002, Meana 2010). Estos hechos son consistentes con la evolución porque la mujer tiene unas mayores expectativas de calidad de la actividad sexual que los hombres porque invierte mucho más que el hombre en la prole (De La Garza-Mercer 2006).

Igual o más que tu

Frente a estos datos, algunos investigadores, en su mayoría mujeres, mantienen argumentos contrarios basándose en otros resultados de otros estudios.

Se escrutó la opinión sobre el impulso sexual en ambos sexos en 186 culturas diferentes. El 77% consideraba los impulsos sexuales masculino y femenino igualmente fuertes (Whyte 1978, citado en Small 1992). Es decir, la opinión de hombres y mujeres, mayoritariamente, no considera que sea menor el impulso sexual femenino, en abierto contraste con la opinión más corriente en las sociedades occidentales.

La revista Redbook encuestó a más de 100.000 mujeres. Se escogió aleatoriamente una muestra de 18.000 mujeres casadas. Se descubrió que, en estas mujeres, el sexo más frecuente se traduce en una vida sexual más satisfactoria. Entre las mujeres que tenía sexo once o más veces por mes, más del 80% opinaban que su vida sexual era satisfactoria. Las mujeres que tenían menos sexo por mes estaban infelices con su frecuencia de copulación y su vida sexual global. Solo el 4% de las mujeres pensaban que estaban teniendo demasiado sexo. Aproximadamente la mitad de las esposas (44%) decían que ellas eran las que iniciaban el sexo la mitad de las veces en la relación, y el 80% de estas mujeres estaban satisfechas con su vida sexual. El 75% decían que tomaban parte activa en la cama, y solo un 13% podían ser clasificadas como verdaderamente pasivas. El erotismo de estas mujeres, en contraste con lo que pudiera ser esperado de mujeres supuestamente desinteresadas en el sexo, es bastante sorprendente. Por ejemplo, seis esposas de cada diez habían ido a una película pornográfica, a siete de cada diez les gustaba la ropa erótica, y el 75% pensaba que tener sexo en localizaciones no habituales era excitante. Con todas las limitaciones, este estudio pone de manifiesto que, en las mujeres casadas, que tienen limitada su conducta sexual a una relación monógama hay un interés sexual femenino de un nivel razonablemente elevado (Small 1992).

Cuando las mujeres se expresan verbalmente (como en el Informe Hite 1977) aún aparece más variación. Algunas mujeres consideran la cópula sin orgasmo un sinsentido; otras valoran la cópula, pero sitúan poca importancia en el orgasmo. Algunos investigadores encuentran una correlación entre la frecuencia con que las mujeres experimentan orgasmos y su satisfacción con las relaciones sexuales, mientras que otros no encuentran tal relación. Por ejemplo, Hite (1977) encontró que tuvieran o no regularmente orgasmos durante la cópula, la abrumadora mayoría de las mujeres que respondían a su cuestionario citaban el afecto, la intimidad, y el amor, no el orgasmo, como la primera razón para enredarse en relaciones sexuales. La mayoría de las mujeres no consideraban que el orgasmo fuese la sensación física más importante durante la copulación: la sensación física favorita de lejos fue el momento de la penetración (Symons 1980). El Informe

Hite (1977) sobre la sexualidad femenina, aunque carente de histogramas y niveles de significación estadística, deja expresarse a las propias mujeres quedando meridianamente claro al lector que las mujeres están profundamente concernidas por su sexualidad y con el placer que reciben (Small 1992).

Ritmos diferentes

Aunque hay discrepancias, pocos niegan la existencia de diferencias en el impulso sexual entre hombres y mujeres, al mismo tiempo que hay un acuerdo bastante generalizado sobre algunos "detalles".

Se argumenta que la diferencia entre mujeres y hombres no es tanto en la intensidad del impulso sexual como en la periodicidad de este impulso. Cuando las mujeres están interesadas en el sexo lo están tanto como los hombres. Y, además, son capaces de experimentar mucho más placer que los hombres durante las relaciones sexuales. Lo que sucede es que las mujeres no experimentan un impulso sexual intenso tan continuamente como los hombres. Las mujeres parecen tener ciclos de deseo mientras que los hombres parecen mantener niveles más consistentes de interés sexual con mucha menos variabilidad a lo largo de un mes. El deseo sexual femenino parece estar asociado con la sumisión, *con que se lo hagan, en vez de con hacerlo*. De manera que *el deseo sexual femenino es más receptivo que iniciador y muchas mujeres nunca experimentan deseo sexual espontáneo* (Leiblum 2002). Esto implica que las mujeres pueden no experimentar deseo espontáneo interno, sino que éste suele ser "despertado" por una pareja. Asimismo, implica, que no todas las mujeres sienten incomodidad personal por la ausencia de deseo sexual (Leiblum 2002). Como antes se ha dicho, aparentemente pueden prescindir del sexo durante largos periodos sin experimentar ninguna urgencia sexual.

La imagen actual de la sexualidad femenina

Durante los últimos decenios se ha producido una relajación en las restricciones socioculturales que pesaban sobre la sexualidad femenina, de modo que, en muchas áreas, la expresión sexual femenina comienza a ser más similar a la del hombre. Por ejemplo, hay más mujeres que muestran un interés activo en la erótica sexual y en la pornografía explícita. Más mujeres que hombres se sienten confortables con la idea de una flexibilidad sexual en términos de bisexualidad (Leiblum 2002).

La imagen emergente de la sexualidad femenina es muy diferente de la de hace unas pocas décadas. La presunta pasividad y desgana sexual de la hembra se desvanece también cuando se recurre a la conducta comparada. Una hembra de chimpancé copulará alrededor de 6.000 veces a lo largo de su vida (según los cálculos de Hrdy 1997) para resultar como máximo en seis descendientes vivos (el record de Fifí, una chimpancé seguida a lo largo de su vida por la famosa primatóloga Jane Goodall). Sin alcanzar registros sexuales de tal importancia, muchas otras hembras de primates tienen una actividad copulativa que excede en mucho la mera necesidad de procrear. En opinión de Sarah Hrdy, la timidez sexual, la extrema discreción, y la preocupación por la reputación, encontrada en tantas mujeres, no es el producto de la evolución biológica sino de los miles de años empleados en reconducir culturalmente la sexualidad de la mujer. Las hembras primates no han evolucionado para tener una única pareja. Muy al contrario, las hembras de muchos primates, incluida la mujer, han desarrollado una sexualidad que tiene como objetivo copular con múltiples parejas (Hrdy 1995, 1997, 1999).

¿Qué hay de cierto en esta imagen de sexualidad femenina feroz?

Recientemente, en el año 2011 se publicaron los resultados de una serie de meta-análisis sobre un conjunto de diferencias entre los sexos cuando se implican en actividades heterosexuales (Petersen y Hyde 2011). Respecto de la frecuencia copuladora, en el año 1993 se había encontrado una diferencia notoria favorable al sexo masculino: los hombres copulaban con mucha más frecuencia que las mujeres. Reanalizada esta faceta en 2010, la diferencia en la frecuencia copuladora entre hombres y mujeres se había reducido considerablemente. Análogamente, el número de parejas sexuales era significativamente superior en los hombres en los estudios más antiguos (1993), presentaba en la actualidad una diferencia insignificante. Y hallazgos similares se encontraron para otra serie de parámetros de actividad sexual tales como, la edad del primer coito, y la conducta autoerótica (la masturbación) (Petersen y Hyde 2011). Estos resultados revelan que no hay una limitación evolutiva al impulso sexual femenino: la revolución sexual de estos pasados años ha liberado la sexualidad femenina demostrando que las mujeres están tan interesadas en el sexo, al menos, como los hombres. Al mismo tiempo revelan, que la figura de la mujer sexualmente insaciable es un mito —lo que no quiere decir que se niegue la existencia de mujeres individuales con una libido desmesurada—. La mujer "promedio" no encaja en esa figura.

Desde un punto de vista puramente evolutivo, es comprensible que las mujeres no estén impulsadas por la lujuria dado que un impulso sexual potente podría interferir con sus responsabilidades maternales (Leiblum 2002). Además, podría ofuscar la valoración correcta del grado de compromiso de la pareja, involucrándose en relaciones sexuales con consecuencias negativas. Por tanto, evolutivamente, se habría primado un impulso sexual atemperado en la mujer.

Como causa fisiológica inmediata se piensa que la testosterona juega un papel clave. Se sabe que la testosterona es el principal potenciador del deseo sexual en las mujeres y en los hombres. Los niveles de testosterona en la mujer son modestos con respecto a los del hombre y además comienzan a declinar antes de los 30 años de edad y justo antes de la menopausia son groseramente la mitad de los niveles presentes a la edad de los 20. No obstante debe tenerse en cuenta —volvemos a insistir— que las hormonas no causan la conducta. Más bien propician que una determinada conducta pueda suceder (Leiblum 2002).

Finalmente, hay otra serie de factores que determinan significativamente el entusiasmo y el deseo sexual de las mujeres. Si las mujeres se sienten maltratadas, devaluadas o degradadas, a menudo pierden el deseo sexual. Muchas mujeres, debido a una historia sexual pasada, desagradable, frustrante o poco grata, sienten poco deseo sexual.

Queriendo decidir (siempre) por ellas

De los tiempos de la represión sexual la mujer ha pasado a los de la obligación de tener sexo si no quiere ser motejada de estrecha, antigua, reprimida, etc. En todo caso, se vuelve, como en tantas otras situaciones, a querer decidir la conducta "correcta" de la mujer, desde una particular ideología o interés. Antes se la presionaba para que no disfrutase del sexo con quien le apeteciese. Ahora se la presiona para que sufra el sexo con alguien que no le gusta. Siempre decidiendo por ellas y siempre marginando su derecho al placer. Sustituyendo este derecho por la obligación de la castidad (antes) y por la obligación de la promiscuidad (ahora). Siempre y en todo momento, al servicio de los intereses del hombre.

Capítulo 8. La sexualidad no reproductiva

Sexo no es reproducción

Habitualmente —especialmente los biólogos— asumimos que la función del sexo y de la sexualidad humana es la reproducción, pero si nos detenemos a considerar el asunto brevemente, nos haremos conscientes de que eso, que parece obvio, no está tan claro. Al menos no es tan obvio.

La actividad sexual sabemos que está relacionada con la reproducción. Pero no toda. Una gran parte del tiempo dedicado a la actividad sexual no tiene como objetivo la reproducción. Es lo que se llama sexo no reproductivo o actividad sexual no reproductiva. También se refieren a ella con otras denominaciones como sexo recreativo, sexo extendido, o sexo por el sexo.

El sexo no reproductivo incluye: toda la actividad sexual anterior a la formación de una pareja reproductiva (la niñez, adolescencia, etc.), toda la actividad sexual posterior a la menopausia, la desarrollada durante la gestación, durante los días no fértiles del ciclo menstrual, etc. Pero también, forman parte del sexo recreativo las actividades sexuales explícitamente no reproductivas (masturbación, sexo oral, sexo anal, etc.). Esto dentro de la actividad heterosexual. Porque toda la actividad homosexual es, de por sí, no reproductiva.

En la especie humana —y en la mayoría de los primates—, la "disponibilidad" sexual de las hembras y, por ende, de los machos, es virtualmente permanente, lo que da lugar a una sexualidad no reproductiva ampliada a todo lo largo de la vida. En nuestros parientes cercanos, los bonobos, por ejemplo, son frecuentes las actividades masturbatorias, homosexuales, sexo oral, etc. Los grupos de bonobos, formados por numerosos machos y hembras, disfrutan de una vida sexual licenciosa. Hasta tal punto que un especialista en la observación y estudio de los bonobos, Frank de Waal, comentó que *"se comportan sexualmente como si hubieran leído el Kama Sutra"*.

Por tanto, es evidente que la sexualidad de la mayoría de los primates, incluidos los seres humanos no tiene como único fin la reproducción. Es innegable que los humanos practicamos sexo para tener hijos. Pero también —en mucha mayor cantidad— por "otras razones".

Si computamos toda esa actividad sexual fútil, no productiva en términos de concepción, podemos constatar, que dedicamos muchísimo más tiempo al **sexo recreativo**, que al **sexo reproductivo**. Aunque es una reflexión relativamente usual entre los especialistas y estudiosos de la sexualidad humana, es un hecho que escapa a la mayoría de la gente. En este sentido, si estimáramos la importancia del sexo no reproductivo por el *tiempo* dedicado a él frente al dedicado a la reproducción, el balance estaría tan sesgado hacia el sexo recreativo que podríamos pensar que la sexualidad humana tiene como función principal producir placer y muy secundariamente, la reproducción (Abramson y Pinkerton 1995). Lo que, necesariamente, nos conduce a preguntarnos, ¿qué finalidad tiene el placer sexual? ¿Para qué tenemos placer?

¿Es necesario el placer sexual?

Tenemos tan interiorizado el vínculo entre reproducción sexual y placer sexual que damos por supuesto que uno y otro están indisolublemente ligados. Lo cual es falso.

En el reino vegetal existen miles de especies de plantas que se reproducen sexualmente sin ningún sistema de recompensa (placer). La evolución ha dado lugar a seres vivos como las plantas con reproducción sexual que la llevan a cabo eficientemente sin que exista, vinculado con la reproducción, ningún sistema de recompensa. Simplemente, el programa genético contenido en el genoma de cada una de las plantas con flores es suficiente para asegurar que estás se reproduzcan sexualmente.

Algo similar podemos comentar para los cientos de miles de especies de insectos. Salvo prueba en contra, podemos asumir razonablemente que los insectos no experimentan placer sexual y no tienen orgasmo. Pero se reproducen sexualmente. Los machos buscan afanosamente las hembras para copular con ellas sin estar impelidos por la promesa cierta de tener un orgasmo. Las hembras son sexualmente receptivas sin clímax sexual. Con idéntica seguridad podemos afirmar que las especies de vertebrados con fecundación externa (peces, anfibios, y reptiles), prácticamente no tienen contacto físico y probablemente no experimentan nada que pueda asimilarse a un orgasmo, cuando desovan las hembras, o cuando vierten el esperma los machos sobre la puesta de huevos.

Esto nos lleva a la conclusión de que la existencia de un "premio" —si lo hay— para la actividad sexual reproductiva, estaría restringido solo a aves y mamíferos, en los cuales tiene lugar la fecundación internamente y se produce un contacto sexual físico. Machos y hembras copulan, en la inmensa mayoría de los casos, *durante unos brevísimos segundos* (porque el coito supone un momento de peligro elevado para la pareja que copula), eyaculando el macho rápidamente en el interior del tracto reproductivo femenino. Nunca podremos saber si en estos animales —ni en los demás antes mencionados—, se produce o no, una experiencia similar al orgasmo porque, aunque podemos interrogarlos, es escasamente probable que nos respondan. De la similitud de las respuestas fisiológicas, objetivamente constatables, y de las expresiones gestuales que acompañan la cópula podemos razonablemente pensar que se produce una experiencia asimilable al orgasmo humano. En cualquier caso, parece claro que la experiencia orgásmica está restringida a un mínimo número de especies de entre todas las que tienen reproducción sexual.

Por tanto, tomando en consideración el panorama global del sexo entre los seres vivos, podemos dar por descartada la hipótesis de que el placer sexual se ha desarrollado como una *necesidad evolutiva* para asegurar la reproducción. La reproducción sexual, evolutivamente, se las ha apañado bastante bien sin necesidad de premiarla con placer y orgasmo. En suma, el placer sexual no ha sido una necesidad evolutiva para facilitar la reproducción sexual. Como mucho puede haber cooperado. Así lo apuntaba Darwin (1871:53):

> [...] es probable que los instintos sean seguidos de manera persistente meramente por la fuerza de la herencia, sin el estímulo del placer o del dolor.

Finalidad del placer

Sin embargo, puede que la respuesta no sea tan tajante. Puede que, en animales con un cierto nivel de inteligencia y capacidad de decisión, la recompensa en forma de placer pueda desempeñar un papel evolutivo necesario.

A este respecto, se hizo un trabajo de simulación con ordenador, altamente sofisticado, y reproduciendo fielmente un gran número de condiciones naturales, simulando unas poblaciones "humanas" (ej.: cerebro como conductor de la toma de decisiones, individuos sometidos a las condiciones ecológicas del medio, capacidad de aprendizaje colectivo e individual, evolución basada en selección y variación, etc.). El modelo hace la suposición de que el proceso reproductor siempre tiene un coste en términos energéticos para cualquier individuo. Simulando en un computador la evolución de estas poblaciones se demostró que si el sistema se establecía con la posibilidad de que los "agentes" (individuos) decidieran libremente si se reproducían o no, *las poblaciones tendían a desaparecer, se extinguían, porque los individuos trataban de ahorrarse el coste del apareamiento reproductivo.* Los individuos eran más longevos porque no perdían energías en copular, pero las poblaciones se extinguían por la carencia de reproducción que mantuviese la renovación demográfica de las poblaciones. En cambio, la introducción de una recompensa al apareamiento, mejoraba el comportamiento de la población haciéndola estable y manteniéndose siempre en un tamaño poblacional óptimo (Griffioen et al. 2008). Parece por tanto, que el placer sexual, aunque no sea estrictamente imprescindible, en seres con un cierto nivel de inteligencia, mejora sensiblemente la capacidad evolutiva de la especie.

La actividad sexual reproductiva debe notarse que está plagada de riesgos reales: violencia competitiva por las parejas, vulnerabilidad durante el coito, enfermedades de transmisión sexual, etc. De manera especial en la mujer, que afronta el embarazo, las penalidades del parto, el riesgo de muerte durante el parto, la crianza, etc., de modo que se necesita un potente incentivo para "persuadir" a tener sexo reproductivo. Ese incentivo extraordinario es el placer sexual previo culminado con el orgasmo. Esa es la teoría que sostienen Abramson y Pinkerton (1995:41-42): *que el sexo es placentero para asegurar que la gente copule, tenga sexo reproductivo a pesar de los riesgos substanciales que supone.* Pero que, fisiológica y psicológicamente, el sexo no puede ser reducido a una simple función reproductora. La separación de la motivación y de la conducta sexual, de la capacidad para la gestación, permite a la experiencia social y al contexto social, ejercer una influencia poderosa sobre la conducta sexual y las relaciones sexuales, y viceversa. Esta flexibilidad permite al sexo servir para otros propósitos y acciones importantes, aparte de la reproducción.

Finalidad del sexo no reproductivo

En principio, pudiera interpretarse que los individuos incurrimos en el sexo no reproductivo simplemente por proporcionarnos placer, por puro hedonismo. Esta es sin duda la función inmediata de la sexualidad recreativa. No estamos diciendo que proporcionar placer sea la *función evolutiva* del sexo no reproductivo sino, únicamente, constatamos que se incurre en el sexo no reproductivo porque proporciona placer. Pero la pregunta que surge es, si hubo una causa evolutiva, si en el entorno evolutivo remoto se daban circunstancias que favorecían selectivamente la actividad sexual recreativa, si esta actividad sexual fue una adaptación a determinadas condiciones del entorno remoto en que vivía la especie humana. En suma, el debate gira en torno a cuál pudo ser la causa distal, remota, evolutiva del placer sexual y el orgasmo, —si es que la hubo— porque esa sería también la causa de la sexualidad no reproductiva.

Hipótesis nula: un resultado colateral

Una posibilidad simple sería suponer que no ha habido ningún proceso adaptativo/selectivo que haya conducido específicamente a tal resultado. El placer sexual surge selectivamente para favorecer la reproducción sexual. No es, evolutivamente, un fin en sí mismo. Pero una vez que ha aparecido por selección natural sirviendo al sexo reproductivo, es disfrutado sin otra función que el puro disfrute en el sexo no reproductivo.

Alternativamente, el sexo no reproductivo habría surgido sin función concreta pero podría haber sido reclutado con posterioridad para desempeñar algunas funciones actualmente, por ejemplo, para promover y fortalecer las relaciones de pareja. Desde este punto de vista, el sexo no reproductivo no habría surgido como una adaptación para fortalecer las uniones de pareja (causa remota) pero, actualmente, de hecho, serviría a dicha función (causa inmediata). De manera similar podría servir a otras funciones "sociales" (relajar las tensiones, disminuir la agresividad, etc.) también como consecuencia de su reclutamiento posterior.

La importancia cuantitativa que tiene el sexo no reproductivo y el coste biológico que implica constituyen un argumento de fuerza contra la hipótesis de que sea un simple resultado colateral del sexo reproductivo. No parece una respuesta evolutivamente "económica" la idea de que el sexo no reproductivo solo sirve como fuente de placer y nada más. Parece un "derroche" de recursos, un "despilfarro" incompatible con la economía biológica de cualquier ser vivo. Parece a priori una teoría insostenible y disparatada pensar que la sexualidad no reproductiva carezca de finalidad. La pregunta que se debe responder es, ¿qué ventaja evolutiva aporta el sentir placer?

Teoría de Morris: reforzar la unión de pareja

Desmond Morris en su famoso y conocido libro El *mono desnudo* (1968:81) afirmaba:

> *"La gran abundancia de copulación en nuestra especie se debe, evidentemente, no a la producción de retoños, sino al reforzamiento del lazo entre la pareja, gracias a los mutuos goces de los compañeros sexuales."*

Donde propone claramente que el sexo no reproductivo, merced al placer que proporciona, tiene una finalidad evolutiva en el reforzamiento de la unión de pareja. Añadiendo la siguiente apostilla:

> *"Entonces, la reiterada consecución de la consumación sexual, no es, para la pareja, un fruto refinado y decadente de la civilización moderna, sino una sana tendencia de nuestra especie [...]."*
> *(Morris 1968:81)*

Donde discretamente amonesta a los enemigos del sexo, estableciendo lo sano que es practicar el sexo con la pareja tanto como plazca, siguiendo el impulso sexual natural, no pudiendo considerarse tal conducta como una "decadencia" moderna.

> *"[...] la hembra sigue respondiendo al varón. Esto tiene también particular importancia porque con el*

sistema de un-varón-una-hembra sería peligroso
defraudar al varón durante un período tan largo [la
gestación]. Podría poner en peligro la vinculación
entre la pareja." (Morris 1968:81)

En este mismo sentido se han manifestado más recientemente, sosteniendo que el placer sexual puede funcionar en el mantenimiento de la relación de pareja. Se argumenta que el placer sexual es un rasgo humano inherente que es crucial para el mantenimiento del compromiso de las relaciones reproductivas y como efecto colateral, es también crucial para las relaciones comprometidas no reproductivas (De La Garza-Mercer 2006).

En apoyo de esta hipótesis están las observaciones de Master y Johnson que registraron un incremento de la libido en las mujeres durante el primer y segundo trimestre del embarazo (un caso claro de sexo no reproductivo). Este hecho encaja perfectamente con la hipótesis que supone que una mujer en inminente necesidad de la ayuda de un hombre (la mujer embarazada) mostrará una mayor receptividad sexual como "servicio" al macho potenciando la relación entre la pareja en esos momentos especialmente delicados para la mujer que va a necesitar perentoriamente al cabo de unos pocos meses la ayuda de su pareja masculina. Aunque esta hipótesis es atribuida a Morris (Hrdy 1999:135) la opinión de Morris es matizadamente diferente y se mantiene en la línea antes expuesta por él mismo:

"[...] la hembra sigue respondiendo al varón. Esto
tiene también particular importancia porque con el
sistema de un-varón-una-hembra sería peligroso
defraudar al varón durante un período tan largo [la
gestación]. Podría poner en peligro la vinculación
entre la pareja." (Morris 1968:81)

En este caso se piensa que la negación de actividad sexual por mor del embarazo debilitaría el vínculo amoroso entre la pareja. (Lo que, indudablemente, podría tener consecuencias nefastas sobre la ayuda del hombre durante la fase final del embarazo y la inicial de la crianza. Pero esto no lo explicita Morris desde una consideración estricta de sus palabras.)

Teoría de Hrdy: hembras libidinosas

Hrdy está en desacuerdo con la idea de Morris, no por este asunto en concreto, sino partiendo de una concepción global sobre la sexualidad femenina. El punto de partida de Hrdy es la constatación de la disposición de las hembras primates a enredarse en actividades sexuales en momentos en los que la concepción está fuera de lugar, o a implicarse en más actividad sexual con más parejas de las que son necesarias para concebir. Esta conducta, según Hrdy, está presente también en la hembra humana, en un estado "latente" por la represión cultural que ejerce el hombre sobre la sexualidad de la mujer. Cuando la mujer es libre para decidir su conducta sexual, dice Hrdy, desarrolla una actividad copulativa intensa y variada. Como las hembras de otras especies de primates.

En la idea de Hrdy, el apareamiento en las hembras tiene múltiples funciones, conceptivas y no conceptivas. Las hembras de los primates actúan solicitando múltiples parejas. Esto es precisamente para lo que las hembras han sido seleccionadas. *El objetivo de la sexualidad femenina es motivar a las hembras a aparearse con una serie de parejas masculinas*; cómo manejar esta situación se convierte en el problema que ellas deben resolver (Hrdy 1988).

En este sentido hay quien mantiene que, puesto que el sexo siempre tiene un coste, dicho coste tiene que ser compensado por los beneficios de otro tipo obtenidos —que deben de algún modo haberse traducido en éxito reproductivo— para que haya evolucionado (Grebe et al. 2013). Explícitamente se propone así para la sexualidad femenina no reproductiva de las mujeres (Thornhill y Gangestad 2008:37):

> *Por tanto adoptamos la hipótesis de trabajo de que la sexualidad femenina extendida en sí misma verdaderamente resulta en beneficios reproductivos netos para las hembras [...] que incrementa el éxito reproductivo.*

Aunque aquí se hace referencia solo a la actividad sexual femenina, debemos entender que la lógica expresada sería aplicable también a la sexualidad "extendida" masculina. Una propuesta de un tenor similar (Rodríguez-Gironés y Enquist 2001) sugiere que la sexualidad extendida permite a las hembras obtener beneficios materiales, no genéticos, que potencian la capacidad reproductiva o el éxito de la progenie. En los seres humanos estos beneficios podrían ser la provisión por la pareja masculina de cuidados directos, alimentos, protección contra la coerción sexual por otros hombres o una inversión futura en la prole como resultado del aumento de la probabilidad de la paternidad de la prole (Grebe et al. 2013).

La masturbación como gimnasia sexual

Al menos se ha propuesto una explicación adaptativa a una actividad sexual recreativa concreta: la masturbación masculina. Algunos psicólogos evolucionistas se han lanzado a encontrar una explicación adaptativa para, prácticamente, cualquier aspecto de la sexualidad humana no reproductiva. Dentro de este frenesí adaptativo, la masturbación, por ejemplo, no es un mero pasatiempo placentero sino, en el caso del macho, un "entrenamiento" para la actividad sexual futura que mejora su éxito reproductivo. Es decir, la masturbación, no solo deja de ser un pecado y una conducta viciosa, sino que recibe vitola de actividad saludable que mejora la ejecutoria de nuestro aparato reproductivo, al tiempo que nos otorga en forma de orgasmo, un bien ganado premio a nuestro esfuerzo "deportivo". Un ejemplo cimero de la teoría pedagógica de "aprender deleitándose".

Más aún, alternativa o adicionalmente, visto desde otro punto de vista, la masturbación ha sido propuesta por otros, como mecanismo adaptativo para el mantenimiento de la vitalidad de los espermatozoides cara a un buen desempeño en los avatares de la competición espermática. La gimnasia masturbatoria masculina contribuiría a mantener el reservorio de semen siempre renovado y fresco, formado esencialmente por espermatozoides recién manufacturados, libre de espermatozoides viejos y rancios, almacenados desde no se sabe cuántas semanas.

Sexo es salud

Sin ánimo de ser jocoso, se ha barajado seriamente con que tener sexo sirve para disminuir las tensiones sociales y psicológicas. Sería otra posible función de la sexualidad no reproductiva. A favor está que es evidente que la actividad sexual disminuye la agresividad en muchas especies. En especial, las investigaciones entre los bonobos sostienen sólidamente que la actividad sexual desempeña frecuentemente un papel social (no reproductivo) como, por ejemplo, fortalecer las relaciones entre individuos de uno y otro sexo, rebajar la agresividad, etc. (De La Garza-Mercer 2006). La conducta sexual puede también significar intimidad y unión, trascendencia espiritual, afecto, y simplemente disfrutar. En línea con el inefable psicoanalista-marxista Wilhelm Reich, recientemente se ha reivindicado la bondad del orgasmo para la salud: *"De muchas maneras, ¡un orgasmo al día mantiene lejos al médico!"* (De La Garza-Mercer 2006).

~~~~~~~~~~~~~~~~~~~~~

Visto globalmente, la impresión que se desprende es, que las causas explicativas de la sexualidad recreativa no son excluyentes y todas pueden jugar algún papel, contribuyendo de alguna manera al éxito reproductivo de los individuos que practican sexo no reproductivo por un conjunto de esas razones.

Epílogo: cabos sueltos

A modo de epílogo, he incluido unas cuantas reflexiones inconexas. Ideas surgidas aquí y allá sin relación evidente con ninguno de los temas concretos tratados. Cabos sueltos que pueden ser de interés para el lector y prefiero dar a conocer que dejarlos perdidos en cualquier cajón.

El sexo de la pareja importa

Para el sexo reproductivo, el sexo de cada uno de los miembros de la pareja es críticamente importante. Para reproducirse es obligatorio: para una mujer, un hombre, y viceversa. No hay otra manera. Por consiguiente, a la hora de practicar sexo con fines reproductivos se comprende que estemos diseñados para discriminar entre los dos sexos: solo los emparejamientos heterosexuales pueden dar lugar a un embarazo. El sexo reproductivo es siempre heterosexual. Por tanto, estamos evolutivamente diseñados para elegir una pareja del sexo contrario cuando se trata de procrear.

Por el contrario, para el sexo no reproductivo, recreativo, por el mero placer sexual, el sexo de la pareja no debería importar, al menos sobre el papel, en teoría, lógicamente. Al fin y al cabo, la estimulación sexual es, en una primera aproximación, pura mecánica: aparentemente, una simple cuestión de física del rozamiento, junto con fisiología de la respuesta nerviosa a la estimulación de algunos tejidos y órganos. La respuesta (la excitación sexual) debería producirse independientemente del "sujeto" estimulador y del contexto en que se produce la estimulación.

El "estimulador" podría ser un hombre, una mujer, o un objeto físico. Todos deberían ser igualmente eficaces y eficientes. Del mismo modo, el entorno debería resultar irrelevante (por ejemplo, el grado de intimidad del acto). Pero sabemos que no es así. Es importante la intimidad, la visión de algunas imágenes, la imaginación y… ¡El sexo de la pareja! Sobre el papel, debería dar igual tener sexo no reproductivo con un hombre, con una mujer, o con el género epiceno. Pero es un hecho empírico inamovible que no es así; que es relevante el sexo de quien nos está "trasteando"; que nos excitan determinadas parejas y nos espantan otras. Con solo imaginarlo. En palabras de otros (Abramson y Pinkerton 1995:113):

"Ojos abiertos u ojos cerrados, el sexo de la pareja de uno importa mucho a la gran mayoría de los heterosexuales y homosexuales. Para muchos, esta preferencia por un sexo particular es un aspecto permanente e inmutable de sus personalidades."

Lo que significa que la excitación sexual y el placer no son una mera cuestión de la física del rozamiento y de la fisiología de la respuesta nerviosa. Hay, además, una implicación de las áreas nerviosas superiores, de la "mente", de la "psique". El placer sexual no se produce incondicionalmente sino, al contrario, totalmente condicionado por el sexo de la pareja, principalmente, y, secundariamente, por otros aspectos del contexto en el que se desarrolla la actividad (intimidad, fantasías, imágenes explícitas, entorno, etc.). Todo esto pone de manifiesto que el placer sexual en el ser humano está mediado de manera fundamental por funciones cerebrales superiores, lo que nos lleva a concluir que *el cerebro es el primero y más importante de nuestros órganos sexuales*.

A lo largo de este libro, nos hemos encontrado recurrentemente con el cerebro. Como actor principal o entre bambalinas, nuestro cerebro está implicado en nuestra sexualidad, dotado de una serie de adaptaciones evolutivas, más o menos "adaptadas" a nuestra realidad cultural actual. Nuestra sexualidad, como todos los aspectos de nuestra conducta, no es un sistema determinista regido por automatismos: el "contexto" siempre importa o, dicho de otro modo, las actividades superiores de nuestro cerebro siempre están implicadas. No somos peleles en manos de nuestras tendencias biológicas, pero tampoco somos un libro en blanco sobre el que imponer cualquier utopía bienpensante.

El relojero ciego y la falacia naturalista

Richard Dawkins, con su brillante capacidad para crear metáforas acuñó la del relojero ciego para referirse a la evolución. Los seres humanos nos hemos acostumbrado a considerar que todo progresa, que todo avanza hacía algo más perfecto, quizás por analogía con el notorio desarrollo científico-técnico que ha contribuido de manera dramática al bienestar general del ser humano. De tal modo, que hay quien interpreta el proceso evolutivo, como un proceso de perfeccionamiento continuo que nos conduce a cotas superiores en todos los órdenes.

La realidad es bien diferente. El proceso evolutivo parte y depende ineludiblemente de la variación genética existente en las poblaciones de todas las especies. La variación genética es de origen completamente aleatorio. No existe finalidad, previsión, preparativos para el futuro. La selección natural simplemente filtra toda esa variación y deja pasar la más valiosa que existe en ese momento. Pero el proceso evolutivo no tiene vuelta atrás, no puede corregir errores de concepto o de diseño, no tiene un ingeniero que esté realizando cálculos sobre el comportamiento futuro del ingenio mecánico que está fabricando. De hecho, muchos de los caminos evolutivos han terminado en la extinción por incapacidad de las especies para superar los retos ambientales subsiguientes a los que fueron sometidas. Por tanto, la evolución no es un proceso que conduzca a una mayor perfección. Ni lo contrario. Es simplemente un proceso oportunista que aprovecha en cada momento lo que puede.

Siguiendo esta línea argumental está claro que la evolución tampoco conduce a la bondad, a un mundo más ético, a una sociedad mejor. Ni lo contrario. De nuevo el relojero ciego.

Hay una cierta interpretación ideológica de la Biología, más implícita que explícita, que incesantemente susurra que lo natural es bueno, éticamente bueno. Por ser natural. Como una propiedad intrínseca de lo natural. Se da por supuesta la ecuación: natural igual a bueno. Esto es una simpleza que no tiene justificación en el atropello histórico que se ha hecho con las necesidades naturales del ser humano, especialmente con su sexualidad. Natural es el canibalismo y probablemente nadie estará por defender que desayunarse a un cristiano es una costumbre éticamente recomendable.

Tratar de vivir en armonía con la naturaleza no es someterse a ella. Como hemos tenido ocasión de ver, hay productos evolutivos rechazables que no tenemos por qué aceptar por el simple hecho de haber surgido naturalmente por evolución. Quizás no podamos suprimirlos, pero sí combatirlos y mantenerlos en límites soportables.

Los animales exhiben todo tipo de atrocidades como resultado de la selección natural, desde el asesinato de las crías y los hermanos, al canibalismo de una madre sobre sus recién nacidos como ventaja nutricional. No hay ninguna lección moral que extraer de tales conductas. Ni una explicación biológica de la violación reduce su peso como crimen.

Frecuentemente se interpreta una explicación evolutiva como una inevitabilidad, o una excusa para tal conducta. En términos evolutivos, la capacidad para responder de formas diferentes a diferentes contextos es crítica. La conducta es un amplio y muy efectivo dominio de una respuesta variable.

Las diferencias entre los sexos

Como hemos visto, el resultado de la selección sexual en los seres humanos ha sido producir una diferenciación entre los sexos respecto de un buen número de características anatómicas, fisiológicas, conductuales y psicológicas. Algunas de estas diferencias son objeto de enconada disputa, pero la mayoría son absolutamente evidentes y no pueden ser negadas. Sólo partiendo desde el respeto más absoluto a la verdad se puede construir algo sólido. En este sentido, se debe de partir de la constatación de la existencia de diferencias biológicas insoslayables entre hombres y mujeres.

Reconocemos las diferencias, pero no reconocemos ninguna superioridad ni inferioridad. Es cierto que lo habitual es que los que resaltan las diferencias es para a continuación, proclamar su superioridad sobre los "otros". Todos en mayor o menor grado hemos sufrido, por ejemplo, la xenofobia inmanente en tanto nacionalista que reclama su derecho a la diferencia para a renglón seguido machacarnos con su innata superioridad. No es el caso nuestro.

Constatado el hecho de las diferencias existentes entre ambos sexos desde todos los puntos de vista (anatomía, fisiología, y conducta) sobre un mar de similitudes, la cuestión de la desigualdad entre los sexos pertenece a un ámbito completamente diferente. Quiero decir, uno es un asunto científico y el otro sociopolítico. El tema de las diferencias o similitudes conductuales entre hombres y mujeres lo planteamos y discutimos sobre bases científicas. En tanto que la desigualdad histórica con que han sido tratadas las mujeres en las diversas sociedades y culturas, —pese a tener una raíz evolutiva— su resolución pertenece al ámbito de la política, no de la Ciencia. Al mismo tiempo que afirmó mi convencimiento en la existencia natural de diferencias biológicas entre hombres y mujeres, sostengo el legítimo derecho democrático de las mujeres a una igualdad social completa. La diferencia biológica no debe implicar desigualdad de derechos. Lo primero es un hecho biológico, lo segundo es un derecho político. Lo primero se resuelve por el método científico. Lo segundo se resuelve mediante la adecuada lucha política.

La confusión del feminismo

> *[...] our species possesses the capacity to carry sexual inequality to its greatest known extremes, but we also possess the potential to realize an unusual social equality between the sexes should we choose to exercise that potential. (Hrdy 1999:14)*

> *[[...] nuestra especie posee la capacidad para llevar la desigualdad sexual a sus mayores extremos conocidos, pero también posee el potencial para llevar a cabo una igualdad social inusual entre los sexos que deberíamos escoger para ejercitar ese potencial.]*

Y lo contrario: organizar meditadamente y con todo lujo de detalles la mayor atrocidad. Por ejemplo, organizar el exterminio de una etnia, los judíos, como el que organiza la producción de una industria cualquiera: objetivos, productividad del proceso, incumplimientos, premios a la excelencia en el trabajo, etc. (Recomiendo la lectura de la novela *Las benévolas*, de Jonathan Littell, premio Goncourt; o la escalofriante historia de Antony Beevor de las masacres de judíos en Ucrania en *Un escritor en guerra. Vasili Grossman en el Ejército Rojo 1941-1945*; o la sobria relación de las atrocidades cometidas narradas por las propias víctimas supervivientes en el *Libro Negro* de Vasili Grossman y Ilia Erhenburg.) O, por ejemplo, desarrollar una estrategia deliberada para oprimir al sexo femenino.

Durante miles de años —no menos de 10.000 y probablemente desde la aparición de nuestra especie, hace unos 200.000 años— los hombres han utilizado su posición social dominante para elaborar toda una compleja superestructura ideológica que diera cobertura y justificara la opresión de la mujer. Desde el minuto cero, los hombres han ocupado la cúspide del poder en todas las sociedades basándose en:

1. Su fuerza física y su agresividad (poder bruto).

2. Su control de todos los resortes sociales (la medicina, las leyes, la historia, etc.) (poder ideológico).

3. Su común interés, como sexo masculino, en controlar la sexualidad femenina (interés de sexo).

4. Su capacidad para asociarse con otros hombres, con los que comparte una comunidad de intereses de sexo, dejando a un lado las querellas entre machos, para dominar a las mujeres (capacidad asociativa).

Desde esa posición de dominio absoluto, ha fabricado todas las coartadas ideológicas necesarias para mantener el *statu quo* que le interesaba como sexo. Todo el discurso cultural, en todas las sociedades, ha estado siempre al servicio de los intereses sexuales masculinos. Las feministas tienen razón en denunciar la opresión histórica —y protohistórica— de la mujer por el hombre, construida bajo la forma del patriarcado. Se equivocan en cuanto al origen temporal, que datan en la aparición de la agricultura, pero que probablemente se remonta al propio origen de la especie (Smuts 1995) y en la causa, que asumen es una cuestión de poder. El hombre quiso el poder, pero no por el puro placer de dominar, sino poder para controlar la sexualidad de la mujer. La agenda del hombre no era el poder en sí, sino su agenda evolutiva: controlar la sexualidad femenina.

Como dispuso durante miles de años de un poder omnímodo pudo decir siempre lo que le interesaba y hacer que lo repitiesen todos los centros creadores de opinión. La ciencia, la religión, las leyes… Todo estaba al servicio de la agenda evolutiva masculina. Pudimos hasta convencer a muchas mujeres para que defendieran nuestros intereses evolutivos de sexo.

Todo lo que nos interesó encontró justificación puntual y plasmación legal. Las conductas más inicuas, como la ablación del clítoris, encontraron cobertura legal y coartada "cultural" o religiosa o "sanitaria", durante siglos. Sorprendentemente, todavía encuentran eco en nuestra civilizada sociedad en vez de la represión directa y fulminante de esos bárbaros actuales.

Comparaciones viciadas

Catherine Salmon (2005) supone que algunas fuentes culturales pueden servir para ilustrar las psicologías sexuales masculinas y femeninas. Para ello fija su atención en la pornografía para los hombres y en la literatura romántica para las mujeres. De este modo se llegan a las conclusiones de siempre.

Las películas sexualmente explícitas revelan una gama bastante estrecha de temas y contenidos. El sexo es todo acerca de la lujuria y la gratificación física, careciendo totalmente de cortejo, compromiso, relación duradera, o esfuerzo de emparejamiento. El principal órgano sexual del ser humano —un cerebro imaginativo— no está nunca presente en ese tipo de cine. Es un mundo en el cual las mujeres están dispuestas a tener sexo con extraños, se excitan sexualmente con facilidad, y siempre tienen orgasmos. Las estrellas del porno femeninas son siempre jóvenes y físicamente atractivas.

Con estas premisas, resulta lo de siempre: que el hombre tiene una imaginación sexual raquítica, paupérrima, y aburrida. Que le interesa sólo el sexo por el sexo, con cuantas más mejor, etc. Cabe objetar, primero, que es incorrecto metodológicamente tomar la pornografía pura y dura como referencia de la sexualidad masculina, porque no a todos los machos les gusta la pornografía, no a todos les gusta el mismo tipo de pornografía, y no todos estamos ayunos de creatividad e imaginación. Segundo, una comparación equilibrada debería tomar como fuentes de evidencia recursos culturales similares, concretamente, literatura romántica de hombres para compararla con la de las mujeres; y pornografía para mujeres con pornografía para hombres. No se puede aceptar la asunción (presunción, prejuicio) de que la pornografía masculina representa la sexualidad del hombre, y la literatura romántica femenina representa la sexualidad de la mujer. Hay una enorme inercia de los hechos fundada en la pereza mental, que hace que se considere obvio que la pornografía es una expresión genuina de la sexualidad masculina.

Reconocer lo evidente

Pese a lo comentado en el Capítulo 3, relativo a la oposición entre disfrute sexual y matrimonio, Donald Symons (1979) concluye reconociendo lo evidente:

> "[...] some sexually sophisticated men may learn that— despite the absence of the jolt novelty provides— intercourse with a trusting, familiar partner is potentially the most intense sexual experience possible."

> [...] algunos hombres sexualmente sofisticados pueden aprender que —a despecho de la ausencia que la impresión de la novedad proporciona— copular con una pareja fiable, familiar es potencialmente la experiencia sexual más intensa posible.]

Lo hemos dicho en algún momento anterior: el sexo con tu pareja *de toda la vida* puede ser extraordinariamente placentero. Muchos vejestorios que podemos parecer definitivamente desahuciados del sexo, seguimos disfrutando como diablillos. La confianza, el amor, el conocimiento, facilitan el ejercicio libre de la imaginación. Sin duda, tienen razón quienes dicen que el sexo con amor es mucho mejor.

Estamos todos invitados a comprobarlo.

La incapacidad explicativa de la "cultura"

> *"The assertion that "culture" explains human variation will be taken seriously when there are reports of women war parties raiding villages to capture men as husbands, or parent cloistering their sons but not their daughters to protect their sons' virtue, or when cultural distributions for preferences concerning physical attractiveness, earning power, relative age, and so on, show as many cultures with bias in one direction as in the other." Tooby y Cosmides 1989. The innate versus the manifest: How universal does universal have to be. In Commentary to Buss (1989)*

> *[La afirmación de que la "cultura" explica la variación humana será considerada seriamente cuando aparezcan informes sobre grupos de mujeres guerreras atacando aldeas para capturar hombres como esposos, o sobre padres enclaustrando a sus hijos pero no a sus hijas para proteger la virtud de sus hijos, o cuando las distribuciones de las culturas respecto de las preferencias relativas al atractivo físico, la capacidad de recursos, la edad relativa, y así sucesivamente, muestre tantas culturas con sesgo en una dirección como en la otra.]*

Los casos citados son tan evidentes que no necesitan glosa alguna. Un ejemplo más. A pesar de todas las revoluciones sexuales que en el mundo han sido, no han conseguido cambiar (disminuir) el rechazo que los hombres tienen para casarse con mujeres "fáciles" (Campbell 2013).

Referencias bibliográficas

Abramson PR, Pinkerton SD (1995) With Pleasure: Thoughts on the Nature of Human Sexuality. Oxford University Press, Cary, NC, USA. 308

Alvergne A, Faurie C, Raymond M (2009) Father-offspring resemblance predicts paternal investment in humans. Anim Behav 78:61-69

Anderson KG (2006) How well does paternity confidence match actual paternity? Evidence from worldwide nonpaternity rates. Curr Anthropol 47:513-520

Andersson M, Iwasa Y (1996) Sexual selection. Trends Ecol Evol 11:53-58

Apicella CL, Marlowe FW (2004) Perceived mate fidelity and paternal resemblance predict men's investment in children. Evol Hum Behav 25:371-378

Apicella CL, Marlowe FW (2007) Men's reproductive investment decisions. Hum Nat 18:22-34

Apostolou M (2013) The evolution of rape: The fitness benefits and costs of a forced-sex mating strategy in an evolutionary context. Agress Viol Behav 18:484-490

Baker RR, Bellis MA (1989) Number of sperm in human ejaculates varies in accordance with sperm competition theory. Anim Behav 37, Part 5:867-869

Baker RR, Bellis MA (1993) Human sperm competition: ejaculate adjustment by males and the function of masturbation. Anim Behav 46:861-885

Baldwin JD, Baldwin JI (1997) Gender differences in sexual interest. Arch Sex Behav 26:181-210

Bancroft J, Graham CA (2011) The varied nature of women's sexuality: Unresolved issues and a theoretical approach. Horm Behav 59:717-729

Bateman AJ (1948) Intra-sexual selection in Drosophila. Heredity (Edinb) 2:349-368

Bellis MA, Baker RR (1990) Do females promote sperm competition? Data for humans. Anim Behav 40:997-999

Benshoof L, Thornhill R (1979) The evolution of monogamy and concealed ovulation in humans. J Soc Biol Sys 2:95-106

Bovet J, Raymond M (2015) Preferred women's waist-to-hip ratio variation over the last 2,500 years. Plos ONE 10:e0123284

Brody S, Costa RM, Hess U, Weiss P (2011) Vaginal orgasm is related to better mental health and is relevant to Evolutionary Psychology: A response to Zietsch et al. J Sex Medic 8:3523-3525

Burchell JL, Ward J (2011) Sex drive, attachment style, relationship status and previous infidelity as predictors of sex differences in romantic jealousy. Pers Individ Differ 51:657-661

Buss DM (1992) Manipulation in close relationships: five personality factors in interactional context. J Pers 60:477-499

Buss DM, Barnes M (1986) Preferences in human mate selection. J Pers Soc Psychol 50:559-570

Buss DM (1988) The evolution of human intrasexual competition: Tactics of mate attraction. J Pers Soc Psychol 54:616-628

Buss DM (1989) Sex differences in human mate preferences: Evolutionary hypothesis tested in 37 cultures. Behav Brain Sci 12:1-49

Buss DM, Angleitner A (1989) Mate selection preferences in Germany and the United States. Pers Indiv Differ 10:1269-1280

Buss DM, Schmitt DP (1993) Sexual strategies theory - an evolutionary perspective on human mating. Psychol Rev 100:204-232

Buss DM, Shackelford TK (1997a) Human aggression in evolutionary psychological perspective. Clin Psychol Rev 17:605-619

Buss DM, Shackelford TK (1997b) Susceptibility to infidelity in the first year of marriage. J Res Pers 31:193-221

Buss DM, Shackelford TK, Kirkpatrick LA, Choe JC, Lim HK, Hasegawa M, Hasegawa T, Bennett K (1999) Jealousy and the nature of beliefs about infidelity: Tests of competing hypotheses about sex differences in the United States, Korea, and Japan. Pers Relation 6:125-150

Buss DM (2001) Human nature and culture: An evolutionary psychological perspective. J Pers 69:954-978

Buss DM, Shackelford TK, Kirkpatrick LA, Larsen RJ (2001) A half century of mate preferences: The cultural evolution of values. J Marriage Fam 63:491-503

Daly M, Wilson M (1988) Evolutionary social psychology and family homicide. Science 242:519-524

Darwin C (1859) On the origin of species by means of natural selection, or the preservation of favoured races in the struggle for life. Murray, London.

Darwin C (1871) The descent of man, and selection in relation to sex. John Murray, London.

De La Garza-Mercer F (2006) The evolution of sexual pleasure. J Psychol Hum Sex 18:107-124

Dixson AF (2009) Sexual selection and the origins of human mating systems. Oxford University Press, Oxford, U.K.

Dixson AF (2012) Primate sexuality. Oxford University Press, Oxford, U.K. 785

Dixson AF (2013) Male infanticide and primate monogamy. Proc Natl Acad Sci U S A 110:E4937

Dunbar R (2010) Deacon's dilemma: The problem of pair-bonding in human evolution. P Brit Acad 158:155-175

Eastwick PW, Finkel EJ (2008) Sex differences in mate preferences revisited: Do people know what they initially desire in a romantic partner? J Pers Soc Psychol 94:245-264

Eschler L (2004) The physiology of the female orgasm as a proximate mechanism. Sex Evol Gender 6:171-194

Fisher HE, Aron A, Brown LL (2006) Romantic love: A mammalian brain system for mate choice. Philos T Roy Soc B 361:2173-2186

Flinn MV (1997) Culture and the evolution of social learning. Evol Hum Behav 18:23-67

Flinn MV, Geary DC, Ward CV (2005) Ecological dominance, social competition, and coalitionary arms races: Why humans evolved extraordinary intelligence. Evol Hum Behav 26:10-46

Fox CA, Wolff HS, Baker JA (1970) Measurement of intra-vaginal and intra-uterine pressures during human coitus by radio-telemetry. J Reprod Fertil 22:243-251

Friedman SH, Cavney J, Resnick PJ (2012) Child murder by parents and Evolutionary Psychology. Psychiatr Clin North Am 35:781-795

Gavrilets S (2012) Human origins and the transition from promiscuity to pair-bonding. Proc Natl Acad Sci U S A 109:9923-9928

Gavrilets S, Rice WR (2006) Genetic models of homosexuality: generating testable predictions. Proceedings of the Royal Society B: Biological Sciences 273:3031-3038

Geary DC (2000) Evolution and proximate expression of human paternal investment. Psychol Bull 126:55-77

Gerressu M, Mercer CH, Graham CA, Wellings K, Johnson AM (2008) Prevalence of masturbation and associated factors in a British national probability survey. Arch Sex Behav 37:266-278

Gildersleeve K, Haselton MG, Fales MR (2014) Do women's mate preferences change across the ovulatory cycle? A meta-analytic review. Psychol Bull 140:1205-1259

Goetz AT, Shackelford TK, Romero GA, Kaighobadi F, Miner EJ (2008) Punishment, proprietariness, and paternity: Men's violence against women from an evolutionary perspective. Agress Viol Behav 13:481-489

Goetz AT, Shackelford TK (2009) Sexual conflict in humans: Evolutionary consequences of asymmetric parental investment and paternity uncertainty. Anim Biol 59:449-456

Gowaty PA, Kim Y-, Anderson WW (2013) Mendel's law reveals fatal flaws in Bateman's 1948 study of mating and fitness. Fly 7:28-38

Gray PB (2013) Evolution and human sexuality. Am J Phys Anthropol 152:94-118

Grebe NM, Gangestad SW, Garver-Apgar CE, Thornhill R (2013) Women's luteal-phase sexual proceptivity and the functions of extended sexuality. Psychol Sci 24:2106-2110

Green MC, Sabini J (2006) Gender, socioeconomic status, age, and jealousy: Emotional responses to infidelity in a national sample. Emotion 6:330-334

Harris AL, Vitzthum VJ (2013) Darwin's legacy: an evolutionary view of women's reproductive and sexual functioning. J Sex Res 50:207-246

Harris CR (2011) Menstrual cycle and facial preferences reconsidered. Sex Roles 64:669-681

Harris JR (2006) Parental selection: A third selection process in the evolution of human hairlessness and skin color. Med Hypotheses 66:1053-1059

Hewlett BS (1991) Demography and childcare in preindustrial societies. J Anthropol Res 47:1-37

Hite S (1977) El informe Hite. Estudio de la sexualidad femenina. Plaza y Janés S.A., Barcelona.

Hite S (1981) El informe Hite sobre la sexualidad masculina. Plaza y Janés S.A., Barcelona

Hrdy SB (1992) Fitness tradeoffs in the history and evolution of delegated mothering with special reference to wet-nursing, abandonment, and infanticide. Ethol Sociobiol 13:409-442

Hrdy SB (1995) The primate origins of female sexuality, and their implications for the role of nonconceptive sex in the reproductive strategies of women. Hum Evol 10:131-144

Hrdy SB (1997) Raising Darwin's consciousness: Female sexuality and the prehominid origins of patriarchy. Hum Nat 8:1-49

Hrdy SB (1999) The woman that never evolved. Harvard University Press, Cambridge, Massachusetts.

Hyde JS (2005) The gender similarities hypothesis. Am Psychol 60:581-592

Hyde JS (2014) Gender similarities and differences. Annu Rev Psychol 65:373-398. doi: 10.1146/annurev-psych-010213-115057

Jasienska G, Ziomkiewicz A, Ellison PT, Lipson SF, Thune I (2004) Large breasts and narrow waists indicate high reproductive potential in women. 271:1213-1217

Klapilová K, Brody S, Krejcová L, Husárová B, Binter J (2015) Sexual satisfaction, sexual compatibility, and relationship adjustment in couples: The role of sexual behaviors, orgasm, and men's discernment of women's intercourse orgasm. J Sex Medic 12:667-675

Koedt A (2010) The myth of the vaginal orgasm. Nouvelles Questions Feministes 29:14-22

Komisaruk BR, Whipple B, Crawford A, Liu W-, Kalnin A, Mosier K (2004) Brain activation during vaginocervical self-stimulation and orgasm in women with complete spinal cord injury: fMRI evidence of mediation by the Vagus nerves. Brain Res 1024:77-88

Larmuseau MHD, Vanoverbeke J, Van Geystelen A, Defraene G, Vanderheyden N, Matthys K, Wenseleers T, Decorte R (2013) Low historical rates of cuckoldry in a Western European human population traced by Y-chromosome and genealogical data. P Roy Soc Lond B Bio 280:

Lee AJ, Dubbs SL, Kelly AJ, Von Hippel W, Brooks RC, Zietsch BP (2013) Human facial attributes, but not perceived intelligence, are used as cues of health and resource provision potential. Behav Ecol 24:779-787

Leiblum SR (2002) Reconsidering gender differences in sexual desire: An update. Sexual and Relationship Therapy 17:57-68

Levin RJ (2011) The human female orgasm: A critical evaluation of its proposed reproductive functions. Sexual and Relationship Therapy 26:301-314

Levin RJ (2015) Recreation and procreation: A critical view of sex in the human female. Clin Anat 28:339-354

Lippa RA (2007a) The relation between sex drive and sexual attraction to men and women: A cross-national study of heterosexual, bisexual, and homosexual men and women. Arch Sex Behav 36:209-222

Lippa RA (2007b) The preferred traits of mates in a cross-national study of heterosexual and homosexual men and women: An examination of biological and cultural influences. Arch Sex Behav 36:193-208

Lippa RA (2009) Sex differences in sex drive, sociosexuality, and height across 53 nations: Testing evolutionary and social structural theories. Arch Sex Behav 38:631-651

Lloyd EA (2005) Case of the female orgasm: Bias in the science of evolution. Harvard University Press, Cambridge, MA, USA.

Lovejoy CO (1981) The origin of man. Science 211:341-350

Lovejoy CO (2009) Reexamining human origins in light of *Ardipithecus ramidus*. Science 326:74e1-74e8

Lukas D, Clutton-Brock TH (2013) The evolution of social monogamy in mammals. Science 341:526-530

Maines RP (1999) The technology of orgasm: "hysteria," the vibrator, and women's sexual satisfaction. Johns Hopkins University Press, Baltimore, Maryland.

Marlowe FW (2000) Paternal investment and the human mating system. Behav Process 51:45-61

Marlowe FW (2003) A critical period for provisioning by Hadza men. Implications for pair bonding. Evol Hum Behav 24:217-229

Marlowe FW (2004a) Mate preferences among Hadza hunter-gatherers. Hum Nat 15:365-376

Marlowe FW (2004b) Is human ovulation concealed? Evidence from conception beliefs in a hunter-gatherer society. Arch Sex Behav 33:427-432

Marlowe FW (2005) Hunter-gatherers and human evolution. Evol Anthropol 14:54-67

Marlowe FW, Berbesque JC (2012) The human operational sex ratio: Effects of marriage, concealed ovulation, and menopause on mate competition. J Hum Evol 63:834-842

Meana M (2010) Elucidating women's (hetero)sexual desire: definitional challenges and content expansion. J Sex Res 47:104-122

Miller G, Todd P (1998) Mate choice turns cognitive. Trends Cogn Sci 2:190-198

Miller L (2014) Rape: Sex crime, act of violence, or naturalistic adaptation. Agress Viol Behav 19:67-81

Mogilski JK, Wade TJ, Welling LLM (2014) Prioritization of potential mates' history of sexual fidelity during a conjoint ranking task. Pers Soc Psychol Bull 40:884-897

Muller MN, Kahlenberg SM, Wrangham RW (2009) Male aggresssion and sexual coercion of females in primates. En: Muller MN, Wrangham RW (eds) Sexual coercion in primates and humans. An evolutionary perspective on male aggression against females. Harvard University Press, pp 3-22

Neff BD, Gross MR (2001) Dynamic adjustment of parental care in response to perceived paternity. P Roy Soc B-Biol Sci 268:1559-1565

Neff BD (2003) Decisions about parental care in response to perceived paternity. Nature 422:716-719

Nordlund J, Temrin H (2007) Do characteristics of parental child homicide in Sweden fit evolutionary predictions? Ethology 113:1029-1037

Opie C, Atkinson QD, Dunbar RI, Shultz S (2013a) Male infanticide leads to social monogamy in primates. Proc Natl Acad Sci U S A 110:13328-13332

Opie C, Atkinson QD, Dunbar RI, Shultz S (2013b) Reply to Dixson: Infanticide triggers primate monogamy. Proc Natl Acad Sci U S A 110:E4938

Palmer CT (1991) Human rape: Adaptation or by-product? J Sex Res 28:365-386

Parker GA, Baker RR, Smith VGF (1972) The origin and evolution of gamete dimorphism and the male-female phenomenon. J Theor Biol 36:529-553

Pedersen WC, Putcha-Bhagavatula A, Miller LC (2011) Are men and women really that different? examining some of sexual strategies theory (sst)'s key assumptions about sex-distinct mating mechanisms. Sex Roles 64:629-643

Penton-Voak IS, Perrett DI, Castles DL, Kobayashi T, Burt DM, Murray LK, Minamisawa R (1999) Menstrual cycle alters face preference. Nature 399:741-742

Perrett DI, Lee KJ, Penton-Voak I, Rowland D, Yoshikawa S, Burt DM, Henzi SP, Castles DL, Akamatsu S (1998) Effects of sexual dimorphism on facial attractiveness. Nature 394:884-887

Petersen JL, Hyde JS (2011) Gender differences in sexual attitudes and behaviors: A review of meta-analytic results and large datasets. J Sex Res 48:149-165

Pound N (2002) Male interest in visual cues of sperm competition risk. Evol Hum Behav 23:443-466

Puts DA (2010) Beauty and the beast: mechanisms of sexual selection in humans. Evol Hum Behav 31:157-175

Puts DA, Jones BC, Debruine LM (2012) Sexual selection on human faces and voices. J Sex Res 49:227-243

Rantala MJ, Coetzee V, Moore FR, Skrinda I, Kecko S, Krama T, Kivleniece I, Krams I (2013) Adiposity, compared with masculinity, serves as a more valid cue to immunocompetence in human mate choice. Proc Biol Sci 280:20122495

Ridley M (1993) The Red Queen: Sex and the evolution of human nature. Penguin Books Ltd., London, UK.

Rodríguez-Gironés MA, Enquist M (2001) The evolution of female sexuality. Anim Behav 61:695-704

Sagarin BJ, Martin AL, Coutinho SA, Edlund JE, Patel L, Skowronski JJ, Zengel B (2012) Sex differences in jealousy: a meta-analytic examination. Evol Hum Behav 33:595-614

Schiefenhövel W (2009) Romantic love. A human universal and possible honest signal. Hum Ontogen 3:39-50

Schroder I (1993) Concealed ovulation and clandestine copulation - a female contribution to human-evolution. Ethol Sociobiol 14:381-389

Scott IM, Clark AP, Boothroyd LG, Penton-Voak IS (2013) Do men's faces really signal heritable immunocompetence? Behav Ecol 24:579-589

Shackelford TK, LeBlanc GJ, Weekes-Shackelford VA, Bleske-Rechek AL, Euler HA, Hoier S (2002) Psychological adaptation to human sperm competition. Evol Hum Behav 23:123-138

Sherfey MJ (1966) The evolution and nature of female sexuality in relation to psychoanalytic theory. J Am Psychoanal Assoc 14:28-128

Shykoff JA (2002) Sexual Selection. En: Anonymous Encyclopedia of Life Sciences (ELS). John Wiley & Sons, Ltd, Chinchester,

Singh D, Dixson BJ, Jessop TS, Morgan B, Dixson AF (2010) Cross-cultural consensus for waist-hip ratio and women's attractiveness. Evol Hum Behav 31:176-181

Small MF (1992) The evolution of female sexuality and mate selection in humans. Hum Nat 3:133-156

Smiler AP (2011) Sexual strategies theory: Built for the short term or the long term? Sex Roles 64:603-612

Smith EA, Mulder MB, Hill K (2001) Human rape -adaptive or not? (response). Trends Ecol Evol 16:489-489

Smuts B (1995) The evolutionary origins of patriarchy. Hum Nat 6:1-32

Soler M (2009) Adaptación del comportamiento: comprendiendo al animal humano, Editorial Síntesis, Madrid

Stewart-Williams S, Thomas AG (2013a) The ape that thought it was a peacock: does evolutionary psychology exaggerate human sex differences? Psychol Inq 24:137-168

Stewart-Williams S, Thomas AG (2013b) The ape that kicked the hornet's nest: Response to commentaries on "The ape that thought it was a peacock". Psychol Inq 24:248-271

Strassmann BI (1997) Polygyny as a risk factor for child mortality among the Dogon. Curr Anthropol 38:688-695

Strassmann BI, Gillespie B (2002) Life-history theory, fertility and reproductive success in humans. P Roy Soc B-Biol Sci 269:553-562

Strassmann BI, Kurapati NT, Hug BF, Burke EE, Gillespie BW, Karafet TM, Hammer MF (2012) Religion as a means to assure paternity. Proc Natl Acad Sci U S A 109:9781-9785

Studd J, Schwenkhagen A (2009) The historical response to female sexuality. Maturitas 63:107-111

Symons D (1980) Precis of the evolution of human sexuality. Behav Brain Sci 3:171-214

Symons D (1979) Evolution of human sexuality. Oxford University Press, USA, Cary, NC, USA.

Tagler MJ (2010) Sex differences in jealousy: Comparing the influence of previous infidelity among college students and adults. Social Psychological and Personality Science 1:353-360

Temrin H, Buchmayer S, Enquist M (2000) Step-parents and infanticide: new data contradict evolutionary predictions. P Roy Soc B-Biol Sci 267:943-945

Thompson ME (2009) Human rape: Revising evolutionary perspectives. En: Muller MN, Wrangham RW (eds) Sexual coercion in primates and humans. An evolutionary perspective on male aggression against females. Harvard University Press, pp 346-374

Thornhill R, Thornhill NW (1992) The evolutionary psychology of men's coercive sexuality. Behav Brain Sci 15:363-421

Thornhill R, Gangestad SW (1996) The evolution of human sexuality. Trends Ecol Evol 11:98-102

Thornhill R, Gangestad SW (2008) Evolutionary biology of human female sexuality. Oxford University Press, USA, Cary, NC, USA. 411

Trivers RL (1972) Parental investment and sexual selection. En: Campbell B (ed) Sexual selection and the descent of man 1871-1971. Aldine Publishing Company, Chicago, pp 136-179

Valera F, Hoi H, Krištín A (2003) Male shrikes punish unfaithful females. Behav Ecol 14:403-408

Vandermassen G (2011) Evolution and rape: A feminist Darwinian perspective. Sex Roles 64:732-747

Wallen K (2006) Commentary on Puts' (2006) review of the case of the female orgasm: Bias in the science of evolution. Arch Sex Behav 35:633-636

Ward J, Voracek M (2004) Evolutionary and social cognitive explanations of sex differences in romantic jealousy. Aust J Psychol 56:165-171

Wasser SK, Barash DP (1983) Reproductive suppression among female mammals: implications for biomedicine and sexual selection theory. Q Rev Biol 58:513-538

Wasser SK (1999) Stress and reproductive failure: An evolutionary approach with applications to premature labor. Obstet Gynecol 180:S272-S274

Waterman CK, Chiauzzi EJ (1982) The role of orgasm in male and female sexual enjoyment. J Sex Res 18:146-159

Watson-Capps JJ (2009) Evolution of sexual coercion with respect to sexual selection and sexual conflict theory. En: Muller MN, Wrangham RW (eds) Sexual coercion in primates and humans. An evolutionary perspective on male aggression against females. Harvard University Press, pp 23-41

Watts DP, Mitani JC (2000) Infanticide and cannibalism by male chimpanzees at Ngogo, Kibale National Park, Uganda. Primates 41:357-365

Watts JL, Browse J (2002) Genetic dissection of polyunsaturated fatty acid synthesis in Caenorhabditis elegans. Proc Natl Acad Sci U S A 99:5854-5859

Werner D (1983) Fertility and pacification among the Mekranoti of Central Brazil. Hum Ecol 11:227-245

Wiederman MW, Kendall E (1999) Evolution, sex, and jealousy: Investigation with a sample from Sweden. Evol Hum Behav 20:121-128

Wilson EO (1980) Sociobiología. La nueva síntesis. Ediciones Omega S.A., Barcelona, Spain.

Wilson M, Daly M (2009) Coercive violence by human males against their female partners. En: Muller MN (ed) Sexual coercion in primates and humans: An evolutionary perspective on male aggression against females. Harvard University Press, Cambridge, MA, USA, pp 271-290

Wood W, Kressel L, Joshi PD, Louie B (2014) Meta-analysis of menstrual cycle effects on women's mate preferences. Emotion Rev 6:229-249

Zahavi A, Zahavi A (1997) The handicap principle. A missing piece of Darwin's puzzle. Oxford University Press, New York, USA.

Zhu X, Wang X, Parkinson C, Cai C, Gao S, Hu P (2010) Brain activation evoked by erotic films varies with different menstrual phases: An fMRI study. Behav Brain Res 206:279-285